U0227789

网络空间安全重点规划丛书

终端安全管理

杨东晓　段晓光　张　锋　编著

清华大学出版社
北京

内 容 简 介

本书全面介绍终端安全面临的安全威胁以及终端安全管理方法、技术及应用。全书共 6 章,主要内容包括终端概述、终端操作系统工作机制、终端安全威胁、终端安全管理概述、终端安全管理措施和终端安全管理典型案例。每章均提供习题,以帮助读者总结知识点。

本书可作为高校信息安全、网络空间安全等专业的教材,也可作为网络工程、计算机技术应用培训教材,还可供网络安全运维人员、网络管理人员和对网络空间安全感兴趣的读者参考。

本书封面贴有清华大学出版社防伪标签,无标签者不得销售。

版权所有,侵权必究。举报:010-62782989,beiqinquan@tup.tsinghua.edu.cn。

图书在版编目(CIP)数据

终端安全管理/杨东晓,段晓光,张锋编著. —北京:清华大学出版社,2020.4(2025.1重印)
(网络空间安全重点规划丛书)
ISBN 978-7-302-55085-3

Ⅰ.①终… Ⅱ.①杨… ②段… ③张… Ⅲ.①计算机网络－安全技术 Ⅳ.①TP393.08

中国版本图书馆 CIP 数据核字(2020)第 047355 号

责任编辑:张 民 战晓雷
封面设计:常雪影
责任校对:徐俊伟
责任印制:刘海龙

出版发行:清华大学出版社
      网 址:https://www.tup.com.cn,https://www.wqxuetang.com
      地 址:北京清华大学学研大厦 A 座   邮 编:100084
      社 总 机:010-83470000   邮 购:010-62786544
      投稿与读者服务:010-62776969,c-service@tup.tsinghua.edu.cn
      质量反馈:010-62772015,zhiliang@tup.tsinghua.edu.cn
      课件下载:https://www.tup.com.cn,010-83470236
印 装 者:三河市人民印务有限公司
经 销:全国新华书店
开 本:185mm×260mm   印 张:13.25   字 数:307 千字
版 次:2020 年 5 月第 1 版   印 次:2025 年 1 月第 6 次印刷
定 价:39.00 元

产品编号:085383-01

网络空间安全重点规划丛书

编审委员会

顾问委员会主任：沈昌祥（中国工程院院士）

特别顾问：姚期智（美国国家科学院院士、美国人文与科学院院士、
中国科学院院士、"图灵奖"获得者）

何德全（中国工程院院士）　蔡吉人（中国工程院院士）

方滨兴（中国工程院院士）　吴建平（中国工程院院士）

王小云（中国科学院院士）　管晓宏（中国科学院院士）

冯登国（中国科学院院士）　王怀民（中国科学院院士）

主　　任：封化民

副 主 任：李建华　俞能海　韩　臻　张焕国

委　　员：（排名不分先后）

蔡晶晶	曹珍富	陈克非	陈兴蜀	杜瑞颖	杜跃进
段海新	范　红	高　岭	宫　力	谷大武	何大可
侯整风	胡爱群	胡道元	黄继武	黄刘生	荆继武
寇卫东	来学嘉	李　晖	刘建伟	刘建亚	罗　平
马建峰	毛文波	潘柱廷	裴定一	钱德沛	秦玉海
秦　拯	秦志光	仇保利	任　奎	石文昌	汪烈军
王劲松	王　军	王丽娜	王美琴	王清贤	王伟平
王新梅	王育民	魏建国	翁　健	吴晓平	吴云坤
徐　明	许　进	徐文渊	严　明	杨　波	杨　庚
杨义先	于　旸	张功萱	张红旗	张宏莉	张敏情
张玉清	郑　东	周福才	周世杰	左英男	

秘 书 长：张　民

出版说明

21世纪是信息时代,信息已成为社会发展的重要战略资源,社会的信息化已成为当今世界发展的潮流和核心,而信息安全在信息社会中将扮演极为重要的角色,它会直接关系到国家安全、企业经营和人们的日常生活。随着信息安全产业的快速发展,全球对信息安全人才的需求量不断增加,但我国目前信息安全人才极度匮乏,远远不能满足金融、商业、公安、军事和政府等部门的需求。要解决供需矛盾,必须加快信息安全人才的培养,以满足社会对信息安全人才的需求。为此,教育部继2001年批准在武汉大学开设信息安全本科专业之后,又批准了多所高等院校设立信息安全本科专业,而且许多高校和科研院所已设立了信息安全方向的具有硕士和博士学位授予权的学科点。

信息安全是计算机、通信、物理、数学等领域的交叉学科,对于这一新兴学科的培养模式和课程设置,各高校普遍缺乏经验,因此中国计算机学会教育专业委员会和清华大学出版社联合主办了"信息安全专业教育教学研讨会"等一系列研讨活动,并成立了"高等院校信息安全专业系列教材"编审委员会,由我国信息安全领域著名专家肖国镇教授担任编委会主任,指导"高等院校信息安全专业系列教材"的编写工作。编委会本着研究先行的指导原则,认真研讨国内外高等院校信息安全专业的教学体系和课程设置,进行了大量具有前瞻性的研究工作,而且这种研究工作将随着我国信息安全专业的发展不断深入。系列教材的作者都是既在本专业领域有深厚的学术造诣,又在教学第一线有丰富的教学经验的学者、专家。

该系列教材是我国第一套专门针对信息安全专业的教材,其特点是:

① 体系完整、结构合理、内容先进。

② 适应面广:能够满足信息安全、计算机、通信工程等相关专业对信息安全领域课程的教材要求。

③ 立体配套:除主教材外,还配有多媒体电子教案、习题与实验指导等。

④ 版本更新及时,紧跟科学技术的新发展。

在全力做好本版教材,满足学生用书的基础上,还经由专家的推荐和审定,遴选了一批国外信息安全领域优秀的教材加入系列教材中,以进一步满足大家对外版书的需求。"高等院校信息安全专业系列教材"已于2006年年初正式列入普通高等教育"十一五"国家级教材规划。

2007年6月,教育部高等学校信息安全类专业教学指导委员会成立大会暨第一次会议在北京胜利召开。本次会议由教育部高等学校信息安全类专业教学指导委员会主任单位北京工业大学和北京电子科技学院主办,清华大学出版社协办。教育部高等学校信息安全类专业教学指导委员会的成立对我国信息安全专业的发展起到重要的指导和推动作用。2006 年,教育部给武汉大学下达了"信息安全专业指导性专业规范研制"的教学科研项目。2007 年起,该项目由教育部高等学校信息安全类专业教学指导委员会组织实施。在高教司和教指委的指导下,项目组团结一致,努力工作,克服困难,历时 5 年,制定出我国第一个信息安全专业指导性专业规范,于 2012 年年底通过经教育部高等教育司理工科教育处授权组织的专家组评审,并且已经得到武汉大学等许多高校的实际使用。2013 年,新一届教育部高等学校信息安全专业教学指导委员会成立。经组织审查和研究决定,2014 年以教育部高等学校信息安全专业教学指导委员会的名义正式发布《高等学校信息安全专业指导性专业规范》(由清华大学出版社正式出版)。

2015 年 6 月,国务院学位委员会、教育部出台增设"网络空间安全"为一级学科的决定,将高校培养网络空间安全人才提到新的高度。2016 年 6 月,中央网络安全和信息化领导小组办公室(下文简称中央网信办)、国家发展和改革委员会、教育部、科学技术部、工业和信息化部及人力资源和社会保障部六大部门联合发布《关于加强网络安全学科建设和人才培养的意见》(中网办发文〔2016〕4 号)。2019 年 6 月,教育部高等学校网络空间安全专业教学指导委员会召开成立大会。为贯彻落实《关于加强网络安全学科建设和人才培养的意见》,进一步深化高等教育教学改革,促进网络安全学科专业建设和人才培养,促进网络空间安全相关核心课程和教材建设,在教育部高等学校网络空间安全专业教学指导委员会和中央网信办资助的网络空间安全教材建设课题组的指导下,启动了"网络空间安全重点规划丛书"的工作,由教育部高等学校网络空间安全专业教学指导委员会秘书长封化民教授担任编委会主任。本规划丛书基于"高等院校信息安全专业系列教材"坚实的工作基础和成果、阵容强大的编审委员会和优秀的作者队伍,目前已经有多部图书获得中央网信办与教育部指导和组织评选的"网络安全优秀教材奖",以及"普通高等教育本科国家级规划教材""普通高等教育精品教材""中国大学出版社图书奖"等多个奖项。

"网络空间安全重点规划丛书"将根据《高等学校信息安全专业指导性专业规范》(及后续版本)和相关教材建设课题组的研究成果不断更新和扩展,进一步体现科学性、系统性和新颖性,及时反映教学改革和课程建设的新成果,并随着我国网络空间安全学科的发展不断完善,力争为我国网络空间安全相关学科专业的本科和研究生教材建设、学术出版与人才培养做出更大的贡献。

我们的 E-mail 地址是:zhangm@tup.tsinghua.edu.cn,联系人:张民。

"网络空间安全重点规划丛书"编审委员会

前　言

没有网络安全,就没有国家安全;没有网络安全人才,就没有网络安全。

为了更多、更快、更好地培养网络安全人才,许多学校都加大投入,聘请优秀教师,招收优秀学生,建设一流的网络空间安全专业。

网络空间安全专业建设需要体系化的培养方案、系统化的专业教材和专业化的师资队伍。优秀教材是网络空间安全专业人才的关键。但是,这是一项十分艰巨的任务。原因有二:其一,网络空间安全的涉及面非常广,至少包括密码学、数学、计算机、通信工程等多门学科,因此,其知识体系庞杂、难以梳理;其二,网络空间安全的实践性很强,技术发展更新非常快,对环境和师资要求也很高。

"终端安全管理"是网络空间安全和信息安全专业的基础课程,通过有关终端安全涉及的知识领域的介绍,了解终端安全面临的安全威胁和当下终端安全管理方法,掌握终端安全相关技术及应用。因为终端安全涉及的知识领域广,对于涉及操作系统底层等类似内容并没有深入介绍,仅做原理性介绍,读者可以参考相关方向的专业书籍深入学习。

本书共分为6章。第1章介绍终端的基本知识,第2章介绍终端操作系统工作机制,第3章介绍终端面临的安全威胁,第4章介绍终端安全管理概述,第5章介绍终端安全管理措施,第6章介绍终端安全管理典型案例。

本书既适合作为高校网络空间安全、信息安全等专业的教材,也适合网络安全研究人员作为网络空间安全领域的入门基础读物。随着新技术的不断发展,作者今后将不断更新本书内容。

由于作者水平有限,书中难免存在疏漏和不妥之处,欢迎读者批评指正。

作者在本书编写过程中,得到以下同事的帮助(排名不分先后):张聪、刘晓军、朱志鹏、闫佳、冯涛,在此深表谢意!

作　者
2019 年 11 月

目 录

第 1 章

终 端 概 述

在日常工作、学习和生活中,在手机、银行和政务等不同场合,都会听到"终端"这个名词,终端的使用已经与信息社会紧密结合,在某种程度上,人的生存已离不开终端。作为终端的使用者,终端的安全意味着保护自身的财产、权利不受恶意的、非法的攻击者侵犯。终端的概念涉及非常多的领域,因此,在本章中界定终端安全学习的范围,使得读者了解定位和知识范畴。

1.1　概述

1.1.1　终端的概念

经过近十年的大范围网络安全基础设施的建设,国内企业安全防护系统经历了一个从无到有、从有到全的发展过程。而在各类信息系统中,通常都含有终端的概念。终端的定义也不再仅仅是 Windows 操作系统的计算机,可能是任何类型的机器,包括:笔记本电脑、台式计算机、服务器、移动智能设备、嵌入式设备、数据采集与监视控制(Supervisory Control And Data Acquisition,SCADA)系统,甚至物联网(Internet of Things,IoT)设备。

终端的概念在不同行业、不同领域也有着不同的定义。在通信行业,终端又称为移动终端,是指在移动通信网络中使用的移动设备,包括移动智能终端(例如智能手机)及其他具有类似功能的终端设备;在销售行业,终端是指产品销售渠道的最末端,是产品到达消费者完成交易的最终端口,其表现形式可以是商场、超市、便利店、零售市场等物理实体,也可以是电视购物、网络销售等虚拟实体;在金融行业,终端的表现形式包括自助信息查询机、自动柜员机(Automatic Teller Machine,ATM)等。

早期的终端是指一种输入输出设备,例如计算机操作员控制台的改进型电传打字机(如图 1-1 所示)。终端在计算机系统中其功能仅限于输入数据、显示或打印输出数据。为了解决电传打字机显示的问题,出现了可视化显示单元(使用单独的逻辑门、简单集成电路组成)的终端,但功能仍与电传打字机相同,为了满足相关的功能要求,ASCII 字符集、RS-232、光标等通用标准和控制方法开始出现并随着类似产品的使用而广泛应用。在电子技术、芯片封装的技术支持下,终端开始内置微处理器,可以自行处理一些数据,因此被称为智能终端,此时的终端已基本具备交互能力,与现代终端的基本功能已相差不大。由于终端能力的不断发展,出现了"胖终端""瘦终端"和"哑终端"的概念。概要地说,胖终端是自身具备处理能力的终端;瘦终端是自身基本不具备处理能力或者只具备很少的处理能力的终端,主要依赖于其连接的主服务器的处理能力;哑终端基本没有处理能力,完全依赖于与它们相连的计算机进行计算、存储和检索,仅是具有类似于键盘或控制面板功能的设备。

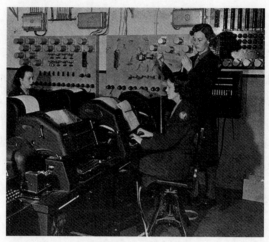

图 1-1　电传打字机

随着科学技术的发展,分时系统、视频显示技术、电子技术逐渐进入终端,使得终端由最初的简单输入输出设备发展成为可以完成多种多样任务的信息处理设备。终端从电传打字机发展到没有本地处理能力的打印终端、通过屏幕编辑的 CRT 视频终端和具有本地图形化用户界面的图形终端。这些终端的共同点是它们大多连接到小型计算机或大型计算机上,实际的运算工作发生在远程计算机中,如图 1-2 所示。

图 1-2　终端的发展

随着电子技术的发展、集成电路的出现和计算能力的巨大增长,使得现代计算机终端也得以迅猛发展,从第一台可编程现代电子计算机 ENIAC(Electronic Numerical Integrator and Computer,电子数值积分计算机)发展到现在身边随处可见的各种类型的终端。终端已经融入人们日常工作、生活、学习之中,信息量随之爆发式增长,恶意攻击、利用敏感信息的信息安全事件频发,因此,了解终端的安全十分必要。

1.1.2　终端的角色

从终端在信息系统中所处的环境来看,终端环境有狭义和广义之分。狭义的终端环境是指单一终端和所处的周边环境,包括终端自身的运行环境和终端上的应用环境;广义的终端环境是指终端及终端所处的网络环境,终端是该环境中的一个因子,与网络中其他因子相互作用和影响。

终端是信息系统中重要的组成部分,攻击终端和利用终端实施攻击的信息安全事件逐年增加,终端安全问题日益凸显。自然环境、恶意攻击者的攻击行为、信息战、恶意软件等是终端安全问题的外部因素,终端自身存在的各种设计缺陷、漏洞、无效或低效的管理措施等是终端安全问题的内部因素。由于信息系统的应用和业务信息化的需求,使得终端的使用从个体独立运行转变为群体协作,按照不同的功能和用途承担了不同的角色,终端之间的相互作用、相互影响的程度越来越高,终端之间的关联也越来越紧密。终端是信息系统中信息的起点和终点,也是各类业务、数据的最终体现和承载者。

终端作为整个网络空间的"最后一公里",是攻击者攻击的主要目标,对终端的安全防护尤为重要。尤其是对于关键信息基础设施而言,一旦某个关键节点的终端沦陷,对其所属的信息系统甚至是国家层面的信息系统造成的影响将无法估量。总而言之,终端安全关系到信息系统的整体安全,也是安全产品防护的重点目标和核心价值的表现。

1.2 终端类型

终端可以从多种角度进行分类,常见的分类方法是按照大小、功能和使用方式等进行分类。

1.2.1 按大小分类

终端按大小可以分为以下 4 类。

1. 微型计算机终端

微型计算机终端是目前最常见的终端类型。随着基于单芯片微处理器系统的出现,还出现了"微型计算机"的概念。微型计算机终端包括以下几种:

(1)台式终端。放置在桌子或工作台上的个人计算机,通常是有尺寸和功率的限制的,也是常见的终端类型之一。其外形尺寸可能会有所不同,具体取决于主机所需的扩展槽。还有的台式终端将所有硬件集成到监视器中,称为一体机。

(2)机架式终端。这些终端通常安装于机架(也称为机柜,常见的机架为 19in① 宽的),外形进行了空间优化,整体非常平整,而且通常没有专用的显示器、键盘和鼠标,仅在需要时再连接相关的设备。

(3)车载终端。内置于汽车中的专用终端,由于其架构也是基于计算机的,所以通常具有许多标准接口,例如蓝牙、USB(Universal Serial Bus,通用串行总线)和 WiFi(无线局域网标准),可以用于车辆的控制、娱乐、导航等,也是车联网的重要基础设备之一。

(4)游戏机。专为娱乐目的而构建的固定计算机,此类终端设备在游乐场中更为多见,例如竞速、射击等视频类游戏的游戏机。

---

① 1in=2.54cm。

（5）移动终端。也称为移动设备，是外形更为小型化的微型计算机，这类设备包含笔记本电脑、平板电脑、智能手机、智能本、PDA（Personal Digital Assistant，个人数字助理）、掌上游戏机等。

2. 小型计算机终端

小型计算机终端是一类介于大型计算机和单用户系统（微型计算机或个人计算机）之间的多用户终端系统。通常此类终端的外形是塔式或机架式的，如图1-3所示。

图1-3　IBM公司的小型计算机终端

3. 大型计算机终端

大型计算机终端为关键应用提供实时数据处理及大数据处理能力。例如，对大数据的处理，场景包括人口普查、工业和消费者统计、企业资源规划等；实时数据处理，场景包括股市、期货等。大型计算机终端常用于政府、银行和大型企业，可以一次响应大量用户，通常以MIPS（Million Instructions Per Second，每秒百万条指令）这个指标来衡量性能，如图1-4所示。

图1-4　IBM公司的Z9大型计算机终端内部

4. 超级计算机终端

超级计算机终端主要用于数值计算,例如量子力学、天气预报、流体动力学、理论天体物理学以及复杂的科学计算任务等。超级计算机终端以计算能力作为衡量性能的尺度,处理速度以每秒浮点运算次数(Floating point Operations Per Second,FLOPS)来衡量,这也是它与大型计算机终端相区别的特征。浮点运算的一个例子是实数(是有理数和无理数的总称)的数学方程的计算。超级计算机终端的功能非常强大,在计算能力、内存大小、速度、存储能力、I/O 技术以及带宽和延迟等方面需要专门的配置和优化,通常采用集群、堆叠、并行设计、分布式等技术,硬件成本也非常高,通常只执行批处理或事务处理,成本效益并不高。我国在超级计算机领域比较著名的有天河、太湖之光等,如图 1-5 所示。

图 1-5　天河二号超级计算机

1.2.2　按功能分类

终端按功能可以分为以下 4 类。

1. 服务器终端

服务器终端通常是指专门提供一个或多个服务的计算机,例如,专用于数据库的数据库服务器,用于管理大量计算机文件的文件服务器,提供网页和 Web 应用程序服务的 Web 服务器。在很多中小组织机构中,也使用微型计算机终端安装相应的服务应用程序,作为服务器终端来使用。除此之外,还有一些特殊的服务器,例如:

(1) 终端服务器。它是在局域网中为使用 RS-232、RS-422 或 RS-485 串行接口的终端提供通信协议转换服务的设备。终端服务器基本上是一个异步多路复用器,它不仅连接串行接口设备,而且将计算机终端、调制解调器、打印机和其他外设连接到该系统中。终端服务器的主要应用场景是使串行设备能够访问网络服务器应用程序,应用程序提供图形用户界面(Graphical User Interface,GUI),客户端上仅显示屏幕(或包含音频)输出,使得客户端获得与远程操作服务器一样的感受。应用程序在应用服务器上运行,数据存储在应用服务器或数据服务器中。如果客户端由于某种原因损坏,并不会对数据和业务造成影响。

(2) 虚拟机服务器。此类服务器可以为不同的服务、用户提供虚拟机(Virtual Machines,VM),可以同时运行不同的操作系统(Operating System,OS),用户感觉像在专用硬件上运行一样。这种服务器需要特殊的硬件支持(虚拟化技术)才能发挥作用,初期仅存在于大型计算机领域。而今,大多数个人计算机都配备了这项技术,使得个人计算机也可以充当虚拟机服务器,运行虚拟机。但对于需要长期运行的系统或关键系统,仍然需要专门的服务器硬件来支撑相关的业务。

2. 工作站终端

工作站终端是旨在为单个用户提供服务的计算机,可能包含个人计算机终端上没有的特殊硬件增强功能。工作站终端提供比主流个人计算机终端更高的性能,特别是在CPU、图形处理、内存容量和多任务处理能力等方面。工作站终端针对不同类型的复杂数据的可视化和操作进行了优化,例如 3D 机械设计、流体动力学工程模拟、动画和渲染等。此类终端处理性能、硬件配置等方面都非常强大,也可以称为胖终端。

与此相反的工作站终端是瘦终端,这类工作站终端追求的是尽可能低的成本而不是性能,通常的方法是取消本地存储功能,并将终端硬件减少到仅保留处理器、键盘、鼠标和显示器。在某些情况下,这些终端仍运行传统操作系统并在本地执行计算,在远程服务器上存储,因此被称为无盘工作站。在此基础上还有一些变种,例如零终端、哑终端等。零终端也称为超瘦终端,不包含任何移动部件,将所有处理和存储都集中到服务器上运行,因此,它不需要安装本地驱动程序,无须升级程序,也无须支付本地操作系统许可费用。由于它完全无法在本地存储任何数据,因此是非常安全的端点。哑终端与瘦客户端一样,基本上没有任何本地处理能力,不支持外设,可以理解为类似于 1.1.1 节中介绍的电传打字机。

3. 信息家电终端

信息家电(Information Appliance,IA)终端是一种可以处理信息、信号、图形、动画、视频和音频的任何设备,并可以与其他 IA 设备交换此类信息。其核心用途是执行特定的"用户友好"功能,例如播放音乐、摄影或编辑文本,而不是作为通用的个人计算机。简而言之,所有能够通过网络交互信息的家电产品都可以称为信息家电终端。因此,信息家电终端可以宽泛地包括智能冰箱、智能洗衣机、智能空调、智能微波炉等智能白色家电产品,也包括智能数字电视、智能音响等智能黑色家电产品,还包括个人计算机、机顶盒、移动智能终端、视频游戏设备等。而且这一概念还在不断进化,出现了以网络互联为基础的智能家居,信息家电终端已经逐步走入日常生活中。

4. 嵌入式终端

嵌入式终端是用于满足特定应用场景的需求的计算机终端,它执行存储在非易失性存储器中的程序,并且仅用于操作特定的机器或设备。嵌入式终端常见的表现形式是微控制器,例如,汽车可能包含许多微控制器,而微波炉可能只包含一个微控制器。另一种比较典型的嵌入式终端是便携式计算器,它仅有液晶显示屏和按键,只能完成数学计算功能。

嵌入式终端有几个很明显的特征:

(1) 专用性强。由于嵌入式系统基本上均为定制化产品,与硬件的契合非常紧密,所以即使在同一品牌、同一系列的产品中,也需要根据系统硬件的变化和功能的增减不断进行修改。

（2）结构精简。嵌入式终端的系统资源相对有限,要求其功能设计及实现上不能过于复杂,因此对于不必要的功能基本都不予保留,这有利于控制系统成本,也利于实现系统安全。

（3）有限交互。嵌入式终端大多采用各类开关、按键、指示灯、显示屏等装置完成与用户的交互,通常使用的是实时操作系统(Real-Time Operation System,RTOS),能够即时地对输入(例如用户操作、传感器信号等)进行响应输出(例如显示信息、启动某动作等)。例如,洗衣机控制面板上按键、旋钮和指示灯即可完成与用户的交互;医疗设备可能使用带触摸感应或屏幕边缘按钮的图形屏幕完成指定功能的操作,或者按钮的含义可随功能而变化,选择指向所需内容的动作。

（4）需要专用开发工具和方法进行设计开发。通常嵌入式系统采取固态存储,将系统存储于非易失性存储器(ROM、EPROM、EEPROM、Flash)芯片中,对软件代码的要求是高质量和高可靠性。

1.2.3　按使用方法分类

终端按使用方法可以分为以下 4 类。

1. 公用终端

公用终端主要供公共使用,可能的场景是交互式的信息终端,例如电子政务查询、图书馆文献查询等。它们通常仅限于运行预安装的软件,并且不保存用户的数据文件。另外还有一种在院校、教育机构中常见的应用场景,实验室中的计算机终端在每次实验课程之前会使用还原卡之类的技术使其重置为初始状态。

2. 个人计算机终端

个人计算机终端用户通常可以使用该终端的所有硬件资源,可以完全访问终端的任何部分,根据个人的需求有权安装/删除软件。个人计算机终端通常存储个人文件数据,并且由个人负责管理和维护,例如,删除不需要的文件和病毒扫描,修改登录口令。在组织机构中,由于业务关系,会为员工分配计算机终端,但这类终端通常会由组织中的运维工作人员提供相关的服务,以确保正确维护;在组织机构中还会有 BYOD(Bring Your Own Device,自带设备),这类设备通常是员工自身拥有的,也属于个人计算机终端的范畴。

3. 共享终端

共享终端(或工作站)是供不同的使用者在不同时间登录使用的计算机终端。与公用终端不同的是,这类终端的用户名和密码会长期保持,使用者看到的文件和设置都是根据他们的特定账户进行调整的结果。通常,重要的数据文件存储在中央服务器上,因此使用者可以登录到不同的共享终端,但仍然可以看到相同的文件。共享终端大部分是瘦客户端,它可能拥有自己的磁盘用于存储某些或所有系统文件,但自身没有或仅有很弱的数据处理能力,通常需要连接到服务器,运算、数据处理主要依靠服务器来完成。这类终端多用于超市、银行、公务服务等行业或机构。例如,超市中用于结算的收银终端由多个收银员分时段登录使用,银行、公务服务人员需要登录服务窗口配置的终端后才能使用终端。

4. 展示终端

展示终端是用于在商店、会议或服务机构中展示多媒体内容(通常是视音频文件或幻灯片)的终端。这些计算机一般会接入 WiFi,因此可以上网,它们很少配有防火墙(但会限制端口访问或以某种方式监控)。此类终端作为展示设备来使用和维护,通常不用于数据处理、重要数据存储等用途。

终端的组成

终端从总体来看可以概要地分为 3 个组成部分:硬件、软件、用户。

1.3.1 硬件

终端的硬件是组成终端有形的各类物理部件的总称,在逻辑结构上包括 CPU、内存、输入输出设备、存储设备等,在物理结构上包括(但不限于)机箱、主板、CPU、显示器、键盘、存储设备、显示卡、声卡等。所有现代计算机都遵循冯·诺依曼(Von Neumann)架构,由以下部分组成:包含算术/逻辑单元和控制单元的中央处理单元、用于存储数据和指令的存储器、输入设备和输出设备,如图 1-6 所示。关于计算机系统架构方面的知识,感兴趣的读者可参考计算机系统方面的书籍。

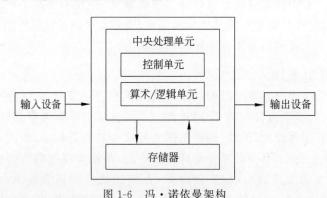

图 1-6　冯·诺依曼架构

随着科技的发展,终端由最初用于辅助主机完成简单输入输出的设备逐步转变为主要的功能载体。为完成赋予终端的各种任务,终端的设计者、使用者通过为终端添加辅助设备来加强终端的功能,这些辅助设备通常称为外部设备(简称外设)。外设种类繁多,功能各异,很多外设具备多种功能。在终端安全中,对外设的管理是非常重要的一环。下面对终端中的外部设备进行概要性介绍。

1. 接口

常见的接口有以下 11 种。

1）PS/2 接口

PS/2 接口是一个 6 针小型 DIN 连接器,如图 1-7 所示,用于将键盘和鼠标连接到计算机系统。PS/2 这个名称源于 IBM 公司的 Personal System/2 系列个人计算机的鼠标和键盘连接器。PS/2 虽然在现代主板上仍然保留着,但通常使用 USB 接口连接键盘和鼠标。PS/2 接口因企业环境中的安全原因而受到青睐,在完全禁用 USB 接口、阻止任何 USB 可移动磁盘和恶意 USB 设备的连接时,仍可以使用 PS/2 接口连接鼠标和键盘。

图 1-7 PS/2 接口

PS/2 接口并不支持热插拔,因此在开机后插拔 PS/2 设备可能会导致终端设备接口损坏。同时,由于 PS/2 接口在设计上并不用于经常插入或拔出,而且接口是有方向性的,因此在插拔此类设备时容易出现插针弯曲或折断的情况,导致设备损坏。

2）USB 接口

USB 是连接终端与外部设备的一种串口总线标准,也是一种输入输出接口的技术规范,其标志如图 1-8 所示。USB 接口支持即插即用和热插拔功能,因此被广泛地应用于个人计算机和移动设备等信息与通信产品中,并扩展至摄影器材、数字电视(机顶盒)、游戏机、物联网等相关领域。

图 1-8 USB 标志

USB 于 1994 年开始研发,并在 1996 年推出 USB 1.0 标准,用于规范计算机与外部设备的连接和通信。USB 版本经历了多年的发展,到如今已经发展为 3.2 版本,如表 1-1 所示。

表 1-1 USB 版本

版　　本	发 布 时 间	最大传输率
USB 1.0	1996 年 1 月	12Mb/s
USB 1.1	1998 年 8 月	12Mb/s
USB 2.0	2000 年 4 月	480Mb/s
USB 3.0	2008 年 11 月	5Gb/s
USB 3.1	2013 年 7 月	10Gb/s
USB 3.2	2017 年 9 月	20Gb/s

USB 1.0 是在 1996 年正式推出的,传输率为 1.5Mb/s(低速)和 12Mb/s(全速)。受

功率限制等方面的原因,USB 1.0 不允许使用延长线缆。在 1998 年升级为 USB 1.1 之前,很少有 USB 设备投放市场。USB 1.1 发布后,其传输率全面提升到 12Mb/s,很多计算机外部设备开始广泛采用 USB 1.1 标准。

USB 2.0 于 2000 年 4 月发布。它的传输率达到了 480Mb/s(高速)。由于总线访问限制,高速信令速率的有效吞吐量限制为 280Mb/s 或 35MB/s,足以满足大多数外设的传输率要求。USB 2.0 中的增强主机控制器接口(EHCI)定义了一个与 USB 1.1 兼容的架构,提供 12Mb/s 的 USB 1.x 全速信令速率。它可以用 USB 2.0 的驱动程序驱动 USB 1.1 设备,所有支持 USB 1.1 的设备都可以直接在 USB 2.0 的接口上使用,而不必担心兼容性问题,而且 USB 线、插头等附件也都可以直接使用。

USB 3.0 由 Intel、微软、惠普、德州仪器、NEC、ST-NXP 等业界巨头组成的 USB 3.0 Promoter Group 负责制定标准,随后转移至 USB Implementers Forum(USB-IF)进行管理,于 2008 年 11 月发布。USB 3.0 的理论速度为 5Gb/s,实际应用中取决于诸多因素,包括编码方式、链路开销等,通常只能达到理论值的一半左右。

USB 标准规范的接口分为 A 型和 B 型。随着多用途 USB 接口的出现,采用 USB 接口的异型应用也逐步显现。USB 接口类型如表 1-2 所示。

表 1-2　USB 接口类型

接口类型	USB 1.0	USB 2.0	USB 2.0 修订版	USB 3.0	USB 3.1/3.2
标准	Type A			Type A	
	Type B			Type B	
迷你		Mini-A			
		Mini-B			
			Mini-AB		

续表

接口类型	USB 1.0	USB 2.0	USB 2.0 修订版	USB 3.0	USB 3.1/3.2
微型			12345 Micro-B / 12345 Micro-AB	SS←	
全双工					Type-C

3) IEEE 1394 接口

IEEE 1394 接口俗称火线(FireWire)接口,是由苹果公司领导的开发联盟开发的一种高速度传送接口,主要用于视频的采集,常见于主板与数码摄像机上。IEEE 1394 接口扩展卡如图 1-9 所示。

IEEE 1394 接口的特点结如下:

(1) 高传输率。IEEE 1394—1995 中规定传输率为 $100\sim400$Mb/s。IEEE 1394b—2002 中更高的传输率是 800Mb/s(例如火线 800 接口,如图 1-10 所示)~3.2Gb/s(火线 S3200 接口)。实际传输的数据一般都要经过压缩处理,并不是直接传输原始视频数据。因此,200Mb/s 已经是能够满足实际需要的传输率。但对多路数字视频信号传输来说,传输率总是越高越好。

图 1-9　IEEE 1394 接口扩展卡

图 1-10　火线 800 接口

(2) 实时性。IEEE 1394 接口的特点是利用等时性传输来保证实时性,信号线缆由 4 根信号线与 2 根电源线构成,使得安装、使用十分简单。IEEE 1394 接口可以同时使用异步和同步传输方式,为了支持这种功能,IEEE 1394 接口将一定百分比的传输时间用于同步数据,其余传输时间用于异步数据。在 IEEE 1394 接口中,80%的总线保留用于等时周期,使异步数据至少占总线的 20%。

(3) 总线结构。IEEE 1394 接口采用串行总线工作方式,以树形拓扑结构在总线上组织。IEEE 1394 接口向各装置传送数据时,不是像网络那样通过输入输出方式传送数据,而是按 IEEE 1212 标准读/写列入转换的空间。IEEE 1394 总线和常见的 USB 总线的不同之处在于：IEEE 1394 总线是一个对等的总线，总线上的任何一个设备都可以主动发出请求；而 USB 总线上的设备则需要总线控制器控制相应的动作。因而，IEEE 1394 设备更加智能化，也更复杂。总线决定哪个节点在什么时间传输数据的过程称为仲裁。每轮仲裁持续时间约为 $125\mu s$，在该轮仲裁期间，根节点（离处理器最近的设备）发送循环开始分组，所有需要传输数据的节点都响应，最近的节点获胜。该节点完成传输后，其余节点按顺序轮流传输数据。这一过程重复进行，直到所有设备都使用了 $125\mu s$ 中的一部分。在这个过程中，同步传输具有优先权。

（4）热插拔。IEEE 1394 设备可以带电插拔。增加、拆除 IEEE 1394 设备时不必关闭电源，操作简单、方便。

（5）即插即用。增加新装置不必设定 ID，可自动予以分配。每当有新的设备接入某个 IEEE 1394 接口时，总线将会举行一个"欢迎仪式"，这是总线自发的，和主机没有关系，称为总线复位（bus reset）。在这个过程中，所有设备重新给自己命名（节点标识，node ID）。IEEE 1394 设备的命名机制很简单，从 0 开始，最多到 62，一般叶子节点的 ID 小，根节点的 ID 最大。

4）串行接口

串行接口（serial interface）简称串口，也称串行通信接口（通常指 COM 接口），是采用串行通信方式的扩展接口。串行接口一位一位地按顺序传送数据，其特点是通信线路简单，只要一对传输线就可以实现双向通信（普通电话线即可传输），从而大大降低了成本，特别适用于远距离通信，但传输率较低。

串行接口的出现是在 1980 年前后，传输率是 $115\sim230\text{kb/s}$。最初设计串行接口的目的是连接计算机外设，一般用来连接鼠标和外置调制解调器等外部设备。串行接口也可以应用于两台计算机（或设备）之间的互连及数据传输。由于串行接口不支持热插拔且传输率较低，部分新主板和大部分便携计算机已取消该接口。目前串行接口多用于工控和测量设备以及部分通信设备中。

串行接口接插件外形如图 1-11 所示。

图 1-11　串行接口接插件

串行接口按电气标准及协议来分，包括 RS-232-C、RS-422、RS-485 等。这几个标准只对串行接口的电气特性做出规定，不涉及接插件、电缆或协议。

RS-232 也称标准串行接口，是最常用的一种串行通信接口。它是在 1970 年由美国电子工业协会联合贝尔系统公司、调制解调器厂家及计算机终端生产厂家共同制定的用于串行通信的标准。它的全名是《数据终端设备和数据通信设备之间串行二进制数据交换接口技术标准》。传统的 RS-232-C 接口标准有 22 根线，采用标准 25 芯 D 型插座

（DB25），后来简化为 9 芯 D 型插座（DB9），25 芯插座已很少采用。

RS-232 接口是为点对点（即只用一对收发设备）通信而设计的，采取不平衡传输方式，即所谓单端通信。由于其驱动器负载为 3～7kΩ，发送电平与接收电平的差仅为 2～3V，所以其共模抑制①能力差，再加上双绞线上的分布电容的影响，所以其传送距离最大约为 15m，最高传输率为 20kb/s，适合本地设备之间的通信。

RS-422 标准的全称是《平衡电压数字接口电路的电气特性》，它定义了接口电路的特性。典型的 RS-422 接口是四线接口，实际上还有一根信号地线，共 5 根线。由于接收器采用高输入阻抗和发送驱动器，比 RS-232 接口具备更强的驱动能力，允许在相同传输线上连接多个接收节点，最多可接 10 个节点。在多个节点中，一个节点为主设备（master），其余节点为从设备（slave），从设备之间不能通信，所以 RS-422 接口支持点对多的双向通信。RS-422 四线接口由于采用单独的发送和接收通道，因此不必控制数据方向，各设备之间任何必需的信号交换均可以按软件方式（XON/XOFF 握手）或硬件方式（一对单独的双绞线）实现。

RS-422 接口的最大传输距离为 1219m，最大传输率为 10Mb/s。其平衡双绞线的长度与传输率成反比，在 100kb/s 的传输率以下，才可能达到最大传输距离。只有在很短的距离下才能获得最高传输率。一般 100m 长的双绞线上所能获得的最大传输率仅为 1Mb/s。

RS-485 标准是从 RS-422 标准的基础上发展而来的，所以 RS-485 标准的许多电气规定与 RS-422 标准相仿。例如，都采用平衡传输方式，都需要在传输线上连接终端电阻等。RS-485 接口可以采用二线与四线连接方式。二线连接可实现真正的多点双向通信。而采用四线连接时，与 RS-422 接口一样只能实现点对多的通信，即只能有一个主设备，其余均为从设备，但它比 RS-422 接口有改进，无论四线还是二线连接方式，总线上可至多连接 32 个设备。

RS-485 接口与 RS-422 接口的不同之处还在于其共模输出电压是不同的，RS-485 接口是 -7～+12V，而 RS-422 在 -7～+7V 之间，RS-485 接口接收器最小输入阻抗为 12kΩ，RS-422 接口是 4kΩ；由于 RS-485 接口满足所有 RS-422 接口的规范，所以 RS-485 接口的驱动器可以在 RS-422 接口网络中应用。

RS-485 接口与 RS-422 接口一样，其最大传输距离约为 1219m，最大传输率为 10Mb/s。平衡双绞线的长度与传输率成反比，在 100kb/s 的传输率以下，才可能使用规定的最长电缆长度。只有在很短的距离下才能获得最高传输率。一般 50m 长双绞线的最大传输率仅为 2Mb/s。

　　5）并行接口

并行接口指采用并行传输方式来传输数据的接口（IEEE 1284 标准）。并行接口是指数据的各位同时进行传送，其特点是传输速度快，但当传输距离较远而位数又多时，就导致通信线路复杂且成本提高。并行接口中各位数据都是并行传送的，它通常是以字节（8

---

　　①　共模抑制是指对相同信号的抑制。当参考本地公共端或地时，共模信号出现在双线电缆的两条线上，同相且幅度相等。

位)或双字节(16 位)为单位进行数据传输,理论最大传输率为 4MB/s;实际传输率约为 2MB/s,具体取决于硬件性能。

IEEE 1284 标准规定了 3 种连接器,分别称为 A 型、B 型、C 型。图 1-12 所示的 25-36 PIN 接口电缆的两端分别是 A 型与 B 型转换接插件。

A 型连接器也称 DB-25 连接器,只用于主机端。分为 DB-25 孔型电缆插座(母头)和 DB-25 针形电缆插头(公头),主要用于台式计算机。因为其尺寸较小,也有少数小型打印机(例如 POS 机打印机等)使用(非标准使用),但要求电缆较短。

B 型连接器也称 DB-36 连接器,带卡紧装置,只用于外设,主要用于打印机。

C 型连接器也称 Mini-Centronics 36 PIN 连接器,又称 MDR36 连接器,带夹紧装置,既可用于主机,也可用于外设。由于新的接口标准不断出现,C 型连接器缺乏竞争力,因此难于普及。而采用 USB 接口的外部设备迅速发展,使得并口的使用率也在逐步降低。

6) PCMCIA 接口

PCMCIA 是个人计算机存储卡国际协会(Personal Computer Memory Card International Association)的缩写。该协会于 1989 年 9 月成立,从 1990 年起,开始发布 PCMCIA 设备相关标准。PCMCIA 最初被设计为用于计算机存储的存储器扩展卡的标准。PCMCIA 卡的外形如图 1-13 所示。

图 1-12 25-36 PIN 接口电缆   图 1-13 PCMCIA 卡

PCMCIA 总线分为两类:一类仍然称为 PCMCIA(16 位或 32 位);另一类称为 CardBus(32 位),定义了 3 种不同形式的卡,长宽均为 85.6mm×54mm,只是在厚度方面有所不同。

Type Ⅰ是早期使用的 PCMCIA 卡,厚度为 3.3mm,有 16 位数据接口,为双排 34 个孔(总共 68 个孔),主要用于 RAM 和一次性可编程存储器(One Time Programmable,OTP)。

Type Ⅱ将厚度增至 5.0mm,具有 16 位或 32 位数据接口,引入了 I/O 支持,允许设备连接外围设备阵列,或为主机内置支持接口提供连接器/插槽,其适用范围也大大扩展,包括大多数的调制解调器、传真调制解调器(fax modem)、LAN 适配器和其他电子设备(例如电视卡)。

Type Ⅲ则进一步增大厚度到 10.5mm,同样具有 16 位或 32 位数据接口,这种卡主要用于存储设备(例如硬盘)以及加密狗设备。

高版本的 PCMCIA 接口提供向下兼容的能力,允许兼容使用低版本的 PCMCIA 卡。

7) 网络接口

网络接口简称网口,通常是指网络设备的各种接口,现今使用的网络接口大部分都是以太网接口。

常见的以太网接口类型有 RJ-45 接口、RJ-11 接口、SC 光纤接口、BNC 接口、Console 接口。

RJ-45 接口是现在最常见的网络设备接口,其接插件俗称"水晶头",专业术语为 RJ-45 连接器,属于双绞线以太网接口类型(8 根线),它在终端中的插槽如图 1-14 所示。RJ-45 接口的插头只能沿固定方向插入,设有一个塑料弹片与 RJ-45 插槽卡住以防止脱落。这种接口在 10Base-T 以太网、100Base-TX 以太网、1000Base-TX 以太网中都可以使用,传输介质均为双绞线。根据网络带宽的不同,对数据传输介质也有不同的要求,特别是连接 1000Base-TX 以太网时,至少要使用超五类线,为了保证稳定、高速连接,还要使用六类线。

RJ-11 接口和 RJ-45 接口很类似,也采用双绞线传输信号,但只有 4 根针脚(RJ-45 为 8 根),如图 1-15 所示。在计算机系统中,RJ-11 接口主要用来连接调制解调器。在日常应用中,RJ-11 接口常用于连接电话线。

图 1-14　RJ-45 接口　　　　　　　　　图 1-15　带有 RJ-11 接口的调制解调器板卡

光纤接口(如图 1-16 所示)在 100Base-TX 以太网时代就已经得到了应用,因此当时称为 100Base-FX(F 是光纤的英文 Fiber 的缩写)。在发布之初,由于它的性能并不比双绞线突出,而且成本较高,因此没有得到普及。随着信息社会对信息传输率的要求越来越高,服务商开始大力推广千兆网络,光纤接口重新受到重视。

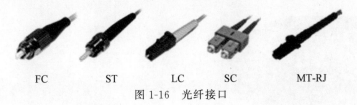

FC　　　　ST　　　　LC　　　　SC　　　　MT-RJ

图 1-16　光纤接口

光纤接口类型很多,目前常见的为 SC(有多种含义:Subscriber Connector,用户连接器;Square Connector,方形连接器;Standard Connector,标准接口)和 LC(有多种含义:Lucent Connector,朗讯连接器;Little Connector,小连接器;Local Connector,本地连接器)。SC 光纤接口主要用于局域网交换环境,在一些高性能以太网交换机和路由器上提供了这种接口。LC 接口由于尺寸更小巧，节省空间，因此在数据中心中使用更加广泛。光纤接口还有 FC、ST 和 MT-RJ 等类型。FC（有多种含义：Ferrule Connector，螺扣连接器；Fiber Channel，光纤通道）与 ST（Straight Tip，直接末梢）接口带有锁紧装置，主要用于需要紧固的环境使用，在机房配线架上使用得也比较多。MT-RJ（有多种含义：Mechanical Transfer Registered Jack，机械传输注册插口；Media Termination-Recommended Jack，介质端推荐插口）包含两根单独的光纤，尺寸较小，常用于配线架。

BNC 接口（如图 1-17 所示）是专门用于微型到超小型同轴电缆的接口，在母连接器上有两个卡口凸耳，通过连接螺母的四分之一圈卡槽实现配合。它最常见的应用是无线电、视频、测试仪器（例如示波器）和其他射频电子设备。通常用于早期计算机网络中，现在基本上已经不再用于交换机，只有一些早期的 RJ-45 以太网交换机和集线器还提供少数 BNC 接口。

图 1-17　BNC 接口

在可进行网络管理的设备（例如以太网交换机）上一般都有一个 Console 接口，它是专门用于对设备进行配置和管理的。Console 接口的类型也有所不同，绝大多数设备都采用 RJ-45 接口，但也有少数厂商采用 DB-9 串行接口或 DB-25 串行接口。Console 接口通常都需要使用专门的 Console 线连接，随着技术的发展，Console 线已基本实现对各种接口的支持。常见的连接类型有两种：一种是一端为 DB-9 串行接口接头，另一端为 RJ-45 接头；另一种是一端为 USB 接头，另一端为 RJ-45 接头。

8）IDE 接口

IDE（Integrated Drive Electronics，集成驱动电子设备）不仅指明连接器和接口定义，还表示将控制器集成到驱动器中，而不是主板上连接的或连接到主板的单独控制器，归属于并行高级技术附件（Parallel Advanced Technology Attachment，PATA）接口标准硬盘上的 IDE 接口如图 1-18 所示。IDE 线缆一次传输 16 位数据，其余用于控制信号、地址、地线电平等。传统线缆使用 40 针的带状线缆连接器，如图 1-19 所示，每根线缆有两个或三个连接器，其中一个连接器插入计算机主板，其余的连接器插入存储设备，最常见的是硬盘驱动器或光盘驱动器。为减少相邻信号线之间电容耦合的影响，提高传输率，出现过

图 1-18　IDE 接口硬盘

图 1-19　IDE 线缆

80 芯线缆,所有的附加线缆都是地线。目前 IDE 主流的标准是 ATA-100 和 ATA-133,即传输率分别为 100MB/s 和 133MB/s。随着技术的发展,IDE 产品虽然已逐步淘汰,但大部分信息系统的终端中依然有此类型接口存在。

9)SATA 接口

SATA(Serial Advanced Technology Attachment,串行高级技术附件)标准于 2003年发布,是一种计算机总线接口,可将主机总线适配器连接到大容量存储设备,如硬盘驱动器、光盘驱动器和固态驱动器,如图 1-20 所示。SATA 取代了旧有的 ATA 标准,成为存储设备的主要接口,支持热插拔、更高信号传输率、I/O 排队协议有效传输等特性。

SATA 标准定义的数据线缆包含 7 根导线(3 根接地,4 根为有源数据线),电源线缆包含 15 个引脚,其接头要宽于数据线缆,以避免二者混淆,如图 1-21 所示。

图 1-20　SATA 接口硬盘

图 1-21　SATA 数据线缆(左侧)和电源电缆(右侧)

SATA 标准自 2003 年以来,共发布 3 个大版本和 5 个小版本,其中大版本的发布历史如表 1-3 所示。

表 1-3　SATA 标准的大版本的发布历史

版　　本	传输率/GB·s^{-1}	公　布　时　间
SATA 1.0	1.5	2003 年 1 月
SATA 2.0	3	2004 年 4 月
SATA 3.0	6	2009 年 5 月

10)SCSI 接口

小型计算机系统接口(Small Computer System Interface,SCSI)是连接到计算机上,用于传送数据的一组标准的外围设备接口,如图 1-22 所示。SCSI 是一种并行总线,最常用于硬盘驱动器和磁带驱动器,也可以连接其他设备,包括扫描仪和光盘驱动器。SCSI 标准定义了特定外围设备类型的命令集,SCSI 接口在高性能工作站、服务器和存储设备上非常流行,自 1986 年发布第一版本后,服务器上的几乎所有 RAID 系统都使用某种 SCSI 接口硬盘驱动器。

图 1-22　SCSI 接口硬盘

SCSI 标准中的 SCSI-1 和 SCSI-2,以并行 SCSI 作为协议的核心部分。从 SCSI-3 开始,SCSI 标准是松散的标准集合,每个标准定义了 SCSI 体系结构的某个部分,并由 SCSI 体系结构模型绑定在一起。这种方式将 SCSI 的各种接口与命令集分离,允许支持 SCSI 命令的设备使用任何接口。

SCSI-1 版本采用 8 个数据位并行总线(加上第 9 个奇偶校验位),SCSI-2 版本则允许更快的时钟频率(10MHz)和更宽的总线(16 位或 32 位)。16 位架构因性价比高,成为主要使用的总线。在时钟频率为 10MHz、总线宽度为 16 位时,可以实现 20MB/s 的数据传输率。通过对 SCSI 标准的扩展,允许 SCSI 使用更高的时钟频率:20MHz、40MHz、80MHz、160MHz、320MHz。在 320MHz 时,16 位总线理论上最大数据传输率为 640MB/s。

自 2005 年以来,并行的 SCSI 接口逐渐被 SAS 接口取代,后者采用串行设计,但保留了 SCSI 技术的其他方面。

11)SAS 接口

SAS(Serial Attached SCSI,串行连接的 SCSI)是一种点对点串行协议,用于计算机存储设备的接口,例如硬盘驱动器接口和磁带驱动器接口,如图 1-23 所示。SAS 取代了最早出现在 20 世纪 80 年代中期的 SCSI 总线技术。SAS 已发布的版本如表 1-4 所示。与 SCSI 一样,SAS 使用标准 SCSI 命令集。SAS 提供与 SATA-2 及更高版本的可选兼容性,这允许将 SATA 驱动器连接到大多数 SAS 接口的背板或控制器上。但是,SAS 驱动器无法连

图 1-23　SAS 接口

接到 SATA 接口的背板上,这是因为一般 SATA 的数据线和电源线是分开连接的,而 SAS 的电源和数据触点是连在一起的。

表 1-4　SAS 已发布的版本

版　本	传输率/Gb·s^{-1}	发 布 时 间
SAS-1	3.0	2004 年
SAS-2	6.0	2009 年 2 月
SAS-3	12.0	2013 年 3 月
SAS-4	22.5	2017 年

2. 输入设备

常见的输入设备有以下 4 种。

1)键盘

键盘是用于操作设备运行的一种指令和数据输入装置,是最常用也是最主要的输入设备,通过键盘可以将英文字母、数字、标点符号等输入到计算机中,从而向计算机发出命令、输入数据等。其接口主要有 PS/2 和 USB 两种,目前常见的键盘接口以 USB 接口居

多,使用方式分为有线和无线(蓝牙、红外等)两种。

2)鼠标

鼠标是计算机终端的常用输入设备,按其定位工作原理分为机械鼠标和光电鼠标,按其接口类型分为串行鼠标、PS/2 鼠标、总线鼠标、USB 鼠标。常见的鼠标接口以 USB 接口居多,使用方式分为有线和无线两种。终端系统中的图形化操作界面依赖鼠标的程度非常高,如果没有鼠标的支持,操作便捷性会受很大影响。

3)扫描仪

扫描仪是利用光电技术和数字处理技术,以扫描方式将图形或图像转换为数字信号的装置。其原理是:自然界的物体都会吸收特定的光波,而未被吸收的光波就会反射出去。扫描仪利用上述原理来完成对扫描对象的读取。扫描仪工作时发出的强光照射在扫描对象上,没有被吸收的光线被反射到光感应器上。光感应器接收到这些信号后,将这些信号传送到模/数(A/D)转换器,模/数转换器再将其转换成计算机能读取的二进制信号,然后通过驱动程序转换成显示器上能看到的正确图像。通常使用颜色深度、有效分辨率、密度范围 3 个参数衡量扫描仪的性能。颜色深度通常至少有 24 位,高质量的可达 36~48 位;有效分辨率以 DPI(Dots Per Inch,每英寸点数)为单位,普通扫描仪通常为 200~500DPI,专业级扫描仪可达 3000DPI;密度范围表明扫描仪可以记录暗部和亮部细节的范围,普通平板照片扫描仪的动态范围为 2.0~3.0,对于包含精细细节的内容往往无法识别,例如显微照片、含有数字水印的图片等。

现代扫描仪通常使用电荷耦合器件或接触式图像传感器作为图像传感器,用于最高图像质量的鼓式扫描仪使用光电倍增管作为图像传感器。扫描仪按照使用方式可分为笔式扫描仪、便携式扫描仪、平板扫描仪、胶片扫描仪、底片扫描仪和名片扫描仪等。扫描仪可以将图片、照片、胶片、各类文稿资料输入到计算机中,进而实现对这些图像信息的处理、管理、使用、存储、输出等,是将各种形式的图像信息输入计算机的重要工具。扫描仪接口通常使用并行接口、SCSI 接口、USB 接口和 IEEE 1394 接口等,以 USB 接口居多。

4)摄像头

摄像头是一种视频输入设备,被广泛运用于视频会议、远程医疗及实时监控等方面。摄像头可分为数字摄像头和模拟摄像头两大类。数字摄像头可以将视频采集设备产生的模拟视频信号转换成数字信号,进而将其存储在计算机里。模拟摄像头捕捉到的模拟视频信号必须经过特定的视频捕捉卡转换成数字信号,并进行压缩后才可以存储在计算机里。数字摄像头可以直接捕捉影像,然后通过串接口、并行接口或者 USB 接口传输到计算机里。

3. 输出设备

常见的输出设备有以下两种。

1)显示器

显示器是以图形、字符等方式展示信息的输出设备。在终端上的复杂操作、指令和执行结果都需要在显示器上显示,因此显示器对终端而言是非常重要的。早期显示器使用阴极射线管,体积笨重,功耗大。现代显示器通常采用背光式薄膜晶体管液晶显示器。通过 VGA、DVI、HDMI、DisplayPort、Thunderbolt 等接口连接到计算机终端。与显示器性质相同的是投影仪,二者的功能相同,只是显示的工作方式有所不同。

2) 打印机

打印机是计算机的常用输出设备之一,用于将计算机的处理结果打印在相关介质上。打印机按数据传输方式可分为串行打印机和并行打印机两类,通常需要使用数据线将打印机和终端相连,以便实现打印控制和打印数据的传输,常见的接口有 USB 接口、并行接口等。随着控制技术和网络技术的发展,网络打印机在实际应用中迅猛发展。网络打印机可以在网络环境中为可连接打印机的终端提供打印服务,具有易于管理、使用便捷、高性能、易于实施等优势。

4. 存储设备

常见的存储设备有以下 6 种。

1) 光介质存储设备

光介质存储设备主要指通过光盘介质存取数据的设备。通常通过可刻录光驱设备对光盘进行读写,在此类设备上会标注有 RW 字样,表明可实现刻录功能,其刻录速度从 1 倍速到 52 倍速(通常为 2 的倍数)。不同的设备对不同的光盘支持的刻录速度也不同,主要由刻录光驱设备厂商的技术能力决定。光盘分为一次性刻录光盘和可擦写刻录光盘,光盘的存储容量为 200MB(8cm 小盘 CD-R)～100GB(BDXL 规格蓝光光盘)。以下为常见的刻录光盘种类:

- CD-R。一次性 CD 刻录盘,容量为 700MB。
- CD-RW。可擦写 CD 刻录盘,容量为 700MB。
- DVD-/+R。一次性 DVD 刻录盘,容量为 4.7GB。
- DVD-/+RW。可擦写 DVD 刻录盘,容量为 4.7GB。
- DVD-/+R DL。一次性单面双层 DVD 刻录盘,容量为 8.5GB。
- BD-R。一次性蓝光刻录盘,容量为 25GB。
- BD-R DL。一次性蓝光刻录盘,容量为 50GB。
- BD-R XL。一次性蓝光刻录盘,容量为 100GB。
- BD-RE DL。可擦写蓝光刻录盘,容量为 50GB。

2) 移动存储设备

移动存储设备主要指采用各类可热插拔式接口(例如 USB 接口和 IEEE 1394 接口等),具备读写能力的存储设备。从存储介质上划分,移动存储设备可分为磁介质存储设备(例如 ZIP 磁盘、LS-120 磁盘、USB 移动硬盘等)、光介质存储设备(例如 CD-RW 和 DVD)和闪存介质存储设备(例如 U 盘、固态硬盘等)3 种,如图 1-24 所示。

3) 存储卡

存储卡是主要用于手机、数码相机、便携式电脑、MP3 和其他数码产品上的独立存储介质,一般是卡片的形态,故统称为存储卡。CF 卡是最早出现的存储卡之一。随着技术的发展,又出现了 MMC 系列、SD 系列、索尼 MS 系列等各种类型的存储卡。

MMC 系列存储卡主要应用于数码相机、手机和一些 PDA 产品上。MMC 系列的主

图 1-24　ZIP 磁盘和 LS-120 磁盘

要类型有 MMC、RS-MMC、MMC Plus、MMC Mobile、MMC Micro。

Secure Digital Card(安全数字卡)简称 SD 卡,从很多方面来看都可看作 MMC 的升级。SD 系列的主要类型有 SD、Mini SD、Micro SD、T-Flash、SDHC、SDXC。SD 卡由于其存储容量和吞吐速率的优势,已成为当前主流的存储卡。

另外还有一些厂商定制的存储卡。例如,索尼 MS 系列是索尼公司在 1999 年推出的存储卡产品,俗称记忆棒,主要类型有 MS Pro、MS Duo、MS Pro Duo、MS Micro、Compact Vault,广泛应用于数码相机、数码摄像机和PDA 产品当中。

图 1-25　硬盘内部结构

4) 硬盘

硬盘,也称为硬盘驱动器(Hard Disk Drive,HDD),通过机电数据存储装置(磁头),使用一个或多个快速旋转的涂有磁性材料的磁性盘片存储介质存储数据,其内部结构如图 1-25 所示。硬盘是一种非易失性存储器,即使在断电时也能保留存储的数据。磁盘可以采用随机访问方式访问数据,这意味着文件系统的数据块可以按任意顺序存储或检索,容易导致磁盘文件碎片的产生。

硬盘盘片与磁头配对,通常布置在移动的传动臂上,从盘片表面读取数据或将数据写入盘片表面。不同硬盘中的盘片转速不同,节能便携式设备的转速为 4200r/min,高性能服务器的转速为 15 000r/min。初期硬盘驱动器的转速为 1200r/min,陆续提升为 3600r/min,目前大多数硬盘的转速为 5400r/min 或 7200r/min。由于磁头和磁盘表面之间的距离非常近(约 100nm 以内,部分产品已达到 10nm),硬盘驱动器容易因磁头碰撞而损坏,即磁头在磁盘表面刮擦的磁盘故障,通常会磨掉薄磁层,导致数据失效。电子故障、突然断电、物理冲击、驱动器内部污染、磨损、腐蚀或制造的盘片和磁头不良等原因,都有可能造成盘片损伤。

现代硬盘最常见的两种外形尺寸是 3.5in(台式计算机)和 2.5in(主要是笔记本电脑),通过标准接口线缆(例如 PATA、IDE、SATA、USB 或 SAS 线缆)连接到终端。

硬盘驱动器在高性能服务器、媒体服务器等领域正在被固态硬盘(Solid-State Drive,SSD)逐步取代,这是因为 SSD 具有更高的数据传输率、更高的区域存储密度、更高的可靠性以及更低的延迟和访问时间。在任务关键型应用方面,要求存储系统的速度要尽可能高,例如,在股票交易系统、通信系统、视频编辑系统等需要高传输率的场景中,SSD 可以提供比 HDD 更好的响应速度。

固态硬盘是一种使用集成电路组件作为存储器存储数据的固态存储设备。SSD 可以使用传统的硬盘驱动器的外形、协议、文件系统(例如 NTFS 或 FAT32)以及接口(例如 SATA 和 SAS)。

SSD 的关键组件是控制器和用于存储数据的存储器。SSD 中的主要存储组件传统上是易失性 DRAM。自 2009 年起,SSD 开始广泛使用闪存式非易失性 NAND 作为存储组件,这是一种非易失性存储器,可在断电时保留数据。

由于固态硬盘使用集成电路作为存储单元(由多个集成电路组成数据块,典型数据块大小为 16KB、128KB、256KB、512KB),如果在不写入任何其他数据块的情况下,对特定的数据块进行重复编程和擦除,组成该数据块的集成电路会因电荷衰减导致寿命提前耗尽。因此 SSD 采用称为耗损均衡的技术在所有数据块上尽可能均匀地分配写入操作,以避免这种情况发生。但是,SSD 使用集成电路存储的电荷状态来表示存储的数据,在没有电源的情况下,它会随着时间的推移而慢慢泄漏,导致数据丢失。这个周期随设备使用寿命而异,短则 1~2 年(旧设备),长则 10 年(新设备)。为发挥 SSD 的技术优势,通常不将 SSD 用于归档、备份等长期存储的场景中。

在终端系统中,除了常见的系统硬盘外,还有一种称为冗余硬盘的存储设备,通常是指终端中除操作系统运行的硬盘外的其他硬盘(与操作系统不在同一个物理硬盘上)。这些冗余硬盘不影响终端的运行过程,一般作为终端存储能力的扩展,用于应对终端中硬盘存储空间不足的情况。

5) 软驱

软盘驱动器(Floppy Disk Drive,FDD)就是通常所说的软驱,使用 3.5in 或 5.25in 软盘作为存储介质,如图 1-26 所示。软盘驱动器由于其存储容量小、读写速度慢、软盘的寿命和可靠性差、数据易丢失等原因,现已被其他设备取代。早期的终端计算机大部分配有软驱。

图 1-26　软驱

6) 磁带机

磁带机(tape drive)一般指单驱动器产品,通常由磁带驱动器和磁带构成,是一种经济、可靠、容量大、速度快的备份设备,通常用于离线数据存档,如图 1-27 所示。近年来,由于磁带机采用了具有高纠错能力的编码技术和即写即读的通道技术,大大提高了磁带存储的可靠性和读写速度。磁带机的读写技术根据读写磁带的工作原理可分为螺旋扫描读写技术、线性记录读写技术,磁带采用的备份技术主要包括 DDS/DAT、DLT 以及比较先进的 LTO,现在主流产品大多采用 LTO。

螺旋扫描读写技术以螺旋扫描方式读写磁带上的数据。这种磁带读写技术与录像机基本相

图 1-27　磁带机

似,磁带缠绕磁鼓的大部分,并以水平低速前进,而磁鼓在磁带读写过程中反向高速旋转,安装在磁鼓表面的磁头在旋转过程中完成数据的读写工作。磁头在读写过程中与磁带保持 15°倾角,磁道在磁带上以 75°倾角平行排列,如图 1-28 所示。采用这种读写技术在同样的磁带面积上可以获得更多的数据通道,充分利用了磁带的有效存储空间,因而有较高的数据存取密度。

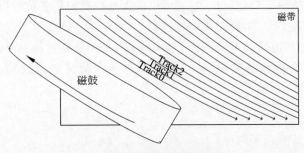

图 1-28　螺旋扫描读写技术

　　线性记录读写技术以线性记录方式读写磁带上的数据。这种磁带读写技术与录音机基本相同,平行于磁头的高速运动磁带掠过静止的磁头,进行数据记录或读出操作。这种技术可使驱动系统设计简单,但读写速度较低。同时,由于数据在磁带上的记录轨迹与磁带平行,因此其数据存储利用率较低。线性记录读写技术如图 1-29 所示。为了有效提高磁带的利用率和读写速度,人们研制出了多磁头平行读写方式,称为线性蛇形记录技术,如图 1-30 所示。这种技术提高了磁带的记录密度和传输率,但驱动器的设计变得极为复杂,成本也随之增加。

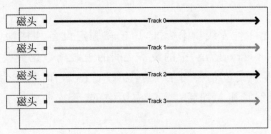

图 1-29　线性记录读写技术

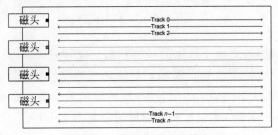

图 1-30　线性蛇形记录技术

数字线性磁带(Digital Linear Tape，DLT)技术是一种存储技术标准，包括 1/2in 磁带、线性记录方式、专利磁带导入装置和特殊磁带盒等关键技术。利用 DLT 技术的磁带机，在带长为 1828ft[①]、带宽为 1/2in 的磁带上有 128 个磁道，使单磁带未压缩容量可高达 20GB，压缩后容量可增加一倍。

线性开放式磁带(Linear Tape-Open，LTO)技术是由 IBM、HP、Seagate 三大存储设备制造公司共同支持的磁带处理技术，它可以极大地提高磁带备份数据量。LTO 磁带可将磁带的容量提高到 100GB，经过压缩可达到 200GB。LTO 技术不仅增加了磁带的磁道密度，而且在磁头和伺服结构方面进行了全面改进，采用了先进的磁道伺服跟踪系统来有效地监视和控制磁头的精确定位，防止相邻磁道的误写问题，以达到提高磁道密度的目的。

5. 无线设备

常用的无线设备有以下两种。

1) 红外设备

红外线(infrared)是波长为 750nm～1mm 的电磁波，它的频率高于微波而低于可见光，是一种人眼看不到的光线。红外数据协会(Infrared Data Association，IrDA)将红外数据通信所采用的光波波长的范围限定为 850nm～900nm。红外传输是一种点对点的无线传输方式，由于红外线的波长较短，对障碍物的衍射能力差，通信距离短，而且具有方向性，且中间不能有障碍物，所以更适合应用在需要短距离无线通信的场合进行点对点的直线数据传输，在消费电子产品中使用非常广泛，例如电视机、空调等电子产品的遥控器。在终端中采用红外连接的外设较少，主要有红外鼠标、红外打印机、红外键盘等，在某些笔记本电脑中也采用了红外技术，但目前基本已被蓝牙技术取代。

2) 蓝牙设备

蓝牙(bluetooth)是一种无线技术标准，用于在固定设备和移动设备之间以及个人局域网(Personal Area Network，PAN)中的设备之间的短距离数据交换。蓝牙标志如图 1-31 所示。蓝牙技术最初是由爱立信公司于 1994 年设计的，当时是作为 RS-232 数据线的替代方案，目的是开发无线耳机。随后在实际应用中，蓝牙技术显示了巨大的应用价值而逐渐得以推广。

图 1-31 蓝牙标志

蓝牙可连接多个设备，克服了数据同步的难题。蓝牙在 2402～2480MHz 或 2400～2483.5MHz 的频率下工作，其中包括底端 2MHz 频宽的保护带和顶端 3.5MHz 频宽的保护带。蓝牙使用称为跳频扩频的无线电技术，将传输的数据分成数据包，并在 79 个指定的蓝牙通道之一中传输每个数据包。每个通道的带宽为 1MHz。

---

① 1ft＝30.48cm。

蓝牙设备按工作范围可分为 4 类,其标准如表 1-5 所示。常见的消费类蓝牙设备主要划分在第 2 类设备中,例如,蓝牙鼠标、键盘,蓝牙耳机等,其正常工作的覆盖范围大约为 10m。

表 1-5　蓝牙设备按工作范围的分类

类	最大允许功率		最大距离/m
	/MW	/dBm	
1	100	20	100
2	2.5	4	10
3	1	0	1
4	0.5	−3	0.5

蓝牙协议到目前为止已发布了 5 个版本。蓝牙 5.0 版本于 2016 年 6 月推出,主要用于物联网技术。

1.3.2　软件

终端的软件是指示计算机如何工作的数据或计算机指令的集合,由系统软件和应用软件组成。计算机软件包括程序、库和相关的非可执行的数据(例如文档或数字媒体等)。终端的软件和硬件是相互依托的,任何一个脱离另一都不能单独使用。

系统软件又分为操作系统和设备驱动程序,是直接操作计算机硬件的软件,为用户和其他软件提供所需的基本功能,并提供运行应用软件的平台。终端从运行的主流操作系统可以分为 Windows 终端和非 Windows 终端。Windows 终端是指安装了微软公司 Windows 操作系统(也称视窗操作系统)的终端;非 Windows 终端是指安装了非 Windows 操作系统的其他终端,这类操作系统包括但不限于 RedHat、Linux、BSD、MacOS 等操作系统。关于操作系统的内容将在第 2 章学习。设备驱动程序用于操作或控制连接到终端的特定类型设备。每个设备至少需要一个相应的设备驱动程序,而且终端通常至少需要一个输入设备和一个输出设备(例如键盘和显示器),所以终端通常需要不止一个设备驱动程序。

应用软件是为了满足某种功能需要而开发的功能性程序,例如办公软件、Web 应用程序、文本编辑器等。应用软件的开发和运行同样需要操作系统和硬件的支持,例如,能够在 Windows 操作系统中运行的应用软件是无法在 Linux 操作系统上运行的。应用软件通常都会提供不同操作系统、硬件环境的软件版本以满足用户的需求。

1.3.3　用户

用户指使用终端的人员。从终端资产的所有权角度而言,用户可分为拥有者和使用者;从终端所处信息系统环境而言,用户可分为内部用户和外部用户;从使用终端的合规性而言,用户可分为合法用户和非法用户;从用户的时效性而言,用户可分为长期用户和临时用户;从权限等级角度而言,用户可分为普通用户和特权用户;从是否共享角度而言,用户可分为共享用户和专有用户。

在信息系统中,因不同的功能需求,终端的用户也是不同的。举个例子:在信息系统中,运行 Web 应用的服务器类型终端就会面临多种用户。服务器上运行的 Web 应用程序,其服务对象主要是外部的访客,可以理解为普通用户。服务器本身的运行维护由专门的运行维护人员负责,而这些运行维护人员根据不同角色可能又会分为管理员、安全审计人员、应用程序开发人员等用户类型。

用户在终端安全中扮演的角色至关重要。信息安全的本质是人与人之间的对抗:在个人层面,是攻击者和合法用户之间的对抗;在组织层面,可能是攻击者个人与组织机构安全团队之间的对抗,也可能是攻击者团队与组织机构安全团队的对抗;在国家层面,是各国家信息安全人才和技术能力的对抗。用户做好本职范围内的信息安全工作,进而扩大到组织机构范围内的信息系统安全工作,形成用户参与、技术支撑、运营闭环的终端安全管理链,提高组织机构的信息安全能力。

1.4 本书讨论的范围

在本书中涉及的终端是指在组织机构的信息系统中可用的信息系统设备以及与网络安全关联的节点,包括计算机、服务器、工作站、笔记本电脑等设备,其中包含隔离网中的相关设备和孤岛机(指未与网络或其他终端连接的计算机终端)。对于前述中提及的其他领域中的各类终端,感兴趣的读者可以参考相关方面的书籍深入学习。

本书所讲的终端安全是以系统安全为核心,兼顾终端自身安全与数据安全,其内涵主要是系统安全和应用系统安全保障以及相关安全业务管理。

1.5 习题

1. 从终端所处环境来看,终端在狭义和广义上的定义是什么?
2. 造成终端安全问题的内因和外因都有哪些?
3. 终端的分类方法有哪些?
4. 终端主要由哪几部分构成?
5. 终端硬件主要是什么体系?
6. 终端软件主要由哪几部分组成?
7. 列举日常生活和学习中接触过的终端外部设备,说明其工作特点。
8. 调研一种操作系统,分析其安全特性。

第 2 章

终端操作系统工作机制

操作系统是管理系统资源、控制程序和各种服务、提供人机交互界面的系统软件,是终端硬件与应用软件、用户之间的沟通桥梁,协调终端中的硬件、软件资源,为用户提供快捷、高效的服务。操作系统安全是终端安全的基础,终端安全的很多安全措施都是构建在操作系统安全基础上的。

在信息系统中,常见的终端操作系统主要有 Windows 操作系统和 UNIX 操作系统,这两类操作系统占据终端操作系统的大半天下。因此,对这两类操作系统的工作机制需要有概要的了解,这对于理解后续章节中终端安全关注的方向和使用的技术手段、方法有很大帮助。通过本章的学习,使读者对操作系统的工作机制有所了解。如果读者已了解了操作系统的相关概念,可以复习相关内容或跳过本章。对于要深入学习的操作系统核心部分读者,本章仅起抛砖引玉的作用,请参考其他专业书籍。

2.1 Windows 操作系统

Windows 操作系统无论在个人还是组织机构的信息系统中都占有非常大的比例。了解 Windows 操作系统对于终端安全是很有必要的。

2.1.1 Windows 家族

由于微软公司 Windows 操作系统友好易用的人机交互界面以及大量的应用软件,使其在商业用户和家庭用户终端操作系统中占有很大比例。Windows 家族包括 Windows NT 和 Windows IoT 两个大系列。Windows NT 系列包含 Windows、Windows Server、Windows PE 3 个子系列,Windows IoT 系列主要指 Windows CE,现已更名为 Windows Embedded Compact,包含 Windows Embedded Industry、Windows Embedded Professional、Windows Embedded Standard、Windows Embedded Handheld 和 Windows Embedded Automotive。Windows 家族谱系如图 2-1 所示。随着微软公司 Windows 版本的推进,各系列都出现了 32 位和 64 位两种版本并存的情况。

除上述两大系列外,Windows 9x、Windows Mobile、Windows Phone 系列由于各方面原因已不再开发。

根据面向的用户和使用场景的不同,Windows 操作系统可分为以下 3 种版本。

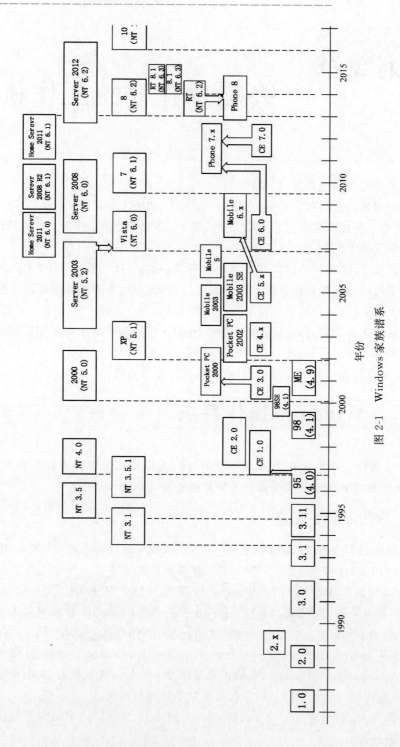

图 2-1 Windows 家族谱系

1. 个人用户版本

这种版本的 Windows 操作系统主要面向主流台式计算机、笔记本电脑和工作站,主要包括 Windows NT 3.1、Windows NT 3.5.1、Windows 95、Windows 98、Windows XP、Windows Vista、Windows 7、Windows 8(Windows 8.1)、Windows 10 等面向个人用户(包括商业用户)的操作系统。而且随着商业化的演进,根据不同的用户群体,微软公司还细分出面向个人、企业和教育行业的专业版、家庭版、企业版、教育版等在功能上有所区分的 Windows 操作系统。

2. 服务器版本

这种版本的 Windows 操作系统主要面向企业用户、商业用户,主要包括 Windows NT 3.5、Windows NT 4.0、Windows 2000、Windows Server 2003、Windows Server 2008、Windows Server 2012、Windows Server 2016、Windows Server 2019 等服务器操作系统版本。

3. 设备专用版本

这种版本的 Windows 操作系统主要面向平板电脑和移动设备,其中包括面向智能家电的 Windows XP Media Center Edition、Windows XP Table PC Edition、Windows RT 系列操作系统,面向移动终端的 Windows Mobile、Windows Phone、Windows 10 Mobile 系列操作系统,以及面向嵌入式终端的 Windows Embedded、Windows Embedded Compact 系列操作系统。

2.1.2　概念和工具

1. 概念

下面简要介绍 Windows 系统中最重要的几个概述。

1) Windows API、例程和动态链接库

Windows API(Application Programming Interface,应用编程接口)指 Windows API 中已被文档化的、可被调用的例程,其中通常包含数据结构、对象类、变量和调用的规范。Windows API 根据任务属性可分为用户界面、Windows 环境(Shell)、用户输入和消息、数据访问和存储、诊断、图形和多媒体、设备、系统服务、安全和身份管理、应用程序安全和服务、系统管理、网络等基本大类,覆盖了 Windows 系统的各个方面。

例程(routine,或称为内核支持函数)是 Windows 操作系统内置的且仅在内核模式下调用的函数。

动态链接库(Dynamic-Link Library,DLL)是 Windows 系统中的共享库,可以包含任意的代码、数据和资源类的二进制文件,应用程序可以动态地加载这些二进制文件。在 Windows 操作系统中大量使用了 DLL。应用程序在运行过程中可以共享 DLL,这样,在内存中只需运行一个共享的 DLL 代码。

2) 作业、进程和线程

作业(job)是用户向计算机提交的任务实体,其主要功能是将一组进程作为一个整体

进行管理和维护。作业对象允许对特定的属性进行控制,也可以对进程或者与作业关联的进程进行限制。一个作业可以包含多个进程,且一个作业最少包含一个进程。

进程(process)是完成用户任务的执行实体,在操作系统内用进程控制块来表示,其中包含执行程序特定实例时所用到的各种资源。通常一个进程包含多个线程,且至少包含一个线程。从抽象层次来看,Windows 进程是由以下元素构成的:

(1) 私有虚拟地址空间。一个进程可以使用的一组虚拟内存地址范围。

(2) 可执行程序。给定的初始代码和数据,并映射到进程的虚拟地址空间中。

(3) 句柄。用于指向各种系统资源,例如通信端口、文件。一个进程内的所有线程都可以访问这些系统资源。

(4) 访问令牌(access token)是一组安全上下文,用于标识与该进程关联的用户、安全组、特权、UAC(User Account Control,用户账户控制)虚拟化状态、会话以及与进程有关的受限用户账户状态。

(5) 唯一标识符,即进程 ID。在系统内部,进程 ID 也是客户 ID 标识符的一部分。

(6) 执行线程。数量至少为一个,但不排除创建一个没有用处的“空”进程的可能性。

线程(thread)是 Windows 调度执行进程时的实体,也是程序执行的最小单位。如果没有线程,进程所属的程序将无法运行。

尽管每个线程有自身的执行环境,但是,同一个进程中的所有线程共享该进程的虚拟地址空间和其他资源,这意味着进程内的所有线程都可以完全地读或者写该进程的虚拟地址空间。

3) 用户模式和内核模式

为了避免关键的操作系统数据被用户应用程序访问、修改,Windows 使用了两种处理器访问模式:用户模式和内核模式。用户应用程序运行在用户模式(Ring3)下,而操作系统代码(例如系统服务和设备驱动程序)运行在内核模式(Ring0)下。

实际上,x86 和 x64 处理器架构定义了 4 种特权级,或者称为 4 个环(ring),如图 2-2 所示,Ring0 为最高级,Ring3 为最低级。特权级主要用于保护系统代码和数据不会被低级别的代码恶意或无意地改写。Windows 以特权级 0(Ring0)作为内核模式,以特权级 3 (Ring3)作为用户模式。Windows 之所以只使用两个特权级,是因为它过去支持的一些硬件架构(例如 Compaq Alpha 和 Silicon Graphics MIPS)只实现了两个特权级。

由于在内核模式下,操作系统和设备驱动程序代码共享同一个虚拟空间,一旦恶意程序通过 Rootkit(恶意获取未经允许的管理权限或根权限的恶意代码)、Bootkit(Rootkit 的变体,感染硬盘引导区域的恶意代码)等方式进入了内核模式,就可以任意访问系统空间的内存,从而绕过 Windows 的安全机制直接访问对象。在 64 位版本的 Windows 中,采用了内核模式代码签名(Kernel Mode Code Signing,KMCS)策略,对 64 位设备驱动程序必须经过某个主认证权威机构发放的密钥进行签名后才可运行。但是,这个安全措施可以通过高级引导选项中的“禁用驱动程序强制签名”或本地组策略编辑器中的“设备驱动程序的代码签名”来规避。

4) 终端服务及会话

终端服务是指在单个系统中 Windows 对于多个可交互用户会话的支持。利用

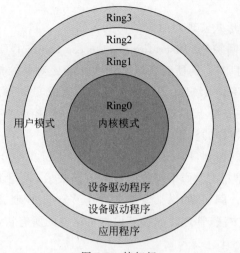

图 2-2　特权级

Windows 的终端服务,远程用户通过在其他主机上建立会话的方式在服务器上登录并运行应用程序,服务器将图形用户界面和可配置的其他资源(例如音频和剪贴板等)传送给客户机,客户机将远程用户的输入传回服务器,完成交互过程。

　　Windows 的客户机版本允许用户采用本地或远程方式使用 Windows 客户机系统,但不允许同时以这两种方式使用系统。

　　Windows 的服务器版本可以通过远程桌面连接程序(mstsc.exe)建立连接会话,支持两个并发的远程连接以及两个以上的远程会话(需要适当的授权许可,并且系统被配置为终端服务器)。

　　5)对象

　　在 Windows 操作系统中,内核对象是一个静态定义的对象类型的单个运行时实例。对象类型包括系统定义的数据类型、对数据类型的实例进行操作的函数以及一组对象属性。例如,在 Windows 中,一个进程是进程对象类型的实例,一个文件是文件对象类型的实例。

　　对象和普通数据结构之间最根本的区别在于:对象的内部结构是不透明的。对于对象而言,必须通过调用对象服务来取得对象内部的数据或者将数据放入数据对象内部,无法直接读取或者改变对象内部的数据。

　　通过被称为对象管理器的内核组件,对象提供了实现下列 4 个重要操作系统任务的方法:

　　(1)为系统资源提供可供识别的名称。

　　(2)在进程之间共享资源和数据。

　　(3)保护资源免受未授权的访问。

　　(4)引用跟踪,允许系统获知对象何时不再使用,以便自动释放。

　　在 Windows 操作系统中,并非所有的数据结构都是对象。只有那些需要共享的、保护的、命名的或者需要对用户模式程序(通过系统服务)可见的数据,才会放到对象中。

6）安全性

Windows 通过 3 种形式实现对对象的访问控制。

第一种称为自主访问控制（Discretionary Access Control，DAC）。这种控制方式是由对象（例如文件或者打印机）的所有者对其他人访问该对象的权限进行授权或者拒绝。其实现过程为：当用户登录系统时，提供一组安全凭据或安全上下文，用户尝试访问对象时，将用户的安全凭证或安全上下文与要访问对象的访问控制列表进行比较，确定该用户是否拥有执行所请求的操作的权限。

第二种称为特权访问控制（Privileged Access Control，PAC）。当第一种方式不能满足需要时，需要采用这种方式。如果对象的所有者已失效，采用 PAC 方式可以确保某人能够访问受保护的对象。例如，如果某个员工离开了公司，管理员需要一种可以访问仅该员工可以访问的文件的方法，管理员能够获取这些文件的所有权，以便根据需要管理其访问权限。

第三种称为强制完整性控制（Mandatory Integrity Control，MIC）。当需要额外的安全控制保护同一个用户账户内部的对象访问时，需要使用强制完整性控制。它用于将 IE（Internet Explorer）的安全保护模式和用户的配置隔离开，也用于确保那些由提升权限的管理员账户创建的对象不能被未提升权限的管理员账户访问。

安全性涉及 Windows API 的方方面面。Windows 子系统实现了基于对象的安全性，其方式与操作系统的做法相同：Windows 子系统通过在共享的 Windows 对象上设置 Windows 安全标识符（在 2.1.4 节中介绍）来避免未授权的访问。当应用程序第一次尝试访问某个共享对象时，Windows 子系统会对该应用程序是否有权这样做进行验证。如果安全检查通过，则 Windows 子系统允许该应用程序执行相关操作。

7）注册表

注册表包含引导和配置系统所需的信息，以及控制 Windows 操作的系统范围内的软件设置、安全数据库和每个用户的配置设置，是 Windows 的系统数据库。

此外，注册表是一个展示内存中易失数据的窗口，可以了解系统中的各类应用、服务、驱动程序使用了哪些资源，例如，系统的当前硬件状态（哪些设备驱动程序加载，使用了哪些资源）以及 Windows 的性能计数器（通过注册表函数访问调用获取）。

注册表也是一个非常有用的 Windows 内部信息来源，因为它包含了许多会影响系统性能和行为的设置。修改注册表（可运行 regedit.exe 查看、编辑注册表）必须谨慎，错误的配置会导致 Windows 性能降低、蓝屏甚至无法启动。

8）Unicode

Windows 与大多数其他操作系统的区别是，在 Windows 中，大多数内部文本串是以 16 位宽度的 Unicode[①]字符来存储和处理的。

有关 Unicode 的更多信息，可以参考 www.unicode.org 和 MSDN Library 中的相关程序设计文档。

---

① Unicode 是一个国际字符集标准，是为了克服传统的字符编码方案局限性而产生的。

2. 工具

下面介绍 Windows 的性能监视器、资源监视器和 Sysinternals 工具集。

1) 性能监视器和资源监视器

性能监视器(位于"控制面板"→"管理工具"中)包含 3 项功能：系统监视、查看性能计数器日志以及设置报警(通过数据收集器集中包含的性能计数器日志、跟踪和配置数据等配合实施)。

性能监视器包含用于各种对象的数百个基础的和扩展的计数器。性能监视器为每个计数器提供了一个简要说明。"性能监视器"窗口如图 2-3 所示。在 Windows Server 2008 R2 中，可以通过快捷菜单中的"添加计数器"命令在"性能监视器"窗口中添加一个计数器，再选中"说明"复选框进行查看。在其他版本的 Windows 中，操作也是类似的。例如，在 Windows 10 中，通过"显示描述"复选框来查看计数器的简要说明。

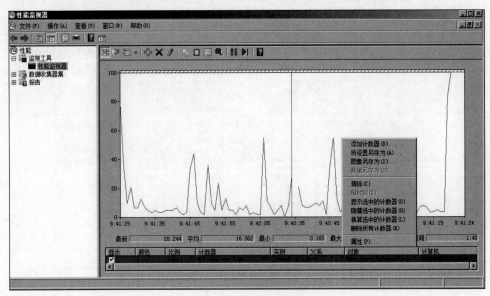

图 2-3　性能监视器

Windows 还包含了一个实用工具——资源监视器(通过"开始"菜单中的"性能监视器"中的"打开资源监视器"或者"任务管理器"→"性能"→"资源监视器"来启动)，可用于显示 4 种主要的系统资源：CPU、内存、磁盘和网络。在基本状态下，资源监视器显示的资源信息与任务管理器中看到的相仿，可以通过扩展区域提供更多的信息。

资源监视器除在 CPU 选项卡中显示有关每个进程 CPU 使用率的信息外，还显示平均 CPU 使用率，可以更好地了解哪些进程更活跃。它还包含一个服务及其相关的 CPU 使用率的显示区。每个服务托管进程由其托管的服务组进行标识，勾选某个进程，将显示出该进程打开的关联句柄列表，以及在进程地址空间中加载的关联模块列表(例如加载的 DLL 模块)。Windows Server 2008 R2 中的资源监视器如图 2-4 所示。

"内存"选项卡中显示的内容与任务管理器展示的内容是相同的，不同的是"内存"选项卡将信息内容重新组织，分为"使用的物理内存""内存使用"和"硬中断/秒"进行显示。

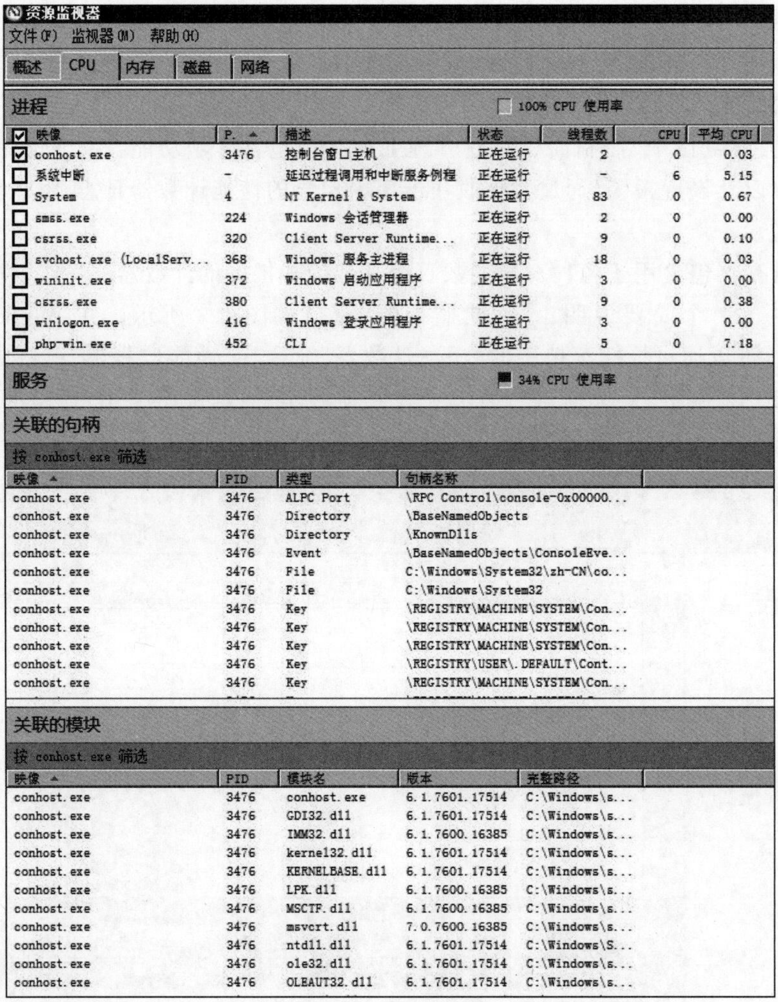

图 2-4　资源监视器

物理内存条状图将物理内存按照"为硬件保留的内存""正在使用""已修改""备用"和"可用"进行分类。

　　"磁盘"选项卡中显示每个磁盘活动的进程信息，通过勾选相应的磁盘活动进程项，可以进一步识别出该进程在当前系统中对哪些文件进行读写。

　　"网络"选项卡中显示活动的网络连接以及哪些进程拥有这些网络连接，在这些网络连接上传输了多少数据。通过这些信息，有可能看到通过其他途径很难检测的后台网络活动。此外，可以按照进程方式组织，查看活动的 TCP 连接信息，包括远程和本地的端口、地址以及包延迟等数据。侦听端口列表按照进程排序显示，允许管理员查看哪些服务（或应用程序）正在指定的端口等待连接以及相应的协议和防火墙状态信息。

　　2）Sysinternals 工具集

　　Sysinternals 是提供给计算机专业人员的一组重要的 Windows 工具集，这些工具中的绝大部分是由 Mark Russinovich 编写的。最流行的工具包括 Process Explorer 和

Process Monitor。这些工具中有许多要安装和执行内核模式设备驱动程序,因此需要利用管理员权限运行,如果运行在普通用户账户下,只能实现有限的功能和输出。表 2-1 至表 2-6 简要介绍了 Sysinternals 工具集中 6 类工具的功能描述。

表 2-1　Sysinternals 文件和磁盘工具

名　　称	功　能　描　述
AccessChk	显示指定的用户或组对资源的访问类型,包括文件、目录、注册表项、全局对象和 Windows 服务
AccessEnum	显示文件系统和注册表安全设置的完整视图,查看系统中的目录、文件和注册表项的访问权限
CacheSet	操作系统文件缓存的工作集参数,控制最大和最小工作集,以及重置工作集
Contig	对指定文件进行碎片整理,或对磁盘进行快速优化
Disk2vhd	将物理磁盘内容转换为虚拟硬盘文件
DiskExt	显示卷的分区磁盘信息(多分区磁盘可驻留在多个磁盘上)以及磁盘分区的位置
DiskMon	记录和显示系统所有硬盘活动。该工具可以最小化到系统托盘中,作为磁盘活动状态指示器
DiskView	图形化显示磁盘扇区映射,查看文件占用的扇区
DiskUsage	以目录方式查看磁盘空间的使用情况
EFSDump	查看显示授权访问加密文件的账户信息
FindLinks	报告指定文件的文件索引和任何硬链接(同一卷上的备用文件路径)
Junction	查看、创建 Windows 2000 及更高版本的 NTFS 目录符号连接
LDMDump	准确检查磁盘的系统 LDM 数据库副本中存储的内容,该数据库描述了 Windows 2000 动态磁盘的分区数据
MoveFile	下次重新引导时计划对文件重命名和删除命令,例如安装补丁时需要重启才能替换的旧文件
NTFSInfo	查看 NTFS 卷的详细信息,它的转储包括驱动器分配单元的大小、关键 NTFS 文件所在的位置以及卷上 NTFS 元数据文件的大小
PageDefrag	对 Windows 分页文件和注册表设置文件碎片程度,并进行碎片整理
PendMoves	转储挂起的重命名/删除值的内容,并在源文件不可访问时报告错误
Process Monitor	实时监控文件系统、注册表、进程、线程和 DLL 的活动。该工具结合了两个传统 Sysinternals 实用程序 Filemon 和 Regmon 的功能
PsFile	显示远程打开的系统中的文件列表,允许按名称或文件标识符关闭打开的文件
PsTools	列出在本地或远程计算机上运行的进程,远程运行进程,重新启动计算机,转储事件日志
SDelete	安全地删除现有文件,以及安全地擦除磁盘未分配部分中存在的任何文件数据(包括已删除或加密的文件)

名　　称	功　能　描　述
ShareEnum	扫描网络上的文件共享并查看其安全设置以关闭安全漏洞
SigCheck	显示文件版本号、时间戳信息和数字签名详细信息,包括证书链
Streams	检查指定的文件和目录的备用数据信息流,并告知您在这些文件中遇到的任何命名流的名称和大小
Sync	同步缓存数据到磁盘,并且在系统出现故障时确保数据不会丢失
VolumeID	设置 FAT 或 NTFS 驱动器的卷 ID

表 2-2　Sysinternals 网络工具

名　　称	功　能　描　述
ADExplorer	高级活动目录查看器和编辑器
ADInsight	LDAP 实时监控工具,对活动目录客户端应用程序进行故障排除
AdRestore	Windows Server 2003 活动目录对象恢复工具
PipeList	显示系统上的命名管道,包括每个管道的最大实例数和活动实例数
PsPing	实现 ping 功能(TCP ping),用于测量延迟和带宽
TCPView	显示系统上所有 TCP 和 UDP 端点的详细列表,包括本地和远程地址以及 TCP 连接的状态
Whois	查询指定的域名或 IP 地址的注册记录

表 2-3　Sysinternals 进程查看工具

名　　称	功　能　描　述
Autoruns	显示在系统启动或登录期间要运行的程序,启动各种内置 Windows 应用程序(例如 Internet Explorer)的账户,包括启动文件夹中的程序和驱动程序、Run、RunOnce 和其他注册表项
Handle	显示有关系统中任何进程的打开句柄的信息
ListDLLs	显示加载到所有进程中的所有 DLL 和特定进程,或列出加载了特定 DLL 的进程,还可以显示 DLL 的完整版本信息,包括其数字签名,并可以扫描未签名 DLL 的进程
PortMon	监视和显示系统上的所有串行和并行端口活动
ProcDump	监视应用程序的 CPU 峰值并在峰值期间生成故障转储,管理员或开发人员可以使用它来确定峰值的原因。它还可以进行挂起窗口监视以及未处理的异常监视,并可以根据系统性能计数器的值生成转储
ProcessExplorer	显示有关已打开或已加载的句柄和 DLL 进程的信息
PsExec	在其他系统上执行进程,完成控制台应用程序的完全交互,而无须手动安装客户端软件,是一种轻量级的 Telnet 替代品

续表

名　　称	功 能 描 述
PsGetSid	将内置账户、域账户和本地账户的 SID 转换为名称
PsKill	终止本地或远程计算机中的进程
PsList	显示有关内存、进程和线程的信息
PsService	Windows 的服务查看器和控制器
PsSuspend	暂停本地或远程系统中的进程
ShellRunas	通过 Shell 的上下文菜单以不同的用户身份启动程序
VMMap	是一个进程虚拟和物理内存分析实用程序,用于查看进程提交的虚拟内存类型的详情,以及操作系统为这些类型分配的物理内存(工作集)的大小

表 2-4　Sysinternals 安全工具

名　　称	功 能 描 述
AccessChk	显示指定的用户或组访问资源的类型,包括文件、目录、注册表项、全局对象和 Windows 服务
AccessEnum	显示文件系统和注册表安全设置的完整视图,查看系统上的目录、文件和注册表项的访问权限
Autologon	配置 Windows 的内置自动登录机制,指定的用户可以使用输入的凭据自动登录,而不用输入用户名和密码
PsLoggedOn	显示本地登录的用户和通过本地计算机或远程计算机的资源登录的用户
PsLogList	显示本地或远程计算机中转储事件日志的内容,允许在当前安全凭证集不允许访问事件日志的情况下登录到远程系统,检索事件日志中的消息
RootkitRevealer	Rootkit 检测实用程序
Sysmon	监视和记录系统活动,写入 Windows 事件日志

表 2-5　Sysinternals 系统信息工具

名　　称	功 能 描 述
ClockRes	查看系统时钟的精度
CoreInfo	显示逻辑处理器与其所在的物理处理器、NUMA(非统一内存访问)节点和套接字之间的映射,以及分配给每个逻辑处理器的缓存
LiveKd	执行适用于故障转储文件的所有调试器命令,查看系统内部信息
LoadOrder	显示 Windows NT 或 Windows 2000 系统加载设备驱动程序的顺序
LogonSessions	列出系统中的活动登录会话
PendMoves	给出将在下次引导时执行的文件重命名和删除命令的列表
RAMMap	物理内存使用分析实用程序,用于了解 Windows 管理内存的方式,分析应用程序的内存使用情况
WinObj	显示 Windows NT 对象管理器的名称空间的信息

表 2-6　Sysinternals 其他工具

名　称	功能描述
BgInfo	自动在桌面背景上显示有关 Windows 计算机的相关信息,例如计算机名称、IP 地址、Service Pack 版本等
BlueScreen	屏幕保护程序,不仅可以真实地模仿 Windows 的死机蓝屏,还可以模仿系统启动过程中的画面
Ctrl2Cap	内核模式驱动程序,过滤系统的键盘类驱动程序,以便将大写锁定字符转换为控制字符
DebugView	监视本地系统或网络上可通过 TCP/IP 访问的任何计算机上的调试输出
Desktops	允许在最多 4 个虚拟桌面上运行应用程序,可以通过单击托盘图标打开桌面预览和切换窗口,或使用热键来创建和切换桌面
Hex2Dec	十六进制数与十进制数相互转换
NotMyFault	用于检测崩溃、挂起并导致 Windows 系统内核内存泄漏的工具,对于识别和诊断设备驱动程序和硬件问题非常有用
PsPasswd	更改本地或远程系统上的账户密码,使管理员能够针对他们管理的计算机创建运行 PsPasswd 的批处理文件,以便大规模更改账户密码
PsShutdown	支持关闭或重新启动本地或远程计算机,还可以注销控制台用户或锁定控制台(锁定需要 Windows 2000 或更高版本)
RegDelNull	搜索并删除包含嵌入式空字符的注册表项,这些空字符是标准注册表编辑工具无法删除的
RegistryUsage	查看指定注册表项的注册表空间使用情况
RegJump	跳转到注册表中指定的注册表路径
Strings	扫描文件的 Unicode 字符串信息
ZoomIt	放大屏幕

　　Sysinternals 为了方便用户使用,将一些常用工具集成在工具套件中,主要是 PsTools 和 Sysinternals Suite 两种工具集。PsTools 主要包含 Windows NT 和 Windows 2000 命令行工具,侧重于管理远程系统以及本地系统。Sysinternals Suite 主要包含各个故障排除工具和帮助文件。

2.1.3　管理机制

本节介绍 Windows 系统的注册表、服务和 WDI。

1. 注册表

　　注册表在 Windows 系统的配置和控制方面是非常关键的,它负责存储系统全局配置信息和每个用户的配置信息。

　　1) 查看和修改注册表

　　通常用户不需要直接编辑注册表。如果存储在注册表中的应用程序设置和系统设置需要手工修改，Windows 提供了图形界面工具和命令行工具，用于查看和修改注册表。

Windows 自带图形界面工具 Regedit.exe 以及一些命令行工具用于编辑注册表。例如，Reg.exe 具有导入、导出、备份和恢复注册表键的功能，也可以比较、修改和删除注册表键和值，它也可以设置或者查询在用户账户控制（User Account Control，UAC）中虚拟化的各种标记；Regini.exe 则允许将包括配置数据的 ASCII 或 Unicode 文本文件导入注册表。

2）注册表的数据类型

注册表是一个类似于文件系统目录结构的数据库，主要由键（key）和值（value）组成。键类似于目录，是可以包含其他的键（子键）或值的容器，最顶级的键是根键（root key）。值类似于目录中的文件，存储的是数据。

注册表也采用了文件系统的命名规范。例如，technology\develop 唯一标识了一个存储在名为 technology 的键下面的名为 develop 的值。注册表这种命名方案的一个特例是每个键都有一个未命名的值，注册表将未命名的值显示为 Default（默认）。注册表的值支持不同类型的数据，表 2-7 列出了 12 种标准的类型。大多数注册表的值是 REG_DWORD、REG_BINARY 或 REG_SZ。

表 2-7　注册表的 12 种标准值类型

值　类　型	说　　明
REG_NONE	没有值类型
REG_SZ	固定长度的 Unicode 字符串，通常以 NUL 字符结束
REG_EXPAND_SZ	可变长度的 Unicode 字符串，可内嵌环境变量，通常以 NUL 字符结束
REG_BINARY	任意长度的二进制数据
REG_DWORD/REG_DWORD_LITTLE_ENDIAN	双字（32 位）无符号整数（值范围为 0～4 294 967 295）
REG_DWORD_BIG_ENDIAN	双字（32 位）无符号整数（值范围为 0～4 294 967 295），高位优先
REG_LINK	指向其他注册表项的 Unicode 符号链接
REG_MULTI_SZ	以 NUL 字符结尾的 Unicode 字符串数组
REG_RESOURCE_LIST	硬件资源列表
REG_FULL_RESOURCE_DESCRIPTOR	硬件资源描述列表
REG_RESOURCE_REQUIREMENTS_LIST	资源需求列表
REG_QWORD/REG_QWORD_LITTLE_ENDIAN	四字节，64 位整数

REG_LINK 是一个比较特殊的类型，它允许一个键可以透明地指向另一个键。通过链接遍历注册表时，路径搜索将在链接的目标上继续进行。例如，如果\Rootl\Link 是一

个指向\Root2\RegKey 的 REG_LINK 值,并且 RegKey 包含了值 RegValue,就可以通过两条路径来定位 RegValue:\Rootl\Link\RegValue 和\Root2\RegKey\RegValue。

3) 注册表的逻辑结构

注册表共有 6 个根键(根键不可增加、修改和删除),如表 2-8 所示。因为根键的名称代表了指向键的 Windows 句柄(handle),所以根键的名称均以 H 开头。

表 2-8　6 个根键

根　键	缩写	说　明
HKEY_CURRENT_USER	HKCU	存储当前登录用户的相关配置数据
HKEY_USERS	HKU	存储本地计算机所有账户的信息
HKEY_CLASSES_ROOT	HKCR	存储有关已注册应用程序的信息、文件关联和组件对象模型(COM)的对象注册信息
HKEY_LOCAL_MACHINE	HKLM	存储本地计算机的设置
HKEY_PERFORMANCE_DATA	HKPD	性能数据,或运行提供性能数据的系统驱动程序、程序和服务
HKEY_CURRENT_CONFIG	HKCC	当前硬件配置信息

(1) HKEY_CURRENT_USER(HKCU)。HKCU 包含本地登录用户的首选项和与软件配置有关的数据,它指向当前登录用户的用户配置文件,位于硬盘上的\Users\＜用户名＞\Ntuserdat 中。每当加载用户的配置信息(例如,登录时或者运行在某个特定用户上下文中的服务进程时),都会创建 HKCU 并映射到 HKEY_USERS 下该用户的键上。表 2-9 列出了 HKCU 的一些子键。

表 2-9　HKCU 的一些子键

子　键	说　明
AppEvents	声音/事件的关联
Console	命令窗口设置(例如长度、宽度、高度、颜色等)
Control Panel	屏幕保护程序、桌面方案、键盘和鼠标设置以及可访问性和区域设置
Environment	环境变量定义
EUDC	终端用户定义的字体信息
Identities	Windows 邮件账户信息
Keyboard Layout	键盘布局设置(例如不同语言)
Network	网络驱动器的映射和设置
Printers	打印机连接设置
Software	用户特定的软件首选参数设置
Volatile Environment	可变的环境变量定义

(2) HKEY_USERS(HKU)。HKU 包含系统中每个加载的用户配置文件和用户类注册数据库的子键。它还包含一个名为 HKU\.DEFAULT 的子键,该子键链接到系统的配置文件(供运行在本地系统账户下的进程使用)。例如,当用户第一次登录到一个系统中并且账户不依赖于域配置文件时,系统以％SystemDrive％\Users\Default 下的默认配置文件为基础,为该用户创建一个配置文件。

(3) HKEY_CLASSES_ROOT(HKCR)。HKCR 包含 3 种信息:文件扩展名关联、COM 类注册信息和用户账户控制(User Account Control,UAC)的虚拟化注册表根。该键包括所有文件扩展名和与执行文件相关的文件,除关联对象外,还与程序图标、执行的命令动作等键值相关联。例如,\HKCR\.xls 关联类似\HKCR\Excel.Sheet.8 的键,在其中包含此类文件显示的属性键值(例如,\HKCR\ Excel.Sheet.8\DefaultIcon 中存储的内容、键值 C:\WINDOWS\Installer\{90160000-0011-0000-1000-0000000FF1CE}\)以及其他相关配置信息。

(4) HKEY_LOCAL_MACHINE(HKLM)。HKLM 是包含系统全局范围的配置子键的根键类型,这些配置子键为 BCD00000000、COMPONENTS(根据需要加载)、HARDWARE、SAM、SECURITY、SOFTWARE 和 SYSTEM。

HKLM\BCD00000000 子键包含引导配置数据库(Boot Configuration Database,BCD)信息,该数据库取代了在 Windows Vista 之前操作系统中使用的 Boot.ini 文件,为每次安装引导配置数据提供了极大的灵活性和良好的隔离性。

HKLM\COMPONENTS 子键包含与基于组件的服务(Component Based Servicing,CBS)堆栈的信息。为了服务目的制定的 CBS API 使用此注册表键中的信息标识出已安装的组件及其配置信息。在安装、更新或者移除组件时,都会使用这些信息,因此可能会非常大。为了优化系统资源使用效率,通常只在 CBS 栈请求一个服务时该键包含的内容才被动态加载和卸载。

HKLM\HARDWARE 子键维护系统中的旧有硬件和一些从硬件设备至驱动程序的映射关系的描述信息。在现代操作系统中,可能只有一些外设的数据,例如键盘、鼠标和 ACPI BIOS 数据。Windows 系统的设备管理器("控制面板"→"设备管理器"→"详细信息")可以简要地读取 HARDWARE 键中的值,查看注册表硬件信息。

HKLM\SAM 保存本地账户和组的信息,例如用户口令、组定义和域关联信息。在作为域控制器运行的 Windows Server 系统中,活动目录(Active Directory,AD)作为保存域的设置和信息的数据库,会保存域账户和组的信息。默认情况下,SAM 键中的安全标识符已经在安装时配置完成,即使是管理员账户也不能访问。

HKLM\SECURITY 子键保存系统全局范围的安全策略和用户权限分配。HKLM\SAM 链接到 HKLM\SECURITY\SAM 下的 SECURITY 子键。默认情况下,用户不能查看 HKLM\SECURITY 或者 HKLM\SAM\SAM 子键的内容,因为这些键的安全设置是仅允许系统账户访问。而且,其中的口令信息使用单向映射进行加密,因此,无法从加密内容中得到口令信息。

HKLM\SOFTWARE 子键是 Windows 用于存储在系统引导时并不需要的系统全局配置信息。此外,第三方应用程序也将自身的系统全局设置存放在这里,例如应用程序文件和目录的路径、许可信息和程序注册过期日期信息。

HKLM\SYSTEM 子键包含引导系统所需的系统全局配置信息,例如加载的设备驱动程序和启动的服务。因为这些信息对于启动系统至关重要,所以,Windows 会保留此信息的一部分副本,称为 last known good control set(最后已知的好控制集)。如果当前控制集被修改后系统无法正常引导,管理员可以选择以前正常工作的控制集启动系统。例如,在系统启动出现问题后,在引导菜单中会显示"最后一次正确的配置"选项,用于加载该配置副本(或者通过启动时按 F8 键显示引导菜单)。

(5)HKEY_PERFORMANCE_DATA(HKPD)。在 Windows 中,注册表也可以提供 Windows 访问性能计数器值,了解和监视系统的性能。HKED 根键的使用只能通过编程方式实现,性能信息并没有存储在注册表中,而是利用注册表相关的键获得性能数据提供者提供的相关数据来实现。

(6)HKEY_CURRENT_CONFIG(HKCC)。HKEY 根键只是一个指向 HKLM\SYSTEM\CurrentControlSet\Hardware Profiles\Current 中当前硬件配置文件的链接。Windows 虽然不再支持硬件配置文件,但是仍然保留了该根键,以支持可能依赖于该根键的旧有应用程序。

4)监视注册表活动

由于系统和应用程序在很大程度上依赖于配置来指导其行为,更改注册表数据或者安全性设置,系统或应用程序可能无法读取它认为始终能够访问的设置内容,由此可能导致其无法正常运行。此时,系统或应用程序可能会显示一些并非根本原因的错误消息,甚至直接崩溃。在不了解系统或应用程序如何访问注册表的情况下,几乎不可能知道这些问题是由哪些注册表项或值配置错误引发的。在这样的情况下,可以通过 Windows Sysinternals 的进程监视工具(ProcessMonitor)查看相关的内容。

ProcessMonitor 是 Windows 的进程监视工具,可显示实时文件系统、注册表和进程/线程活动。对于每一次注册表访问,进程监视工具会显示以下信息:执行这次访问的进程,访问的时间、类型和结果,以及访问时的线程、堆栈。这些信息有助于了解应用程序和系统是如何依赖注册表的,了解应用程序和系统的配置信息存储位置,以及解决由于缺失注册表键或值的问题而出现的应用程序问题。

进程监视工具包含高级过滤和加亮显示功能,便于聚焦在与特定的键或值有关的或者与特定进程活动有关的活动上。有两种基本的进程监视工具故障排查技巧对于发现与注册表有关的应用程序或系统问题非常有效:

(1)在进程监视工具的跟踪数据中,查看应用程序失败前执行的最后的动作,这个动作可能是问题发生的根源。

(2)将出现问题的应用程序的进程监视工具跟踪数据与正常运行的系统的跟踪数据进行比较,其不同点可能是问题发生的根源。

2. 服务

操作系统为保障系统正常运行,通常在系统启动时会启动一些与用户无关的进程。在 Windows 中,由于此类进程依赖于 Windows API 与系统进行交互,因此称之为服务

(service)或者 Windows 服务(Windows service)。例如,无论是否有网站用户访问 Web 服务器,Web 服务都在运行,无须管理员启动该服务,通常此类服务需要配置为在服务器启动时就开始运行。

服务的安全上下文是服务开发人员和系统管理员的重要考虑因素,因为它决定了服务进程可以访问的资源。除非服务安装程序或管理员另行指定,否则大多数服务都运行在本地系统账户(显示为 SYSTEM 或 LocalSystem)的安全上下文中。

另外两个内置账户是网络服务账户(Network Service)和本地服务账户(Local Service)。从安全角度来看,此类账户的权限小于本地系统账户。任何不需要本地系统账户的内置 Windows 服务都可以在满足要求的相应服务账户下运行。

(1) 本地系统账户。本地系统账户是运行核心 Windows 用户模式操作系统组件的账户,这些组件包括会话管理器(%SystemRoot%\System32\smss.exe)、Windows 子系统进程(csrss.exe)、本地安全机构进程(%SystemRoot%\System32\lsass.exe)和 Logon 进程(%SystemRoot%\System32\winlogon.exe)。

从安全的角度来看,当涉及本地系统上的安全能力时,本地系统账户比任何本地的或者域的账户权限更大。该账户具有以下特征:

① 该账户是本地管理员组中的成员。

② 拥有几乎所有权限(包括通常并不赋予本地管理员账户的权限,例如创建安全令牌的权限)。

③ 拥有对绝大多数文件和注册表键的完全访问权限,即使没有被赋予完全访问的权限,在本地系统账户下运行的进程也可以使用"获取所有权"的权限获得相关的访问权限。

④ 在本地系统账户下运行的进程使用默认的用户配置文件(HKU\.DEFAULT)运行,因此,这些进程无法访问存储在其他账户下的用户配置文件中的配置信息。

⑤ 当系统是 Windows 域中的成员时,本地系统账户会包含运行服务进程所在计算机的机器安全标识符。因此,运行在本地系统账户中的服务可通过该计算机账户,在同一个域林(domain forest,指一个群组域)中的其他计算机上自动进行身份认证。

⑥ 除非本地系统账户被特别赋予对某些资源(例如网络共享体、命名管道等)的访问权限,否则,进程可以访问允许空会话的网络资源,即允许建立不需要凭据的连接。

(2) 网络服务账户。网络服务账户是利用计算机账户对网络中的其他计算机进行身份验证的服务使用的账户,其验证方式类似于本地系统账户,但是不需要获得管理员组的成员权限,也不需要本地系统账户的诸多权限。运行在网络服务账户下的典型服务是 DNS 客户端,它负责解析域名和定位域控制器。

因为网络服务账户并不属于管理员组,所以运行在网络服务账户中的服务在默认情况下只能访问少量的注册表键以及文件系统中的文件夹和文件。这样做带来的安全益处是,即使网络服务账户被攻陷,由于运行在网络服务账户下的进程无权加载设备驱动程序或者打开任意的进程,系统受攻击的范围也是有限的。

网络服务账户属于 Network Service 组,配置文件的注册表组件加载于 HKU\S-1-5-20 下,构成此注册表组件的文件和目录位于%SystemRoot%\ServiceProfiles\NetworkService 中。

（3）本地服务账户。本地服务账户属于 Local Service 组，该账户实际上与网络服务账户相同，重要区别在于本地服务账户只能访问允许匿名访问的网络资源。

Windows 服务是由 3 个组件构成的：服务应用程序、服务控制管理器（Service Control Manager，SCM），以及服务控制程序（Service Control Program，SCP）。

1）服务应用程序

服务应用程序由至少一个作为 Windows 服务运行的可执行程序组成。用户可以使用 Windows 内置的 SCP 启动、停止、暂停、继续或者配置一个服务。但是，有些服务应用程序包含了自己的 SCP，管理员可以通过这些 SCP 对服务程序进行配置。例如，Windows 系统中自带的 Web 服务应用程序 IIS（Internet Information Server）就拥有自己的配置界面，管理员可以通过对配置界面配置相关的参数。

当安装一个包含服务的应用程序时，该应用程序的安装程序必须向系统注册相关的服务，安装程序会向服务所在终端的 SCM 发送一个消息，SCM 会在 HKLM\SYSTEM\CurrentControlSet\Services 下创建一个注册表项。每个服务的键中定义了包含该服务应用程序的可执行映像的路径、参数和配置选项。

某些服务应用程序的正常运行是有前提的，必须在操作系统引导过程中初始化与之关联的服务，服务应用程序才能正常运行。例如，某些服务应用程序完成安装后，要求用户重新启动系统，这类服务应用程序通过 SCM 在系统启动时启动相关服务来完成安装和启动服务的整个过程。

2）服务控制管理器

服务控制管理器（SCM）的可执行文件是％SystemRoot％\System32\Services.exe，它是作为一个 Windows 控制台程序来运行的。SCM 在启动过程中调用 HKLM\SYSTEM\CurrentControlSet\Control\ServiceGroupOrder\List 中的内容，列出定义好的服务组的名称和顺序。这样做的主要原因在于：如果服务或设备驱动程序需要依赖其他服务项的运行才能启动，那么服务的注册表键需要包含一个可选的 Group 值来指定相关的顺序。例如，Windows 的网络服务需要在网络设备驱动程序加载之后才能启动，因此网络服务必须指定 Group 值来指定服务的启动顺序。

SCM 在内部创建一个组列表，用于保存从注册表中读取的组的顺序。根据 HKLM\SYSTEM\CurrentControlSet\Services 中的内容，在服务数据库中为遇到的每个键创建一个条目，服务数据库中的条目包括为服务定义的所有与服务相关的参数以及跟踪服务状态的字段。SCM 启动标记为"自动启动"的服务和驱动程序，并为这些服务和驱动程序添加条目，检测标记为"引导启动"和"系统启动"的驱动程序的启动失败情况。

SCM 还为应用程序提供了查询驱动程序状态的方法。在执行任何用户模式进程之前，I/O 管理器加载标记为"引导启动"和"系统启动"的所有驱动程序，以确保可以获得驱动程序的状态信息。

（1）共享进程的服务。为避免浪费系统资源，Windows 通过让多个服务共享同一个进程的方式提高系统资源利用率，而不是在单独的进程中运行每一个服务。但是，共享进程的方式意味着，如果进程中的任何一个服务出现了错误并导致该进程退出，则该进程中所有的服务都将终止。

在 Windows 的内置服务中,有些服务运行在自己的进程中,有些服务与其他的服务共享进程。共享同一个进程的所有服务必须指定相同的参数,因此反映在 SCM 的映像数据库中只对应一条记录。在共享同一个进程的服务启动过程中,如果发现相关的进程已经启动,则其他共享该进程的服务以 DLL 方式加载到进程中来。

(2) 服务标记。使用共享进程的另一个缺点是,由于同一个服务组中的服务共享内存地址空间、句柄表、进程的 CPU 计量值,因此计算服务组中特定服务的 CPU 时间、CPU 使用率以及资源使用率要困难得多。例如,服务可能使用工作线程来执行其操作,或者线程的起始地址和堆栈不显示服务的 DLL 名称,就很难确定线程正在做什么样的工作,属于哪种服务。

Windows 使用一个称为服务标记的服务属性,SCM 在创建服务时或在系统引导期间生成服务数据库时生成该属性。当一个服务被创建的时候,或者当在系统引导过程中服务数据库被生成的时候,SCM 生成服务标记。该属性仅是一个简单的索引,用于标识相应的服务。通过查询服务标记,可以映射到相应的服务名称上。

3) 服务控制程序

服务控制程序(SCP)是使用 SCM 服务管理功能的标准 Windows 应用程序,Windows 包含了一个 SCP 命令行访问控制程序——sc.exe(Service Control Tool,服务控制器工具)。另一个常用的 SCP 是 Windows 自带的服务 MMC(Microsoft Management Console,Microsoft 管理控制台,mmc.exe)加载键,位于 ％SystemRoot％\System32\Filemgmt.dll 中。当 SCP 创建一个服务时会指定一个安全标识,将此安全标识符与该服务在服务数据库中的记录关联起来,以确保服务安全性。SCP 必须通知 SCM 如何访问一个服务。可以请求的服务访问方式包括查询服务状态、配置、停止和启动。

3. Windows 诊断基础设施

Windows 诊断基础设施(Windows Diagnostic Infrastructure,WDI)用于检测、诊断常见的问题场景并解决相应的问题,尽量减少用户对此类问题解决过程的干预。Windows 组件通过触发器启动 WDI 与特定场景有关的故障检测模块来检测问题场景的发生,触发器可以标示出系统正在接近或者已经处于有问题的状态。一旦故障检测模块确定了根本原因,就调用问题解决程序解决该问题。解决方案可能非常简单,例如,改变一个注册表设置,或者与用户进行交互,执行恢复步骤或者配置更改。WDI 的主要功能是为 Windows 组件提供一个统一的框架,以执行与自动化的问题检测、诊断和解决相关的任务。

1) WDI 设施

为了在发生问题时能够及时通知 WDI,Windows 系统和应用程序组件需要加入检测机制。对于系统和应用程序组件,可以通过两种方式获知检测结果:一种是同步方式,组件在发现问题后等待检测结果,根据结果继续或中止运行;另一种是异步方式,组件继续运行,检测以异步方式进行。WDI 通过两种不同类型的检测 API 来支持这些模型:

(1) 基于事件的诊断。这种方式是最小介入检测方案,添加到组件中而无须对组件的实现进行任何更改。这种方式支持两种基于事件的判断:简单的场景和启动/停止场景。简单的场景即启动一个事件来触发检测机制,可以在代码中的单个点检测和表征的故障,它将单个场景事件提交给 WDI,以便诊断和解决;在启动/停止场景中,将检测容易出错的代码路径以记录其执行的详细信息,仅在该代码路径执行时启用详细的上下文事件跟踪,而在正常操作期间则禁用详细的上下文事件以避免影响性能。

(2) 按需诊断。允许应用程序根据自身需求进行请求诊断、与诊断进行交互、当诊断完成后接收通知,并根据诊断的结果来调整对应行为。当需要在安全上下文中执行诊断时,尤其需要按需诊断。WDI 可以跨越信任和进程边界传输上下文,并且支持必要时模拟调用者来复现问题场景。

2) 诊断策略服务

诊断策略服务(Diagnostic Policy Service,DPS)位于％SystemRoot％\System32\Dps.dll,实现了大部分的 WDI 场景后端功能。DPS 是一个多线程服务(在 svchost 中运行),它接收按需场景的诊断请求,同时监视和守护着通过 DiagLog(基于事件诊断方式的实时事件跟踪会话事件)提交的诊断事件。DPS 对组策略进行设置并强制将组策略设置用于诊断场景,通过组策略编辑器(％SystemRoot％\System32\gpedit.msc)来配置诊断和自动恢复选项的设置信息。

3) 诊断功能

Windows 内置的诊断场景和工具如下:

(1) 磁盘诊断功能。包含存储类驱动程序(％SystemRoot％\System32\Driver\Classpnp.sys)中的自我监视分析和报告技术(Self-Monitoring Analysis and Reporting Technology,SMART),用于监视磁盘的健康状况。当检测到即将发生磁盘故障时,WDI 通知和指导用户进行数据备份。此外,磁盘诊断功能还监视由磁盘中关键系统文件损坏导致的应用程序崩溃,并通过 Windows 的文件保护机制,在可能的情况下从备份缓存中自动恢复已被损坏的系统文件。

(2) 网络诊断和故障排除功能。用于处理与网络相关的各种问题,例如文件共享、Internet 访问、无线网络、第三方防火墙和一般的网络连接问题。

(3) 资源耗尽保护。检测资源请求是否已经达到资源最大值,包括 Windows 内存泄漏诊断和 Windows 资源耗尽检测和解决方法,并向用户发出资源耗尽警告,包括消耗内存和资源最高的应用程序。用户可以选择是否终止这些应用程序,以释放相关资源。

(4) 内存诊断工具。可以由用户在启动时从引导管理器中人工执行,也可以在系统崩溃之后,由 Windows 错误报告(Windows Error Reporting,WER)自动推荐执行。

(5) 启动修复工具。用于自动修复某些通常导致无法启动系统的错误,例如,错误的 BCD 设置、损坏的磁盘结构(例如 MBR 或引导扇区)以及错误的驱动程序。当系统引导失败时,如果安装了启动修复工具,引导管理器将自动启动修复工具,包括手动恢复选项和命令行界面环境。

(6) 性能诊断功能。包括 Windows 引导性能诊断、Windows 关闭性能诊断、Windows 待机/恢复性能诊断以及 Windows 系统响应性能诊断。基于特定的时间阈值和对机制内部行为的预期,Windows 可以检测由性能不足导致的问题,并将问题记录在事件日志中。WDI 通过事件日志提供解决方案,以便用户尝试解决问题。

（7）程序兼容性助手（Program Compatibility Assistant，PCA）。用于解决旧版本应用程序在新版本 Windows 上运行的兼容性问题。PCA 检测由于版本不匹配导致的应用程序安装失败，以及由于失效的二进制文件和用户账户控制（User Account Control，UAC）设置导致的运行时失败。PCA 试图通过适当的兼容性设置使得应用程序从故障中恢复。PCA 维护一个已知兼容性问题应用程序的数据库，在用户启动应用程序时，PCA 可以检索该数据库，以便通知用户可能存在的问题。

2.1.4　安全性

对于操作系统来说，其安全目标主要包括标示系统中的用户和身份鉴别，依据系统安全策略对用户的操作进行访问控制，保证系统自身的安全性和完整性，监督系统运行的安全性。如果有多个用户可以访问同一个物理资源或网络资源，防止合法用户和非法用户对敏感数据的未授权访问是必要的。Windows 需要建立相应的各类安全机制，这些机制主要包括标识域鉴别、访问控制、权限管理、安全审计等。

1.Windows 安全组件

以下是主要的 Windows 安全组件。

（1）安全引用监视器（Security Reference Monitor，SRM）。它是 Ntoskrnl.exe 程序中的一个组件，负责定义访问令牌的数据结构来表示安全上下文，执行对象安全访问检查，管理用户权限，以及生成安全审计消息。

（2）本地安全授权子系统（Local Security Authority Subsystem，LSASS，位于 %SystemRoot%\System32\Lsass.exe 中）。负责本地系统安全策略，例如，允许哪些用户登录到主机、密码策略、授予用户和组的权限、系统安全审计设置、用户身份验证以及向事件日志发送安全审计信息。

（3）LSASS 策略数据库。用于存储本地系统安全策略设置的数据库，它存储在受 ACL 保护的注册表中（位于注册表的 HKLM\SECURITY 键中）。该数据库包含谁有权访问系统、采用何种方式（交互式登录、网络登录、服务登录）、分配哪些特权以及执行哪种安全审计等信息，还存储包括用于缓存域登录和 Windows 服务用户账户登录的登录信息。

（4）安全账户管理器（Security Account Manager，SAM）。提供管理在本地主机中定义的用户和组数据库的服务。

（5）SAM 数据库。用于存储已定义的本地用户和组以及口令和其他属性的数据库（自 Windows 2000 SP4 开始）。该数据库存储在域控制器上，并不存储域中定义的用户，仅保存系统的管理员恢复账户的定义及口令。用户密码以散列格式存储在注册表配置单元中，位于 HKLM\SAM 键中。

（6）活动目录。是一个包含数据库的目录服务，存储域中对象的信息。活动目录存储域中对象的信息，包括用户、组、计算机以及域用户组的口令信息和权限信息。

（7）认证包。用于实现 Windows 身份验证策略，主要包括在 LSASS 进程和客户进程的上下文中运行的 DLL，通过检查给定的用户名和口令是否匹配来验证用户，如果匹配,则返回详细说明用户安全身份的 LSASS 信息用于生成令牌。

(8) 交互式登录管理器(Winlogon)。负责响应 SAS(Secure Attention Sequence,安全注意序列)和管理交互式登录会话,是一个用户模式下的进程(%SystemRoot%\System32\Winlogon.exe)。SAS 也称为 SAK(Secure Attention Key,安全注意键),是键盘上的一组特殊键或键的组合。例如,登录 Windows Server 服务器时,要求按下 Ctrl+Alt+Del 键,以激活登录界面。当系统识别到用户按下了 SAK 后,将终止该终端运行的任何程序和用户进程,启动可信的会话进程,以保证在安全情况下使用用户名和口令。

(9) 登录用户界面(LogonUI)。负责向用户提供用户界面,用户可以通过此界面在系统中进行身份验证。它是一个用户模式下的进程(%SystemRoot%\System32\LogonUl.exe)。

(10) 凭证提供者。运行在 LogonUI 进程内的 COM 对象(当 SAS 执行时,由 Winlogon 根据需要启动),用于获取用户的名称和口令、智能卡的 PIN 码以及生物识别数据(例如指纹)。

(11) 网络登录服务(Netlogon)。用于设置域控制器的安全通道,是一个 Windows 服务(位于\Windows\System32\Netlogon.dll 中)。例如,该服务可用于交互式登录(通过域进行验证),也可用于活动目录中的登录。

(12) 内核安全设备驱动程序(KSecDD)。它是一个实现高级本地过程调用(Advanced Local Procedure Call,ALPC)接口的内核模式函数库(位于%SystemRoot%\System32\Drivers\Ksecdd.sys 中),其他内核模式安全组件(例如加密文件系统)可以利用该接口在用户模式下与 LSASS 通信。

(13) AppLocker。它是一种应用程序控制策略,管理员利用该组件指定用户和组可以使用哪些可执行文件、DLL 和脚本。

2. 保护对象

理论上,Windows 对系统中的对象(例如文件、设备、作业、进程、线程、事件、网络共享、服务、注册表项、打印机、AD 对象等)都需要进行保护,但实际情况是,未暴露给用户模式的对象(例如驱动程序对象)通常不受保护。

对操作系统而言,内核模式的代码是可信的,通常使用不执行访问检查的接口访问对象管理器。导出到用户模式的系统资源在内核模式下将实现为对象,对其需要进行安全性验证,因此 Windows 对象管理器在对象安全性方面起着关键作用。

为了控制谁可以操作对象,系统必须首先确定每个用户的身份。因此,Windows 需要进行用户身份验证,在用户访问任何系统资源之前确定用户身份的合法性。当进程请求对象的句柄时,对象管理器和安全系统使用调用者的安全标识和对象的安全标识符来确定是否应该为调用者分配一个句柄,该句柄授予进程对其所需对象的访问权限。

1) 访问检查

Windows 的 SRM 安全模型要求线程在打开对象时预先指定要在对象上执行的操作类型。对象管理器调用安全引用监视器(Security Reference Monitor,SRM),对线程要执行的操作进行访问检查,如果授予线程访问权限,则为线程的进程分配一个句柄,线程(或进程中的其他线程)可以使用该句柄执行进一步操作。

SRM 安全模型的本质是一个需要 3 个输入项的公式：输入为线程的安全标识符、线程需要的访问权限以及对象的安全设置，输出为"是"或"否"的结果值，表示 SAM 安全模型是否授予线程相应的访问权限。

2）安全标识符

Windows 使用安全标识符（Security Identifier，SID）来标识系统中执行各种动作的实体，包括用户、本地用户组、域中的用户组、本地计算机、域、域成员和服务。SID 是一个可变长度的数值，由 3 部分组成：SID 版本号、48 位权限值以及可变数量的 32 位子授权值或相对标识符（Relative Identifier，RID）值。

权限值标识了发放此 SID 的代理机构，通常是一个 Windows 本地系统或域。对于本地用户，由本地安全授权机构（Local Security Administrator，LSA）生成在该系统内的唯一 SID；对于域用户，则由域安全授权机构产生 SID。表 2-10 给出了常见安全授权机构编号。

表 2-10　常见安全授权机构编号

权限值	安全授权机构	显 示 名 称	备　　注	引 入 方 式
0	空		例如，Nobody	
1	世界机构		例如，Everyone	
2	本地机构		例如，CONSOLE LOGON	
3	创建者机构			
4	非特殊机构			
5	NT 机构	NT AUTHORITY\		
9	资源管理机构			Windows Server 2003
11	微软账户机构	MicrosoftAccount\		Windows 8
12	Azure 活动目录	AzureAD\		Windows 10
16	完整性级别	Mandatory Label\		Windows Vista

子授权值标识了相对于发布机构的受托者。RID 只是 Windows 根据公共基础 SID 创建唯一 SID 的一种方法。在 Windows 中，每个 SID 的值都是随机生成的，通常是在安全主体创建时生成的，用计算机名、当前时间、当前用户态线程的 CPU 耗费时间总和 3 个参数进行计算，以确保唯一性，所以 Windows 几乎可以避免生成两个同样的 SID。

SID 以文本方式显示时，以 S 为前缀，各部分间用"-"来分隔，例如：

```
S-1-5-21-3623811015-3361044348-30300820-1031
```

在这个 SID 中，由左至右，各个部分代表信息为：SID 的版本号是 1，权限值是 5（代表 Windows 安全授权机构），其余部分是 4 个子授权值（21、3623811015、3361044348、30300820），最后是子授权值（1031，代表域或本地计算机标识符）。

如果该计算机是域成员，每次计算机进入域时都会重新计算 SID，有可能出现与该域中的其他计算机相同的 SID 值。

如果不使用本地用户账户，重复的 SID 通常没有明显的问题。如果使用本地用户账户，则存在具有相同 SID 的计算机用户越权访问的潜在安全问题，但问题仅限于受本地用户保护的文件和资源，而不影响域用户。此类问题在使用同一个克隆镜像安装操作系统时容易出现，可以使用 Sysinternals 中的 NTSID 或 ResourceKit 中的 SYSPREP 重新生成 SID，以避免这种情况的发生。

Windows 通过 SID 和预定义 RID 的组合指向预定义的账户和组。例如，administrator 账户的 RID 是 500，guest 账户的 RID 是 501，默认情况下新创建的任何组或用户的 RID 值起始为 1000，后续增加的用户或组的 RID 值依次递增。

以上面的 SID 为例，如果该 SID 为计算机的本地管理员账户，会以该计算机的 SID 为基础，附加 500 作为 RID：

S-1-5-21-3623811015-3361044348-30300820-500

Windows 也定义了一些内置的本地和域 SID 来标识常用的组。例如，标识任何账户和所有账户（匿名用户除外）的 Everyone 账户，其 SID 是 S-1-1-0。表 2-11 列出了常见的 SID。与用户的 SID 不同，这些 SID 是预定义的，在每个 Windows 系统和域中都有相同的值。例如，在系统中创建一个文件，并设置为能被 Everyone 组的成员访问，如果将该文件所在的硬盘安装到其他系统或域中，则这些系统或域中的 Everyone 组的成员也可以访问该文件，前提是这些系统或域中的用户必须通过身份验证并成为 Everyone 组的成员。

表 2-11　常见的 SID

SID	组	用　途
S-1-0-0	Nobody	当 SID 未知时使用
S-1-1-0	Everyone	一个包含了除匿名用户之外的所有用户的组
S-1-2-0	Local	登录到系统本地(物理)终端上的用户
S-1-3-0	Creator Owner ID	将被创建新对象的用户的 SID 替代的 SID。该 SID 用在可继承的 ACE 中
S-1-3-1	Creator Group ID	将被创建新对象的用户所属的主组 SID 替代的 SID。该 SID 也用在可继承的 ACE 中
S-1-9-0	Resource Manager	由第三方应用程序使用，用来在其内部数据上实现自定义的安全性

3）虚拟服务账户

Windows 服务必须在 Windows 定义的账户下运行其内置服务（例如本地服务或网络服务），或者在常规域账户下运行。而本地服务账户已经被许多现有服务共享，这些账户仅能提供有限的特权和访问控制粒度，并且这些账户无法跨域管理。而对于在域账户下运行的情况，由于域账户为确保安全性需要定期更改密码，在密码更改周期中，服务的可用性可能会受到影响。为了实现最佳安全隔离目标，每个服务应该在自己的账户下运行，但对于普通账户而言，这会增加管理的工作量。如果采用传统的账户机制，需要创建大量的用户以便运行相关的服务,这会导致 Windows 服务质量下降。

为避免这种情况出现,Windows 提供了一种称为虚拟服务账户(简称虚拟账户)的特殊类型的账户。使用虚拟服务账户后,每个服务都可以使用自己的安全 ID 并在自己的账户下运行。账户的名称为 NT SERVICE\加上服务的内部名称,虚拟服务账户可以出现在访问控制列表中,并且可以像任何其他账户名称一样通过组策略与特权关联。但是,不能通过常用的账户管理工具创建或删除它们,也不能将它们分配给组。

Windows 会自动设置并定期更改虚拟服务账户的口令,该口令与本地系统和其他服务账户的口令类似,系统管理员不知道口令的内容。

3. 访问控制

安全标识符是与对象相关联的安全信息的数据结构,它指定谁可以对对象执行什么操作。安全标识符由以下属性组成:

- 版本号:创建安全标识符的 SRM 安全模型的版本。
- 标志:一些可选的标识符,用于定义标识符的行为或特征。
- 所有者 SID。
- 组 SID:对象的主组的 SID(仅用于 POSIX)。
- 自主访问控制列表(Discretionary Access Control List,DACL):指定谁具有对该对象的访问权限。
- 系统访问控制列表(System Access Control List,SACL):指定应在安全审核日志中记录用户的哪些操作以及对象的显式完整性级别。

访问控制列表(Access Control List,ACL)由一个头以及零个或多个访问控制条目(Access Control Entry,ACE)结构组成,共有两种类型:DACL 和 SACL。

DACL 包含 9 种 ACE:允许访问、拒绝访问、允许的对象、拒绝的对象、允许的回调、拒绝的回调、允许的对象回调、拒绝的对象回调以及有条件声明。如果在一个安全标识符中没有 DACL,则任何人都具有对该对象的完全访问权限;如果 DACL 为空,则任何用户都不拥有对该对象的访问权限。

SACL 包含两种 ACE:系统审核 ACE 和系统审核对象 ACE,用于指定用户或组在对象上执行的哪些操作需要审核。审核信息存储在系统审核日志中,审核的内容包括成功和失败的尝试。如果一个 SACL 为空,则不会对该对象进行审核。

图 2-5 是一个文件对象的 DACL 示例。第一个 ACE 授权 USER3 可以读取文件的内容,第二个 ACE 授权 TEAM6 组的成员可以读写该文件,第三个 ACE 授权所有其他的用户(Everyone)具有执行该文件的权限。

4. 权限管理

进程执行时的许多操作因为不涉及与特定对象的交互,因而无法通过对象访问保护进行授权。例如,进行文件备份时绕过了相关文件的安全检查,这种绕过安全检查的能力是一个账户的属性,而不是一个特定对象的属性。

Windows 通过特权和账户权限的方式使系统管理员能够控制哪些账户可以执行与安全相关的操作。特权是账户执行特定系统相关操作的权利,例如关闭计算机或更改系

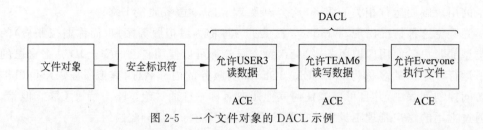

图 2-5　一个文件对象的 DACL 示例

统时间；账户权限则是指授予或拒绝某账户按特定类型登录的能力，例如本地登录或交互式登录。

系统管理员可以通过活动目录用户和组 MMC 管理单元（用于域账户）或者本地安全策略编辑器（在％SystemRoot％\System32\secpol.msc 中）等工具为组和账户分配权限。

1）账户权限

当系统响应用户登录请求时，本地安全授权机构（LSA）从 LSA 策略数据库中检索分配给用户的账户权限。LSA 根据分配给用户的账户权限检查其登录类型，如果账户没有允许登录类型的权限（即未授权），或者具有拒绝登录类型的权限（即明确拒绝授权），则拒绝用户登录系统。表 2-12 列出了 Windows 定义的账户权限。

表 2-12　账户权限

账 户 权 限	说　　明
拒绝本地登录 允许本地登录	用于通过本地计算机交互式登录
拒绝网络登录 允许网络登录	用于通过远程计算机登录
拒绝终端服务方式登录 允许终端服务方式登录	用于通过终端服务器客户端登录
拒绝服务方式登录 允许服务方式登录	由服务控制管理器在特定用户账户中启动服务时使用
拒绝批作业方式登录 允许批作业方式登录	用于批作业方式登录

2）特权

随着系统中组件的增加和时间的推移，操作系统定义的特权数量会不断增加。与 LSA 统一强制执行的用户权限不同，不同的特权由不同的组件定义，并由这些组件强制执行。

与账户权限不同，特权是可以启用和禁用的。特权必须位于指定的令牌中，并且必须启用该令牌，特权检查才能执行。其目的是：只在需要使用特权时才启用特权，以确保进程不会在无意中执行特权安全操作。

3）超级特权

有些特权的功能非常强大，当用户被授予这样的特权时，就成为对计算机有完全控制权的超级用户。用户能通过各种方式使用这些特权,对于本该限制使用的资源进行未授权的访问,以及执行未授权的操作。需要注意的是,这些特权的使用范围仅限于本地主机。

以下列出了相关的特权。需要注意的是,在启用了 UAC 的系统中,这些特权仅授予以高(high)完整性级别或更高级别运行的应用程序。

(1)调试程序。具有此特权的用户可以打开系统中的任意进程(受保护进程除外),而无须理会该进程上的安全标识符。由此带来的安全问题是恶意用户可以从系统内存中捕获敏感设备信息,或访问和修改内核或应用程序结构。某些攻击工具利用此特权来提取哈希密码和其他专用安全信息或插入恶意软件。

(2)取得文件或其他对象的所有权。用于确定哪些用户可以在设备中取得任何安全对象的所有权,包括活动目录对象、NTFS 文件和文件夹、打印机、注册表项、服务、进程和线程。此特权允许持有者通过将自己的 SID 写入对象安全标识符的 owner 字段来获取任何安全对象(包括受保护的进程和线程)的所有权。因为所有者通常被授予读取和修改安全标识符的 DACL 的特权,因此具有此特权的进程通过修改 DACL 授予自己对该对象的完全访问特权,然后对该对象进行任何更改。此类更改可能导致数据泄露、数据损坏或拒绝服务攻击。

(3)还原文件和目录。具有此特权的恶意用户有可能将敏感数据还原到计算机并覆盖最新的数据,从而可能导致重要数据丢失、数据损坏或拒绝服务攻击。攻击者可能会覆盖合法管理员使用的可执行文件或使用包含恶意软件的版本覆盖系统服务,以便授予其自身更高的权限、泄露数据或安装提供对设备有持续访问权限的程序。

(4)加载和卸载设备驱动程序。通常设备驱动程序被视为操作系统中可信任的部分,作为高特权代码运行,可以使用系统账户凭据在系统中执行,因此驱动程序可以启动为用户分配其他权限的特权程序。具有此特权的用户可能无意中安装了伪装成设备驱动程序的恶意软件,而恶意用户可以使用此特权将设备驱动程序加载到系统中。

(5)创建令牌对象。Windows 通过检查用户的访问令牌来确定用户的权限级别。当用户登录本地设备或通过网络连接到远程设备时,将生成访问令牌。当撤销用户的权限时,将立即记录该更改,但该更改不会反映在用户的访问令牌中,直到用户下一次登录或连接时才会更新。拥有创建或修改令牌特权的恶意用户可以更改计算机上的任何账户的访问级别(如果他们当前已登录),提升他们的权限或创造拒绝服务攻击的条件。

(6)作为操作系统的一部分来执行。具有此特权的恶意用户可以建立可信的 LSASS 连接,然后创建新的登录会话(需要有效的用户名和密码),并接收一组可选的 SID 列表,添加到为新的登录会话创建的令牌中。恶意用户使用自己的用户名和密码来创建新的登录会话,该会话中就包括了生成的令牌中更多特权组或用户的 SID,以达到恶意使用的目的。

5. 用户账户控制

设计用户账户控制(UAC)的目的在于使用户在标准用户权限下运行、使用系统,而非在管理权限下,这样可以控制用户无意或有意地修改系统设置,用户也无法对共享计算机上其他用户的敏感信息造成损害。恶意软件在这种情况下通常也无法有效改变系统安全设置或禁用防病毒软件。通过 UAC 使得用户平常的工作在标准用户权限下运行,可以减轻恶意软件的威胁,并保护共享计算机上的敏感数据。

UAC 的运作方式是:使用标准用户权限运行大多数的应用程序,即便用户是具有管理权限的账户;标准用户在需要时才访问管理权限,例如,运行旧有应用程序或者需要更改某些系统设置时。即使用户只运行与标准用户权限兼容的程序,一些操作仍然需要管理权限。例如,绝大多数软件安装都需要在系统全局位置中创建目录和注册表键,或者安装服务程序和设备驱动程序,这些行为都需要管理权限。虽然这些操作大多数可以通过切换到专用的管理员账户实现,但是这样操作不便,可能导致大多数用户依然使用管理员账户执行相关的日常任务,而这些任务中大部分并不需要管理权限。

UAC 在用户登录到管理账户时创建经过过滤的管理令牌和普通管理令牌。在用户会话中创建的所有进程通常都会使用经过过滤的管理令牌,以便能够使用标准用户权限运行应用程序,而管理用户可以执行 UAC 提升来运行程序或执行其他需要管理权限的功能。

需要注意的是,UAC 提升是一种方便用户的便利措施,并不是安全边界(安全边界要求安全策略规定可以通过边界的内容,例如,用户账户就是 Windows 中安全边界的体现,A 用户在未经 B 用户许可的情况下无法访问属于 B 用户的数据),因此无法保证在具有标准用户权限的系统上运行的恶意软件不会危及 UAC 提升的进程以获得管理权限。例如,UAC 提升对话框仅提示将被提升权限的可执行文件,但并不会提示它在执行时会做什么。

1) 以管理员权限运行

Windows 使用增强的 run as 功能,以便标准用户可以方便地启动具有管理权限的程序。为了使具备系统管理员权限的用户也能够以标准用户权限运行,而不必每次访问管理权限时都要输入用户名和密码,Windows 采用了称为管理员批准模式(Admin Approval Mode,AAM)的机制。此功能为登录用户创建了两个身份:一个具有标准用户权限,另一个具有管理权限。因此,在 Windows 系统中的每个用户通常都是标准用户,或大部分作为 AAM 中的标准用户来操作。

授予进程管理权限称为提升。当标准用户账户(或属于管理员组但不是实际管理员组的用户)执行提升时,需要输入管理员组成员凭据。由 AAM 用户执行的提升称为批准提升,因为用户只需批准其管理权限的分配使用。

家用计算机这样的独立系统和加入域的系统对远程用户 AAM 访问的处理方式不同,原因在于加入域的计算机可以使用域的管理组管理其资源权限。当远程用户访问独立计算机的共享文件时,Windows 会要求远程用户提供标准用户凭证用于身份验证;而在加入域的系统中,Windows 会通过请求用户的域管理标识来授予用户所在域组成员身份。

系统和应用程序可以通过多种方式确定对管理权限的需求。右击可执行的组件图标(快捷方式或组件程序),在弹出的快捷菜单中会包含"以管理员身份运行"(Run as Administrator)命令,其前端同时显示一个蓝色和金色盾牌图标,用于标识该操作将导致权限提升,如图 2-6 所示。

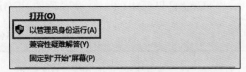

图 2-6　权限提升

2) 权限自动提升

在默认配置中,大多数 Windows 的可执行程序和控制面板中的程序并不会显示管理用户的提升提示。Windows 使用一种称为权限自动提升的机制,使得这些需要管理权限的程序自动在用户的完整管理令牌下运行,无须显示权限提升的提示。

实现权限自动提升的组件必须满足几个要求:可执行文件必须为 Windows 可执行文件,必须由 Windows 发布者(而不仅仅是 Microsoft)签名,并且必须位于被认为是安全的几个目录之中:％SystemRoot％\System32 及其大多数子目录、％Systemroot％\Ehome 和一小部分％ProgramFiles％下的目录。Microsoft 管理控制台(％SystemRoot％\System32\mmc.exe)被视为一种特殊情况,因为它是否应该自动提升取决于要加载的系统管理单元。mmc.exe 被调用时会带有作为参数的 msc(例如本地组策略编辑器 gpedit.msc)。当 mmc.exe 运行在一个受保护的管理员账户下时,会向 Windows 申请管理员权限。Windows 先验证 mmc.exe 是一个 Windows 可执行文件,再检查调用的 msc 是否通过了 Windows 可执行文件的测试,而且是否在自动提升 msc 的内部列表中(其中包含了 Windows 中几乎所有的 msc 文件),验证通过后才可运行程序。

3) 控制 UAC 的行为

UAC 可以通过交互界面修改。在"控制面板"中选择"操作中心"→"更改用户账户控制设置",UAC 设置界面如图 2-7 所示。

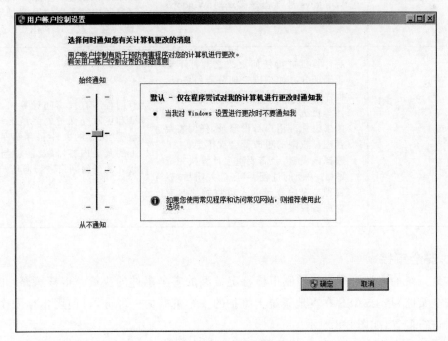

图 2-7　UAC 设置界面

UAC 设置界面中的 4 个设置项的相关说明如表 2-13 所示。

表 2-13　UAC 的 4 个设置项

设 置 项	描 述	安 全 影 响
始终通知	• 在程序对计算机或 Windows 设置进行更改(需要管理员权限)之前显示通知。 • 收到通知时,桌面会变暗,必须允许或拒绝 UAC 对话框中的请求后,才能执行其他操作。变暗的桌面称为安全桌面,其他程序在桌面变暗时无法运行	• 最安全的设置。 • 收到通知后,应仔细阅读每个对话框中的内容,然后允许或拒绝对计算机的更改
仅在程序尝试对我的计算机进行更改时通知我	• 在程序对计算机进行更改(需要管理员权限)之前显示通知。 • 尝试对 Windows 设置进行更改时(需要管理员权限)不会显示通知	• 通常允许对 Windows 设置进行更改而不通知是安全的。 • Windows 附带的某些程序可以传递命令或数据,某些恶意软件可能会通过使用这些程序安装文件或更改计算机上的设置
仅当程序尝试更改计算机时通知我(不降低桌面亮度)	• 在程序对计算机进行更改(需要管理员权限)之前显示通知。 • 尝试对 Windows 设置进行更改时(需要管理员权限)不会显示通知。 • Windows 外部程序尝试对 Windows 设置进行更改时会显示通知	• 与"仅在程序尝试对我的计算机进行更改时通知我"相同,但不会调用安全桌面。 • 由于 UAC 对话框不显示在安全桌面上,因此其他程序可能会影响 UAC 对话框的可视外观,可能会被恶意程序利用
从不通知	• 对计算机进行任何更改之前都不会收到通知。如果以管理员身份登录,程序可以在用户不知情的情况下对计算机进行修改。 • 如果以标准用户身份登录,任何需要管理员权限的更改都会被拒绝。 • 选择该设置,会需要重启计算机完成 UAC 关闭的过程。UAC 关闭后,以管理员身份登录的人员将始终具有管理员权限	运行的程序有权访问计算机,包括读取和更改受保护的系统区域、个人数据、保存的文件和存储在计算机上的其他内容,以及能够与计算机接入的任何网络进行通信

6. 安全审核

本地系统的审核策略用于控制审核特定类型的安全事件的决策。审核策略(也称为本地安全策略)是 LSASS 在本地系统上维护的安全策略的一部分,可使用本地安全策略编辑器进行配置,如图 2-8 所示。

在本地安全策略编辑器中,提供了更详细的审核策略配置(高级审核策略配置),如图 2-9 所示。

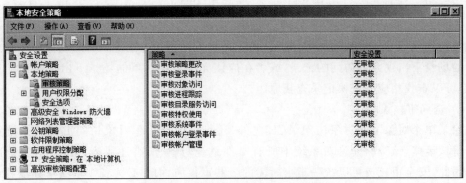

图 2-8　本地安全策略中的审核策略

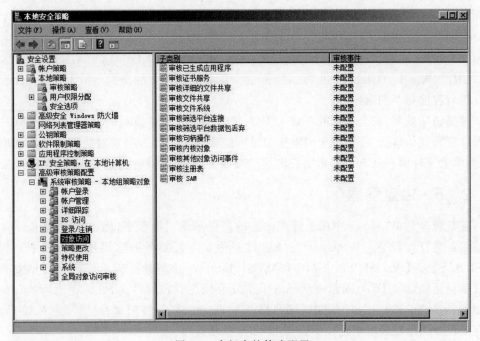

图 2-9　高级审核策略配置

1）对象访问的审核

审核机制的一个重要来源是对安全对象的访问日志，尤其是文件的访问日志。Windows 审核策略默认是禁用的，包括对象访问的审核策略，如图 2-8 中所示。Windows 通过启用对象访问策略，并在系统访问控制列表中设置审核 ACE，对相关对象启用审核。

当访问者尝试打开对象时，安全性引用监视器首先确定允许还是拒绝该尝试。如果启用了对象访问审核，则扫描对象的系统 ACL。有两种类型的审核 ACE：允许访问和拒绝访问，审核 ACE 必须与访问者持有的 SID 匹配，必须与所请求的访问方法匹配，并且其类型（允许访问或拒绝访问）必须与访问检查的结果匹配，才能生成对象访问审核记录。

对象访问审核记录不仅包括允许或拒绝访问的事实，还包括成功或失败的原因。在审核记录中,这种"访问原因"报告通常采用 SDDL(Security Descriptor Definition Language,安全标识符定义语言)中指定的访问控制条目的形式进行存储和显示。通过识别导致访问成功或失败的原因可以帮助管理员诊断相关的问题,例如,在应该拒绝访问对象的场景下出现允许访问的记录,或者在应该允许访问对象的场景下出现拒绝访问的记录,可以查找相应的审核记录查找原因。

2)全局审核策略

除了单个对象上的对象访问 ACE 之外,还可以为启用了对象访问审核的系统定义全局审核策略,该策略允许对系统中所有文件系统对象、所有注册表项进行对象访问审核。因此,安全审核员可以统一指定所需的公共审核项,而不必为各个单项单独设置或检查 SACL。

例如,在图 2-9 中,管理员可以通过"高级审核策略配置"中的"全局对象访问审核"查询和配置全局审核策略,或者是在命令行中运行命令 auditpol /resourcesacl 执行相关操作。配置全局审核策略后,将其作为 SACL 存储在注册表中,分别位于 HKEY_LOCAL_MACHINE\SECURITY\policy\GlobalSaclNameFile 和 HKEY_LOCAL_MACHINE\SECURITY\policy\GlobalSaclNameKey 中。在未设置相应的全局 SACL 之前,注册表中并没有存储相关的内容。

需要说明的是,安全对象的 SACL 是不能覆盖全局审核策略的,但对象的 SACL 可以允许进行其他审核。例如,全局审核策略可能要求审核所有用户对所有文件的读取权限,但单个文件的 SACL 可以添加特定用户对该文件的写入属性权限的审核策略。

2.1.5 磁盘管理

磁盘管理是 Windows 中用于管理磁盘的高级系统实用程序,用于管理 Windows 中加载的各类存储设备。Windows 支持通过多种互连机制将磁盘连接到系统中,例如,SCSI、SAS、SATA、USB、SD/MMC 和 iSCSI(Internet 小型计算机系统接口),相关的存储设备包括硬盘(HDD)、固态磁盘(SSD)、光学介质(例如光盘)、USB 闪存驱动器等与终端物理连接的设备,也包括存储区域网络(SAN)、iSCSI、网络附属存储设备(NAS)等网络存储设备类型以及虚拟化存储设备(例如虚拟硬盘)。

本节主要介绍 Windows 中关于硬盘存储的基础知识,而移动存储和远程存储是在用户模式下实现的,在本节中不做介绍。

磁盘是终端中最重要的存储设备,其中存放的数据信息通常远远高于磁盘本身的价值。数据存储在称为扇区的可寻址的数据块中,是读取和传输的基本单元,所有传输的数据必须是扇区大小的倍数。操作系统通过文件系统驱动程序访问存储在磁盘设备上的数据块,这些设备可以是机械硬盘、固态硬盘或混合两种工作方式的混合硬盘。

在 Windows 中,磁盘类驱动程序创建表示磁盘的设备对象,磁盘的设备对象名称为 \Device\Harddisk*\DR*,其中的 * 由程序分配的数字替换,从数字 0 开始。图 2-10 是使用 Sysinternals 的 WinObj 实用程序查看 Windows 系统中基本磁盘目录的结果,在右侧窗格中显示了物理磁盘和分区设备对象。

Windows 将磁盘分为基本(basic)磁盘和动态(dynamic)磁盘两种,二者的区别在于

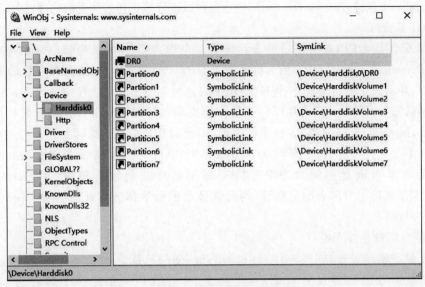

图 2-10　基本磁盘目录

动态磁盘使用了比基本磁盘更为灵活的分区方案,支持创建新的多分区卷。Windows 默认将所有的磁盘都作为基本磁盘进行管理。动态磁盘需要手动创建或将现有的基本磁盘(需要具有足够的空闲空间)转换为动态磁盘;若要将动态磁盘转换回基本磁盘,必须删除磁盘中的所有卷,并擦除磁盘上的所有数据。因此在转换前需要备份所有要保留的数据,然后再继续转换操作。除非必须使用动态磁盘的多分区功能外,使用基本磁盘即可满足使用需求。也可以使用存储空间技术,该技术是将两个或多个磁盘分配到一个存储池中,然后使用存储池的容量来创建称为存储空间的虚拟驱动器。

1. 基本磁盘

Windows 在基本磁盘上使用 MBR 和 GPT 两种分区来定义卷和卷管理器驱动程序(将卷展现给文件系统的驱动程序)。

1) MBR 分区

MBR(Master Boot Record,主引导记录)使用标准 BIOS 分区表,当基于 BIOS 的系统启动时,计算机的 BIOS 完成对计算机硬件的初步配置后,MBR 先于操作系统被调入内存,然后才将控制权交给主分区(活动分区)内的操作系统,并用主分区信息表来管理硬盘。在 Windows 等操作系统中,MBR 还包含 4 个分区表,定义了磁盘上最多 4 个主分区的位置,同时记录了分区的类型,例如 FAT32 和 NTFS。

为了突破每个物理磁盘上 4 个分区的限制,Windows 采用了一种特殊的分区类型——扩展分区。扩展分区包含自己的分区表,在扩展分区中的主分区称为逻辑驱动器。扩展分区在一个磁盘中最多有一个,且主分区和扩展分区的总和不能超过 4 个,无论系统中建立多少个逻辑驱动器,在主引导扇区中通过一个扩展分区的参数就可以逐个找到每一个逻辑驱动器。理论上,在扩展分区允许的递归可以无限地继续,这意味着磁盘的分区数量不存在上限,在实际工作中,通常在扩展分区内最多建立 23 个逻辑分区,每个逻辑分区都单独分配一个盘符(即字母 D～Z),这些分区可以被计算机作为独立的物理设备使用。

2) GPT 分区

GPT 分区是 UEFI 定义的一种分区方案。全称为 GUID(全局唯一标识符)分区表 (GUID Partition Table),GPT 的名称来源于 GPT 为每个分区存储一个 36B 的 Unicode 分区名称,并为每个分区分配一个 GUID(16B)。针对 MBR 分区存储空间、分区表完整性风险等局限性,GPT 分区采用了一些技术解决相关问题。例如,MBR 分区使用 32 位扇区地址,而 GPT 分区使用 64 位扇区地址,因此,MBR 分区最大可访问 2TB 的存储空间,而 GPT 分区允许有 2^{64} 个扇区,对于 512 字节/扇区的磁盘,最大可为 9.4ZB 左右,基本能满足未来对磁盘存储的需求。GPT 采用循环冗余校验和(Cyclic Redundancy Check,CRC)来确保分区表的完整性,同时在硬盘的最后部分的存储空间中保存了一份分区表的副本。

3) 基本磁盘卷管理器

卷管理器驱动程序(在%SystemRoot%\System32\Drivers\Volmgr.sys 中)创建表示基本磁盘上卷的磁盘设备对象,对于每个卷,卷管理器创建一个形式为\Device\HarddiskVolume* 的设备对象,其中 * 是标识卷的数字(从 1 开始)。它负责枚举基本磁盘来检测基本卷的存在,并将基本磁盘报告给 Windows 即插即用(PnP)管理器。在分区管理器(Partmgr.sys)的协助下,对基本磁盘分区的增加、删除信息进行登记和更新。

2. 动态磁盘

动态磁盘是 Windows 中用于创建多分区卷所需的磁盘格式(例如条带磁盘阵列和 RAID-5 磁盘阵列),通过逻辑磁盘管理器(Logical Disk Manager,LDM)对动态磁盘进行分区来实现。LDM 是 Windows 中虚拟磁盘服务(Virtual Disk Service,VDS)子系统的一部分,由用户模式和设备驱动程序组件组成,用于监视动态磁盘。

LDM 分区与 MBR 分区、GPT 分区的主要区别在于:LDM 维护的是一个统一数据库,用于存储系统上所有动态磁盘的分区信息(包括多分区卷配置)。由于 LDM 数据库驻留在每个动态磁盘末尾的 1MB 保留空间中,因此,如果需要将基本磁盘转换为动态磁盘,必须确保磁盘末尾有 1MB 可用空间。LDM 数据库内容的细节信息可以使用 Sysinternals 的 LDMDump 工具进行查看。

虽然动态磁盘的分区数据驻留在 LDM 数据库中,但 LDM 实现了 MBR 分区或 GPT 分区,这样便于 Windows 引导代码可以在位于动态磁盘上的卷中查找到系统和引导卷,也能确保传统的磁盘管理程序不会错误地认为动态磁盘没有分区。

由于 LDM 分区并没有在磁盘的 MBR 或 GPT 中描述,因此,LDM 中的 MBR 或 GPT 分区称为软分区,而在基本磁盘中的 MBR 和 GPT 分区则称为硬分区。

3. 多分区卷的管理

VolMgr 负责呈现文件系统驱动程序管理的卷,并将针对卷的 I/O 映射到它们所属的底层分区。对于多分区卷来说,由于组成卷的分区可以是不连续的分区,甚至位于不同的磁盘上,因此,VolMgr 使用 VolMgrX 处理针对其管理的多分区卷的所有 I/O 请求。在 Windows 中,可以使用以下类型的多分区卷:

1）跨距卷

跨距卷（spanned volume）是一个有最多 32 个空闲分区构成的逻辑卷，Windows 的磁盘管理将这些在一个或多个磁盘上的分区组合为一个跨距卷。在图 2-11 中，有一个 200GB 的跨距卷，用驱动器 D：表示，该跨距卷由第一个磁盘的后一半和第二个磁盘的前一半组合而成。在 Windows NT 4 中，跨距卷称为卷集（volume set）。

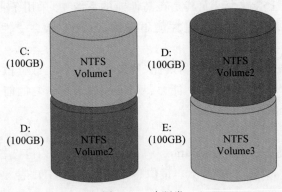

图 2-11　跨距卷

跨距卷有效地利用了磁盘空间，将空闲磁盘空间中的多个小区域合并成一个大的卷，或将两个或多个小磁盘合并成一个大的卷。如果采用 NTFS 格式的跨距卷，还可以加入新的空闲空间或新的磁盘进行扩展，而不会影响到该卷上已经保存的数据。

2）条带卷

条带卷（striped volume）是由至多 32 个分区组成的单个逻辑卷，要求组成条带卷的每个磁盘为一个分区，且分区大小必须是相同的。条带卷也称为 RAID0 卷。图 2-12 显示了一个由 3 个分区构成的条带卷，3 个磁盘均各有一个分区。由于磁盘大小可以不同，因此条带卷中的分区并不一定要占据整个磁盘；但由于分区大小必须相同，因此某些磁盘中可能会出现剩余的磁盘空间。

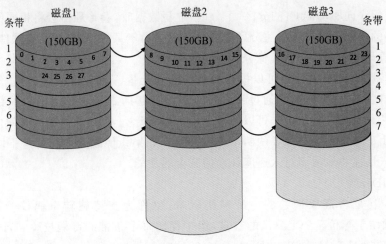

图 2-12　条带卷

对于文件系统来说,图 2-12 中的 3 个磁盘分区组成了一个 450GB 的条带卷,卷管理器通过调整卷中的数据在这些物理磁盘上的分布来优化数据存储和信息检索时间。

条带单元通常为 64KB,用于避免小数据量的读取和写入操作可能访问两个物理磁盘的情况出现。条带单元数据往往在磁盘之间均匀分布。由于条带可以并行访问,因此,对于由 N 个磁盘组成的条带,理论上其数据传输率是单个磁盘传输率的 N 倍,因此磁盘 I/O 的延迟时间理论上会减少。尤其是在高性能的系统中,采用条带卷会提升系统的性能。但是,如果组成条带的物理磁盘性能不一致,磁盘 I/O 会受性能最低的物理磁盘影响。

跨距卷为管理磁盘卷提供了便利条件,条带卷将 I/O 负载分散到多个磁盘。但是,这两种卷管理方法都缺乏恢复数据的能力。如果需要数据恢复的能力,应该使用另外两种冗余存储方案:镜像卷和 RAID5 卷。

3)镜像卷

顾名思义,镜像卷(mirrored volume)中一个磁盘分区的内容会被复制到另一个磁盘上相同大小的分区中,如图 2-13 所示。镜像卷也被称为 RAID1 卷。

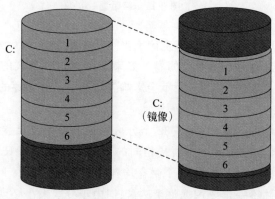

图 2-13 镜像卷

当一个程序向驱动器 C:的分区(主分区)中写数据时,卷管理器会将相同的数据写到镜像分区中的相同位置。如果主分区中的任何数据由于某种原因(硬件或软件)导致不可访问时,卷管理器将自动访问镜像分区中的数据。

在高负荷系统中,镜像卷可以提高磁盘的读吞吐量。当 I/O 活动很频繁时,卷管理器会在主分区和镜像分区之间通过计算每个磁盘挂起的未完成 I/O 请求的数量平衡其读取操作,两个分区的读取操作可以同时进行,所以理论上可以在一半的时间内完成。写入文件时,由于必须写入镜像卷的两个分区,因此,如果镜像磁盘使用的是不同速度的磁盘,整体写入性能将取决于写入速度最慢的磁盘的性能。

4)RAID5 卷

RAID5 卷是常规条带卷的一种容错版本,也称为支持旋转奇偶校验的条带卷。RAID5 卷预留了等价于一个分区的容量,用于存储每个条带的奇偶校验和,因此通常需要至少 3 个磁盘实现,如图 2-14 所示。

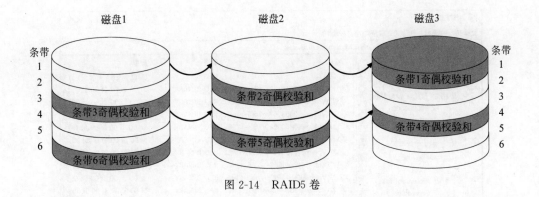

图 2-14 RAID5 卷

在图 2-14 中,条带 1 的奇偶校验和存储在磁盘 3 中,它包含了磁盘 1 和 2 中第一个条带的字节的奇偶校验和。条带 2 的奇偶校验存储在磁盘 2 中,条带 3 的奇偶校验存储在磁盘 1 中。以此类推,采用轮流方式,将奇偶校验和分布到各个磁盘上。每当数据写入磁盘时,对应于修改的字节,必须重新计算和重写对应的奇偶校验和。因此,可能会出现以下情况:如果始终对同一磁盘写入奇偶校验和,可能导致该磁盘繁忙,形成 I/O 瓶颈。

RAID5 卷的容错功能是通过奇偶校验实现的。以图 2-14 所示的 RAID5 卷为例,如果磁盘 1 因各种原因导致失效,则磁盘 1 中条带 1 和 4 的内容可以通过将磁盘 2 中的对应条带与磁盘 3 中的奇偶校验和条带进行 XOR 运算而重新得到;类似地,磁盘 1 中条带 2 和 5 的内容,可以通过将磁盘 3 中的对应条带与磁盘 2 中的奇偶校验和条带进行 XOR 运算而得到。以此类推,便可将磁盘 1 的数据恢复。

5) 挂载管理器

安装 Windows 后,挂载管理器(在％SystemRoot％\System32\Drivers\Mountmgr. sys 中)为动态磁盘卷和基本磁盘卷、光盘驱动器和可移除设备等存储设备分配驱动器号,并将分配信息存储在注册表 HKLM\SYSTEM\MountedDevices 键中。图 2-15 列出了注册表 MountedDevices 键中保存的驱动器信息,可以看到“名称”列中列出了\??\.Volume{＊}的值,其中 ＊ 为 GUID 值。

2.1.6 内存管理

内存管理器 Ntoskrnl. exe 是 Windows 内核和系统的可执行程序,它由以下组件构成:

(1)用于分配和管理虚拟内存的一组系统服务,其中大部分通过 Windows API 或内核模式设备驱动程序接口公开。

(2)一个处理转译无效和访问错误的陷阱处理程序,用于解决硬件检测到的内存管理异常,并代表一个进程使得虚拟页驻留在内存中。

(3)6 个顶级例程:权衡集管理器、进程/栈交换器、已修改页面编写器、映射页面编写器、段解除引用线程、零页面线程。

Windows 实现了一个基于线性地址空间的虚拟内存系统,使每一个进程都有独立的私有地址空间。虚拟内存采用了一种可能与内存的物理布局并不对应的内存逻辑视图,

图 2-15　注册表 MountedDevices 键中保存的驱动器信息

在运行时,内存管理器在硬件支持下,将虚拟内存转换或者映射到实际存储数据的物理内存,如图 2-16 所示。通过这一机制,操作系统可以确保一个进程不会与其他进程冲突,也不会改写操作系统的数据。

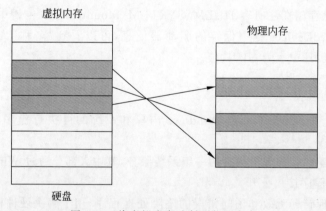

图 2-16　将虚拟内存映射到物理内存

通常程序要求的内存空间都比较高,但在程序实际运行时并不需要这些空间。例如,程序中设计了存储 100 个字符的数据空间,在实际运行时可能仅需要能存储 10 个字符的内存空间就可以运行了。因此,从实际情况看,程序申请的内存资源通常要大于运行所需的内存资源。因为大多数系统的物理内存总量小于进程所用到的虚拟内存总量,所以内存管理器会将物理内存中的某些内容转移到硬盘中,以便释放相应的物理内存空间供操作系统使用或者分配给其他进程使用。当线程访问一个已被转移到硬盘上的虚拟地址时,虚拟内存管理器会将硬盘中对应的内容加载到内存中。在硬件的支持下,内存管理器无须了解任何关于进程或线程的知识,也无须进程或线程的协助,应用程序无须任何改变就可以利用这种分页(paging)功能实现分页。

虚拟地址空间的大小在不同硬件平台上有所不同。在 32 位 x86 系统中,虚拟地址空间的理论最大值为 4GB(32 位系统的地址空间为 2^{32} b,换算为存储空间为 4GB)。64 位 Windows 提供了更大的地址空间,为 16EB。但是由于目前 64 位硬件地址空间的限制,在实际使用中,在 IA-64 系统中为 7152GB,在 x64 系统中为 8192GB,如图 2-17 所示。

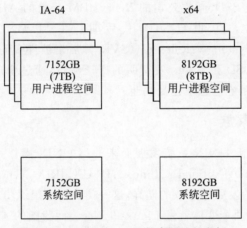

图 2-17　64 位 Windows 的实际地址空间

由于在实际工作中物理内存和虚拟地址空间大小并不一一对应,为了有效地管理物理内存和虚拟地址,内存管理器需要完成以下主要功能:

(1) 将进程的虚拟地址空间转换或映射到物理内存中,当在该进程的上下文中运行的线程读取或写入虚拟地址空间时,可以引用正确的物理地址。

(2) 当运行的线程或系统意图使用比当前可用物理内存更多的内存时,将内存中某些暂时不使用的数据采用分页或交换的方式转移到磁盘中。当某些进程或程序需要这些数据时,再将其读回物理内存。

Windows 中的虚拟内存是分页文件的应用,在 Windows 中可以设置虚拟内存文件的存储位置、分页文件的大小等。利用 Windows Sysinternals 的进程管理器(Process Explorer)工具可以显示操作系统中物理内存和虚拟内存的详细信息,Sysinternals 中的另外两个工具则可以显示扩展的内存信息:

- VMMap:显示一个进程的虚拟内存使用情况。
- RAMMap:显示物理内存使用情况。

Windows 实际的内存管理更复杂,详细的内容可参考相关方面专业书籍深入学习。

2.2 UNIX 操作系统

UNIX 可以追溯到 20 世纪 60 年代中期,源自麻省理工学院、贝尔实验室(此时属于 AT&T 公司)和通用电气共同开发的分时操作系统 Multics,最初使用汇编语言编写。1973 年,Multics 使用 C 语言重写代码后,发布为第 4 版,Unix 正式诞生(Unix 名称的由来已无法考证)。由于其开源特性和多用户、多任务的设计理念,在其基础上发展和衍生出很多类似的操作系统,包括类 Unix 操作系统。

UNIX 最初只计划在贝尔实验室开发的内部系统中使用。AT&T 在 20 世纪 70 年代后期向外部授权许可使用 UNIX,出现了各类商业和学术研究使用的 UNIX 变体,包括加州大学伯克利分校的 BSD、微软公司的 Xenix、IBM 公司的 AIX 和 Sun Microsystems 公司的 Solaris 等版本。20 世纪 80 年代后期,AT&T UNIX 系统实验室和 Sun Microsystems 开发了 System V Release 4(SVR4),后来被许多商业 UNIX 供应商采用。20 世纪 90 年代,随着 BSD 和 Linux 发行版的广泛流行,通过全球程序员网络的协作开发,UNIX 和类 UNIX 系统也越来越受欢迎。

2.2.1 UNIX 家族

UNIX 系统以及基于 UNIX 系统发展而来的类 UNIX 操作系统已经形成了一个庞大的 UNIX 家庭。BSD、AIX、Solaris、Linux、HP-UX、IRIX、Xenix 等操作系统都来源于 UNIX 系统,随着技术的发展和定位的差异,这一类操作系统逐步发展为商用和开源两个方向。其中非常著名的两个变体就是 Linux 和 Mac。而我国的国产操作系统多以 Linux 为基础进行二次开发。

1. Linux

Linux 是遵循自由软件基金会(Free Software Foundation,FSF)制定的规则,通过通用公共许可证(General Public License,GPL)管理的类 UNIX 操作系统。该系统由芬兰人 Linus Torvalds 于 1991 年首次发布,最初是为基于 Intel x86 架构的个人计算机开发的。由于其免费和开源的特性,使得 Linux 得以迅速发展壮大,在后续技术发展中也被移植到其他平台上。例如,智能手机中广泛使用的 Android 操作系统,其核心就是 Linux 及其衍生系统。Linux 系统也是服务器和大型计算机的主要操作系统,是目前超级计算机上唯一使用的操作系统类型。很多嵌入式系统也采用 Linux 作为支撑系统。在基于 Linux 的发行版操作系统中,比较流行的有 CentOS、Ubuntu、RedHat 等。

2. MacOS

MacOS 是由苹果公司开发的图形化桌面操作系统,在桌面计算机、笔记本电脑和家用计算机市场中是仅次于微软公司 Windows 操作系统的第二大桌面操作系统。MacOS 基于 1985—1997 年在 NeXT 系统上开发的技术 NeXTSTEP,由 Mach 内核和 BSD Unix 服务组成,其图形用户界面(Graphical User Interface,GUI)编程语言建立在使用 Objective-C 的面向对象的 GUI 工具箱之上。

3. 国产操作系统

国产操作系统主要以 Linux 为基础进行二次开发,代表产品有深度、银河麒麟等。

1) 深度

深度(deepin)Linux 是基于 Qt(由 Qt 公司开发的跨平台 C++ 图形用户界面应用程序开发框架)的桌面操作系统(如图 2-18 所示),运行在 x86-64 架构上,主要从 Debian 继承了工具包,并为其存储库提供软件支撑。它不仅对开源产品进行了集成和配置,还开发了基于 HTML 5 技术的全新桌面环境、系统设置中心以及音乐播放器、视频播放器、软件中心等一系列面向日常使用的应用软件。深度非常注重易用的体验和美观的设计,易用安装和使用,还能够很好地代替 Windows 系统进行工作与娱乐。

图 2-18　深度操作系统

2) 银河麒麟

银河麒麟(KYLIN)桌面操作系统(如图 2-19 所示)是在国家核高基科技重大专项支持下研制的具有易用、高可靠、强安全的国产自主可控操作系统。它是软硬件兼容性比较好的国产桌面操作系统,友好易用,主要面向电子政务、电子军务、家庭生活和个人娱乐。它具有图形化的友好界面,集成了办公软件、音乐播放器、视频播放器、邮件客户端、网页浏览器、杀毒软件等应用软件。它可以联网推送系统更新包和安全补丁,实时提高系统的稳定性和安全性。它支持个性化版本定制,满足工控机、便携机、平板电脑、手持终端等设备的兼容性需求以及安全增强、可信计算、版本裁剪等用户需求。银河麒麟桌面操作系统已在政务、银行、电力、航天、教育、大型企业等行业和领域得到了广泛应用。

3) 优麒麟

优麒麟操作系统是 2013 年由中国 CCN 开源创新联合实验室和天津麒麟公司主导开发的全球开源项目(如图 2-20 所示),是基于 Ubuntu 的操作系统,主要适用于台式机和笔记本电脑。

图 2-19　银河麒麟操作系统

图 2-20　优麒麟操作系统

4）普华

普华操作系统（如图 2-21 所示）以开源 Linux 为基础,对系统的性能、安全性、可靠性以及易用性进行优化和改进,针对不同的市场需求推出了服务器操作系统产品和桌面操作系统产品。普华服务器操作系统是一款企业级通用操作系统软件,广泛适用于全行业基础平台应用以及行政机构领域关键应用。该操作系统采用图形化的管理工具,提供了一个稳定安全的高端计算平台,让用户充分利用 Linux 的可伸缩、高性能和开放性。普华桌面操作系统采用桌面环境和个性化的界面设计,符合 Linux 相关标准以及 LSB 4 系列标准,提供了办公软件、浏览器、邮件客户端以及多媒体工具等常见的桌面应用程序,能很好地支持各类常见外设。

5）红旗

红旗操作系统（如图 2-22 所示）结合了 Linux 技术以及国家 863 重大项目的技术规范和要求,是一款面向家庭、教育、政府、金融以及行业等领域的通用桌面操作系统平台,具备了服务器运行环境所需要的安全、稳定、可靠等特性。经过补丁优化和技术改进的系统核心实现了对外围设备更好的支持。

图 2-21 普华操作系统

图 2-22 红旗操作系统

6）思普

思普（SPGnux）桌面操作系统（如图 2-23 所示）对国内主流流式、版式、签章系统及OA办公系统进行了适配,以满足政府机关办公应用的要求。其功能模块涵盖个人办公、企业管理、协作沟通交流、商务应用、实用工具等方面,设计灵活,可定制程度高,易用性好,是目前国内兼容性较好的操作系统产品,对国内外各种最新型硬件和主流商业软件都能较好地支持。它通过引入安全等级、安全类别等安全标记,实现了部分等级保护功能。

7）一铭

一铭（Emindsoft）操作系统（如图 2-24 所示）提供了桌面操作系统、服务器操作系统和智能终端操作系统,是基于 Linux 内核开发的,主要面向政府、军队、教育、金融等行业的通用型桌面操作系统。它支持部分 Windows 程序软件跨平台使用,提供了办公套件、浏览器、邮件客户等常见应用程序。

图 2-23 思普操作系统

图 2-24 一铭操作系统

8) 方德

方德桌面操作系统(如图 2-25 所示)基于国家核高基科技重大专项安全操作系统内核,在系统安装、硬件设备支持、核心性能、桌面环境设计等方面进行了较大改进和优化,使之更能满足政府、个人、家庭的办公、学习、娱乐、开发、教育等需求。方德桌面操作系统在软硬件兼容性、对国产软件的支持以及本地化等方面进行了全面优化和改进,以更好地适应国内市场需求。

图 2-25 方德操作系统

9) 新支点

中兴新支点(NewStart)操作系统(如图 2-26 所示)主要有服务器操作系统、嵌入式操作系统和桌面操作系统,也是中国 Linux 开源软件技术水平较高的系统之一。它支持绝大多数常用硬件,兼容大量的 Windows 平台软件,基于已被开发者验证并在关键系统已得到广泛应用的开源内核。该系统内置防火墙、多等级权限控制等安全机制,经过严格测试。该系统支持国产 CPU,并获得工信部认证,适用于个人计算机、企业用户和各种定制化终端设备。中兴新支点服务器操作系统在系统可靠性、性能、安全性、易用性、可用性、可管理性等各方面进行了全面优化,不同于普通的 Linux 操作系统,在保证性能和品质的前提下,对新技术进行了谨慎的选择,使其不仅具有企业关键应用所必须具备的高端性能,同时还满足电信级操作系统所要求的高可靠性。

10) 和信

和信(VESYSTEM)通用桌面操作系统(如图 2-27 所示)是一款面向桌面应用的操作系统,针对多硬件平台开发。支持 x86/x86-64 平台。和信通用桌面操作系统除了提供性能优越的操作系统基础功能外,还提供大量简洁易用的桌面应用程序,用户无须额外的学习即可直接使用。

图 2-26 中兴新支点操作系统

图 2-27 和信操作系统

2.2.2 用户与文件管理

以 Linux、MacOS、BSD、System V 等为代表的类 UNIX 操作系统家族不断发展壮大,在计算机操作系统中起着非常重要的作用。本节以 Linux 为例,概要介绍此类操作系统的工作机制。更详尽的内容可参考相关的操作系统书籍学习。

Linux 的设计目标是实现能够同时处理多进程和多用户的交互式系统。Linux 系统由硬件、Linux 内核、C 标准库、底层系统组件和用户应用 5 个部分组成。最底层的是硬件设备,包括 CPU、内存、硬盘、键盘以及其他设备。在硬件之上是内核模式,其中主要是 Linux 内核,负责进程调度、内存管理、控制硬件,并且为其他程序提供系统调用接口,这些系统调用允许用户程序创立并管理进程、文件以及其他资源。在内核模式之上是用户模式，包含 C 标准库、底层系统组件和用户应用。Linux 系统层次结构如图 2-28 所示。

- Linux系统
  - 用户模式
    - 用户应用（浏览器、办公软件等）
    - 底层系统组件（系统守护进程、视窗系统、其他库、图形系统等）
    - C标准库（Open()、exec()、fopen()、calloc()等约2000个子程序）
  - 内核模式－Linux内核
    - Linux内核系统调用接口（约380个系统调用接口）
    - 进程调度、内存管理、虚拟文件、网络、IPC等
    - 其他组件（设备映射器、Linux网络调度、NetFilter等）
    - Linux安全模块（SELinux、TOMOYO、AppArmor、Smack等）
  - 硬件（CPU、内存、磁盘、网卡等）

图 2-28　Linux 系统层次结构

1. 用户与用户组

在 Linux 系统中，用户标识号(User Identification，UID)具有唯一性，因此通过用户的 UID 值可以判断用户身份。在 Linux 系统中，用户身份主要有以下几种：

(1) 系统管理员(UID 为 0)。如果希望设置某用户账号为系统管理员，可以将其 UID 设置为 0，这意味着并不是只有 root 是系统管理员。通常不建议系统有多个账号的 UID 是 0。

(2) 系统用户(UID 为 1～499)。保留给系统服务程序使用，主要用于限制系统启动的服务以较小的权限运行，避免使用 root 账户运行，避免服务程序被恶意利用。其中 1～99 由系统静态分配，100～499 用于动态分配。如果有系统账号需求时，可以使用该段内的 UID。

(3) 普通用户(UID 为 500～65535)。日常工作用户使用。在 Linux 内核 2.4 版以后，已经可以支持 32 位的 UID，即允许 4 294 967 296(2^{32})个用户。

需要注意的是，不同的类 Unix 操作系统，其 UID 的划分范围可能不同。例如，在 RedHat Enterprise 7 中，普通用户的 UID 是从 1000 开始分配的。

Linux 系统为了方便管理属于同一组的用户，使用了用户组的概念。通过用户组标识号(Group Identification，GID)将多个用户放入同一个组中，以方便为组中的用户统一规划权限或指定任务。

在 Linux 系统中创建用户时，会同时创建一个与其同名的默认用户组(也可称为初始用户组)，且此默认用户组中只包含该用户一个成员。如果该用户以后归入其他用户组，则这些用户组称为扩展用户组。一个用户只有一个默认用户组，但是可以有多个扩展用户组。通常默认用户组是该用户的有效用户组，有效用户组可以通过 newgrp 命令进行切换。可以通过/etc/passwd 文件查看相关的用户和组的信息，如图 2-29 所示。其格式如下：

```
用户名:口令:用户标识号:用户组标识号:描述信息:用户主目录:登录时启动的程序
```

各部分含义如下：

```
root:x:0:0:root:/root:/bin/bash
bin:x:1:1:bin:/bin:/sbin/nologin
daemon:x:2:2:daemon:/sbin:/sbin/nologin
adm:x:3:4:adm:/var/adm:/sbin/nologin
lp:x:4:7:lp:/var/spool/lpd:/sbin/nologin
sync:x:5:0:sync:/sbin:/bin/sync
shutdown:x:6:0:shutdown:/sbin:/sbin/shutdown
halt:x:7:0:halt:/sbin:/sbin/halt
mail:x:8:12:mail:/var/spool/mail:/sbin/nologin
operator:x:11:0:operator:/root:/sbin/nologin
games:x:12:100:games:/usr/games:/sbin/nologin
ftp:x:14:50:FTP User:/var/ftp:/sbin/nologin
nobody:x:99:99:Nobody:/:/sbin/nologin
avahi-autoipd:x:170:170:Avahi IPv4LL Stack:/var/l
systemd-bus-proxy:x:999:997:systemd Bus Proxy:/:/
systemd-network:x:998:996:systemd Network Managem
dbus:x:81:81:System message bus:/:/sbin/nologin
polkitd:x:997:995:User for polkitd:/:/sbin/nologi
tss:x:59:59:Account used by the trousers package
postfix:x:89:89::/var/spool/postfix:/sbin/nologin
sshd:x:74:74:Privilege-separated SSH:/var/empty/s
```

图 2-29　passwd 文件内容示例

(1) 用户名：用户登录操作系统时使用的用户名，必须是唯一的。

(2) 口令：该字段通常设置为 x(或 * 等)，实际密码信息存储在单独的 shadow 密码文件中。在 Linux 系统中，将此字段设置为星号(*)是禁用直接登录账户的同时仍保留其名称的常用方法；而另一个可能的值是 * NP *，表示使用 NIS 服务器获取密码。如果没有 shadow 密码文件，该字段通常包含用户密码的加密哈希值(与盐值组合)。

(3) 用户标识号：不一定是唯一的。

(4) 用户组标识号：用于标识用户的默认用户组。

(5) 描述信息：用于描述用户或账户。通常，这是一组以逗号分隔的值，包括用户的全名等详细信息。

(6) 用户主目录：即用户登录后的起始目录(也可称为工作目录)的路径，例如，root 用户默认的工作目录是/root。

(7) 登录时启动的程序：每次用户登录系统时启动的程序。对于交互式用户，通常是系统的命令行(shell)命令之一。

2. Linux 文件权限

在 Linux 系统中，一切都被视为文件，包括设备、数据通信接口等，都用文件来表示。因此 Linux 系统使用不同的字符符号和数字符号对各种文件加以区分。常见的文件表示符号如表 2-14 所示。

在 Linux 系统中，每个文件都有文件所有者、用户组和其他人 3 个属性，用于规定文件所有者、用户组以及其他人对文件的可读(r)、可写(w)、可执行(x)等权限。对于一般文件而言，权限比较容易理解："可读"表示能够读取文件的内容，"可写"表示能够新增、删除、修改文件的内容，"可执行"则表示能够运行脚本程序。对于目录文件而言，"可读"表示能够读取目录结构列表，"可写"表示能够更改目录结构列表，包括新建、删除、重命名、转移该目录内的文件和子目录，"可执行"表示能够进入该目录并将其设置为工作目录，例如，用户登录 Linux 后所在的当前目录就是工作目录。

表 2-14　文件表示符号

符号	文 件 类 型	详 细 介 绍
-	普通文件	常见类型的文件,主要有纯文本文件(ASCII)、二进制文件(Binary)和数据格式文件(Data)
d	目录文件	
l	链接文件	类似于 Windows 系统的快捷方式
b	块设备文件	用于存储数据,向系统提供随机访问接口的设备,例如硬盘等
c	字符设备文件	表示一些串行接口设备,例如键盘、鼠标等
s	套接字	数据接口文件,通常用于网络上的数据连接
p	管道文件	是一种特殊的文件类型,主要用于解决多个程序同时访问一个文件造成的错误问题

文件的读、写、执行权限用字符表示为 rwx,也可以用 3 位二进制数字表示,r、w、x 分别对应数字 4、2、1,即:

- 读权限位代表数值 4(二进制 100)。
- 写权限位代表数值 2(二进制 010)。
- 执行权限位代表数值 1(二进制 001)。

文件权限的数字法表示是由字符表示(rwx)的权限值相加而来的,其目的是简化权限的表示。例如,若某个文件的权限为 7,则代表可读、可写、可执行(4+2+1,其二进制形式为 111);若权限为 6,则代表可读、可写(4+2,其二进制形式为 110)。以某文件为例,其所有者拥有可读、可写、可执行的权限,其用户组拥有可读、可写、可执行的权限,其他人没有权限,那么,这个文件的权限就是-rwxrwx---,用数字法表示即为 0770。图 2-30 是用字符表示法给出的根目录中各目录的权限和所属组的示例。

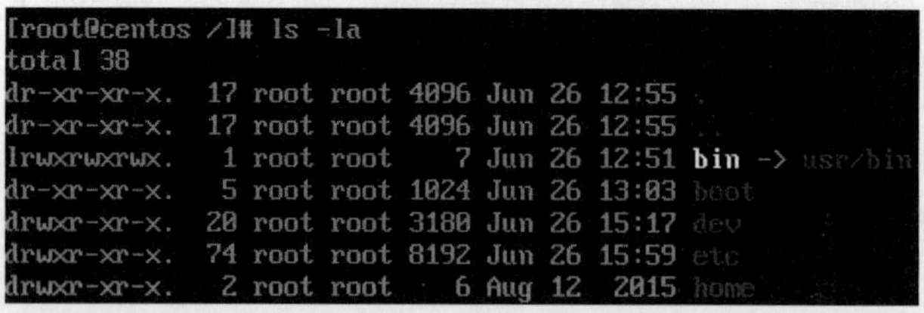

图 2-30　目录权限示例

在数字表示法中,如果是 4 位数字,即最左边(最高位)数字有值,则表示有 3 个附加属性,即 SUID 位、SGID 位和 SBIT 位。这是因为在实际使用中,单纯设置文件的 rwx 权限无法满足复杂多变的使用场景对安全性和灵活性的需求,因此便有了 SUID、SGID 与 SBIT 这 3 个特殊权限位。它们可以对文件权限进行特殊设置,且可以与一般权限同时使用,以弥补一般权限不能实现的功能。

1）SUID

SUID 即 SetUID，是仅对二进制程序有效的特殊权限位。SUID 可以让执行者临时拥有文件所有者的权限（该权限仅在执行该程序的过程中有效）。例如，用户执行 passwd 命令修改自己的用户口令，而用户口令保存在/etc/shadow 文件中。以 CentOS 7 操作系统为例，该文件的默认权限如图 2-31 所示，可见仅有 root 可以查看、修改该文件。

```
[root@centos /]# ls -al /etc/shadow
----------. 1 root root 767 Jun 26 22:16 /etc/shadow
```

图 2-31　shadow 文件的默认权限

因为普通用户有执行 passwd 命令的权限，在执行 passwd 命令时加上 SUID 特殊权限位，可以让普通用户临时获得 root 的身份，将变更的密码信息写入 shadow 文件中。所以，这只是一种有条件的、临时的特殊授权方法。

SUID 的字符表示为 s，其数字表示为 4。

2）SGID

SGID 即 SetGID，是用户组的特殊权限位。SUID 可以让程序执行者在执行过程中临时获得该程序用户组权限。SGID 有如下功能：

（1）用户如果对于该目录拥有 r 和 x 权限，就能够进入该目录。

（2）用户在该目录下的有效用户组会成为该目录的用户组。

（3）如果用户在该目录具有 w 权限，则在目录中创建的新文件自动继承该目录的用户组。

在实际应用中，SGID 对于组织机构内的文件使用是很有帮助的。例如，市场部拥有名为“区域”的目录，并设置了 SGID，该目录的用户组为“销售人员”。用户 sales 的默认用户组是 sales，其他用户组是“销售人员”。用户 sales 在“区域”目录中创建了一个名为“华北”的目录，则“华北”目录的用户组就继承了“销售人员”用户组，在其中创建的文件也是如此。如果没有设置 SGID，则新目录和目录中的文件的用户组为 sales，因为 sales 是用户 sales 的默认用户组。

SGID 的字符表示也是 s，其数字表示为 2。

3）SBIT

SBIT 即 Sticky Bit，是用于设置只有文件所有者、目录所有者或 root 用户才能重命名或删除该文件的特殊权限位。如果没有设置 SBIT，任何具有该目录的写入和执行权限的用户都可以重命名或删除目录中包含的文件。通常，在/tmp 目录中设置 SBIT，以防止普通用户删除或移动其他用户的文件。

在 HP-UX 和 UnixWare 中，SBIT 对目录和文件都有效；但在 Linux 中，SBIT 仅对目录有效，其作用如下：

（1）用户对该目录拥有 w 和 x 权限。

（2）用户在该目录下创建目录或文件时，仅该用户和 root 能删除该文件。

举例说明，市场部拥有名为“区域”的目录，并设置了 SBIT，该目录的用户组为“销售人员”，用户为 sales。用户 sales 在“区域”目录中创建了一个名为“华北”的目录。“销售人员"用户组中的其他用户试图删除"华北"目录是无法实现的,仅有 sales 和 root 可以对其进行删除、重命名、移动等操作;同样,sales 对其他用户创建的目录和文件也是无法进行上述操作的。文件和目录只有其所有者才有权力操作。

SBIT 的字符表示为 t,数字表示为 1。

如果文件或目录的执行位为空(即-),例如,某文件权限为-rw-rw-rw-,则 SUID、SGID、SBIT 用大写字母表示,其字符表示为-rwSrwSrwT,相应的数字表示为 7666。

Linux 系统中的文件除了具备一般权限和特殊权限之外,还有一种被隐藏起来的权限,默认情况下用户不能直接查看,需要通过相关命令查看(lsattr 命令)和修改(chattr 命令)。表 2-15 列出了部分隐藏权限。

表 2-15　隐藏权限

权限	作　用
A	不再修改这个文件或目录的最后访问时间(atime),可以减少一些磁盘 I/O 操作
a	仅允许以附加模式打开并写入内容,无法覆盖或删除原有内容
c	默认由内核自动压缩文件或目录,读取时自动解压缩
D	同步目录更新,在修改目录时,在磁盘上同步写入修改
d	使用 dump 命令时忽略本文件/目录
i	不可变参数,即无法对文件进行修改;设置后,无法删除、重命名文件,无法为文件创建链接,也无法将数据写入文件,即使是超级用户也不能擦除或更改文件的内容
S	文件内容在修改后,在硬盘上同步写入修改
s	当文件被删除时,会彻底从硬盘中删除,且不可恢复(用 0 填充文件所在磁盘空间)
u	当文件被删除后,数据依然保留在硬盘中,可以找回文件

上面介绍的一般权限、特殊权限、隐藏权限具备一个共性:权限是针对某一类用户设置的,不能对单个用户或用户组的权限设置特定的权限要求。Linux 通过访问控制列表(ACL)对某个用户、某个文件、某个目录进行权限设置。

ACL 需要文件系统的支持(如 EXT2/3、JFS、XFS、ReiserFS)。Linux 默认的 EXT 文件系统支持 ACL 功能。基于普通文件或目录设置 ACL,就是针对某个用户或用户组设置文件或目录的相关权限;针对某个目录设置的 ACL 会被该目录中的文件继承;如果对某个文件设置了 ACL,则该文件不再继承其所在目录的 ACL。

可以通过 ls 命令查看文件权限最后的"."状态,以确定文件是否设置了 ACL,如果文件设置了 ACL,则文件权限最后的"·"变为"+"。通过 getfacl 命令可以获取某个文件或目录的 ACL 设置项。如果需要设置 ACL 规则,则通过 setfacl 命令进行。使用 ACL 后,mask 用来指定最大有效权限,默认权限是 rwx。设置的 ACL 权限与 mask 的权限相与后的权限是真正的权限。例如,mask 权限是 r-x,通过 setfacl 设置的权限值是 rwx,二者相与后得到的结果是 r-x,所以真正的权限是 r-x,并不是通过 setfacl 设置的 rwx。通常不需要更改 mask 值。

3. Linux 目录配置

1）目录

大多数 Linux 系统都遵循 FHS(Filesystem Hierarchy Standard,文件系统层次标准),它是 Linux 标准基础(Linux Standard Base,LSB)中的一个标准。FHS 规定了每个特定的目录中应存放什么数据,有助于软件开发商、使用者、维护人员了解相关的文件、数据如何分布。在 FHS 中,所有文件和目录都显示在根目录(/)下(即使它们存储在不同的物理设备或虚拟设备上)。在文件之间通常定义两个相对的属性:可共享与不可共享,静态与可变。一般来说,属性不同的文件应该位于不同的目录中。这使得在不同的文件系统中存储具有不同使用特性的文件变得容易。FHS 3.0 标准目录示例如表 2-16 所示。

表 2-16　FHS 3.0 标准目录示例

属　　性	可共享(shareable)	不可共享(unshareable)
静态(static)	/usr	/etc
	/opt	/boot
可变(variable)	/var/mail	/var/run
	/var/spool/news	/var/lock

可共享文件是可以存储在一个主机上并可在其他主机上使用的文件。例如,用户主目录中的文件是可共享的,而与本机硬件设备关联的文件则是不可共享的。

静态文件包括二进制文件、库、文档文件以及在没有系统管理员干预的情况下不会更改的其他文件。可变文件是非静态文件,例如新闻组、邮件等。

在 FHS 3.0 标准中,仅指出了/(根目录)、/usr、/var 这 3 个目录的明确结构,其他目录结构可由软件开发商、操作系统设计人员自行配置。

/(根目录)是 Linux 系统最重要的目录。根目录的内容必须足以引导、恢复和修复系统。要引导系统,根目录中必须存在提供支撑的软件和数据,包含许多特定于系统的配置文件,才能安装其他的文件系统;要启用系统的恢复和修复,必须在根目录中提供诊断和重建受损系统所需的实用程序;要还原系统,必须在根目录中存在从备份(例如光盘、磁带等)还原系统所需的实用程序。

由于根目录数据被破坏造成的影响要比任何其他目录更严重,因此,应避免根目录过于庞大。这样,即使系统崩溃,也不易对小型的根目录造成影响。如果出现问题,在处理引导过程、故障恢复、还原系统等情况中,小型的根目录也比较容易快速恢复。因此,FHS 标准建议根目录所在分区尽可能小(但不能过小),且安装的应用程序软件不要与根目录放在同一个分区内,使根目录分区保持简洁,规避跨磁盘卷引发的问题。

FHS 3.0 标准的根目录结构如表 2-17 所示。

/usr 是文件系统的第二个重要目录,usr 是 UNIX software resource 的缩写,存放的是可共享的只读数据,即系统默认的软件,类似于 Windows 系统中的 C:\Windows 和 C:\Program Files 的合体。这意味着/usr 可以在各种符合 FHS 标准的主机之间共享(不可写入)。安装软件不得在/usr 目录中创建该软件自己独立的目录,而应合理地放置在一个统一存放安装软件的子目录中,此子目录会随着安装软件的增多而逐渐增大。

表 2-17　FHS 3.0 标准的根目录结构

目录	文　件　内　容
/bin	存放基本二进制命令,即系统管理员和用户可以使用的命令,包括 cat、chgrp、chmod、chown、cp、kill、mkdir 等
/boot	包含引导所需的静态文件,但引导时不需要的配置文件和映射安装程序除外。还存放内核开始执行用户模式程序之前使用的数据,可能包括保存的主引导扇区和扇区映射文件
/dev	设备和接口设备以文件的形式存在于该目录中,访问该目录下的某个文件,相当于访问对应的设备
/etc	存放系统主要的配置文件,例如各种服务的起始文件、用户的账号口令文件等。要求不能包含二进制可执行文件(binary),通常要求包含 opt 目录(/etc/opt),另外 x11、sgml、xml 这 3 个目录是可选的
/lib	存放基本共享库和内核模块以及/bin 和/sbin 下命令要调用的函数,例如动态链接库或被调用的函数库等
/media	可移除设备的挂载点,例如光盘驱动器、ZIP 驱动器等设备
/mnt	临时安装的文件系统的挂载点,例如移动硬盘等设备
/opt	附加应用程序软件方式目录,例如 KDE 桌面管理系统等
/run	与运行流程相关的数据,描述系统自上次引导以来的系统信息数据。必须在引导过程开始时清除此目录下的文件
/sbin	存放基本的系统二进制文件。系统管理的(包括其他只能由 root 用户执行的命令)程序通常存储在/sbin、/usr/sbin 和/usr/local/sbin 中。/sbin 存放除了/bin 目录中的二进制文件之外引导、恢复、修复系统所必需的二进制文件。通常将安装后的执行程序放入/usr/sbin 目录。本地安装的系统管理程序应放置在/usr/local/sbin 目录中
/srv	存放系统提供的服务(例如,WWW、FTP 服务等)需要使用的数据
/tmp	存放临时文件,供需要临时文件的程序使用。这个目录是任何用户都可以访问的,因此不能存放重要数据,FHS 建议开机时将该目录中的内容清空
/usr	通常包含最少二级层次结构,存放的数据属于可共享的和静态的文件内容。系统默认的软件都会放置在该目录中,其作用类似于 Windows 操作系统的 Windows 和 Program Files 目录。通常包含 bin、include、lib、libexec、local、sbin、share 等目录
/var	主要存放可变的数据文件,包括缓存、管理和日志记录数据以及临时文件等。通常包含 account、cache、crash、games、lib、lock、log、mail、opt、run、spool、tmp 等目录

/var 包含可变数据文件,包括假脱机(低速输入输出设备与主机交换信息的一种技术)目录和文件,以及管理、日志的相关数据、临时文件等。该目录中的某些部分在不同系统之间是不可共享的,例如/var/log、/var/lock 和/var/run;另一些目录是可以共享的,例如/var/mail、/var/cache/man、/var/cache/fonts 和/var/spool/news。

2) 绝对路径与相对路径

路径指的是定位到某个文件的表示方法,可分为绝对路径和相对路径。

绝对路径是由根目录开始表示文件或目录名称的方法,例如,/dev/hda1。

相对路径是从当前目录开始表示文件或目录名称的方法,例如,../home/any 或../../home/any。

二者很明显的区别就在于是否以/开头。关于路径的操作,需要注意.和..的区别,在实际应用中,经常会用到这两种路径表示方法。

.表示当前目录,也可以表示为./。

..表示上一级目录,也可以表示为../。

Linux 的各类发行版本只将 FHS 标准作为参考,在某些方面会遵循自定义的规则。例如,GoboLinux 和 NixOS 就没有遵循 FHS 标准,一些 Linux 发行版也不区分/bin 与/usr/bin 目录。

2.2.3 磁盘管理

Linux 发布之初采用的是 EXT(意为 Extended)格式的文件系统,随后发布了EXT2、EXT3、EXT4 等版本。各版本的情况如表 2-18 所示。

表 2-18 Linux 文件系统各版本的情况

版　　本	最　大　卷	发 布 时 间	版　　本	最　大　卷	发 布 时 间
EXT	2GB	1992 年	EXT4	1EB	2006 年
EXT2	2～32TB	1993 年	BTRFS	16EB	2007 年
EXT3	2～32TB	1999 年			

表中各参数根据 Linux 系统的不同版本、块大小定义而有所差异。

在 Linux 系统中,硬件设备都是以文件的方式展现的,是设备驱动程序的接口。Linux 系统内核中的设备管理器 udev 主要管理/dev 目录中的设备节点,处理将硬件设备添加到系统或从系统中删除时引发的所有用户空间事件,并自动规范硬件名称。用户可以通过设备文件名称了解设备基本属性、分区信息等。Linux 系统中常见设备的文件名称,如表 2-19 所示。

表 2-19 Linux 常见设备文件名称

硬 件 设 备	文 件 名 称
IDE 存储设备	/dev/hd[a-d][1-63]
SCSI/SATA/USB 硬盘/U 盘	/dev/sd[a-p][1-15]
软驱	/dev/fd[0-1]
打印机	25 针：/dev/lp[0-2] USB：/dev/usb/lp[0-15]
光驱	/dev/cdrom
鼠标	/dev/mouse
磁带机	SCSI：/dev/st0 IDE：/dev/ht0

Linux 系统采用 a～p 来代表 16 块不同的硬盘,默认从 a 开始分配,由系统内核的识别顺序来决定硬盘的名称。后面的数字表示硬盘的分区号,硬盘主分区或扩展分区最多只能有 4 个,编号为 1～4,其中扩展分区只能有 1 个。逻辑分区从编号 5 开始,最多到 63,分区的数字可以人为指定,因此编号值并不代表设备中分区的数量,在实际应用中需要注意这一点。

Linux 操作系统支持 RAID 和 LVM(Logical Volume Manager,逻辑卷管理器)技术。Linux 对 RAID 技术的运用与 Windows 操作系统相同,可参考相关章节和有关技术书籍学习。LVM 是一个设备映射器,它为 Linux 内核提供逻辑卷管理。LVM 可以将多个磁盘的多个物理分区整合在一起,使这些分区看起来是一个分区。例如,管理员可以将若干个磁盘分区连接为 1 个卷组(volume group),在卷组上再创建逻辑卷(logical volumes),继而在逻辑卷上创建文件系统。其重要特点是:通过 LVM 可以动态调整卷组的大小,并且可以生成磁盘快照。LVM 的其他特性包括允许添加和更换磁盘和支持热插拔,LVM 还可用于高可用性的场合中。

2.2.4　内存管理

内存管理是 Linux 内核最复杂的部分,系统的性能取决于如何有效地利用内存。在 32 位系统中,内存被限制为 4GB;在 64 位系统中,内存容量同样受到物理条件限制。

为了有效利用有限的物理内存,Linux 采用了虚拟内存的概念,将磁盘空间虚拟为逻辑内存,而用作虚拟内存的磁盘空间称为交换空间。有些类 UNIX 发行版本(例如 RedHat)设置一个专用于交换的交换分区,以区别于其他的数据驱动器。专用于交换的硬盘分区称为交换分区,在实际应用中,交换分区的大小通常为物理内存容量的 1.5～2 倍。

当使用旋转磁介质设备的磁盘时,使用交换分区的一个好处是:虚拟内存能够分配在连续的硬盘区域上,以便提供更高数据吞吐量或更快寻道时间。但是,交换文件的管理灵活性高于交换分区。例如,交换文件可以放置在任何已安装的文件系统上,可以设置为任何所需的大小,并可以根据需要添加或更改。而交换分区如果不使用分区或卷管理工具,就无法扩展,因为这会带来各种复杂问题和潜在的停机风险。

2.3　习题

1. 进程、例程、作业之间的关系是什么?

2. 在 Windows 中,虚拟内存的作用是什么?

3. Windows 的特权级有几种? 分为哪些模式?

4. 在 Windows 中,对象和普通数据结构有什么区别?

5. Windows 通过什么形式实现对对象的访问控制?

6. 注册表主要由哪几部分组成? 有几种根键? 分别是什么?

7. 在 Windows 服务应用中,都使用哪些账户实现相关的访问功能?

8. Windows 基础设施(WDI)使用什么检测模型来检测、诊断和解决常见的问题?

9. Windows 安全标识符(SID)主要由哪几部分构成?

10. 在 Windows 的卷管理中,磁盘分为哪两种? 两者有什么区别?

11. Windows 基本磁盘最多支持几个主分区和扩展分区?

12. Windows 动态磁盘的 LDM 需要多少空间存储数据?

13. Windows 磁盘硬分区和软分区有什么区别?

14. 在 Linux 系统中,如果某文件对象的权限为-rwx---r--,请用数字表示法写出对应结果?

15. 在 Linux 系统中,根目录中默认的目录有哪几个?

第3章 终端安全威胁

随着互联网的普及和新技术、新业务的快速发展与应用,终端作为信息系统中重要组成部分所面临的安全问题日益复杂。这些安全问题的来源多种多样,有终端所处的周边环境带来的威胁,也有终端自身硬件、软件的缺陷带来的隐患,还包括终端所处的网络环境带来的网络安全威胁。因此,了解终端面临的安全威胁是十分必要的。

3.1 环境方面的安全威胁

3.1.1 自然灾害

自然灾害是由于自然因素造成的人类生命、财产、社会功能和生态环境等受损害的事件或现象。在由大气圈、岩石圈、水圈、生物圈共同组成的地球上,人类生存的周边环境时刻在变化,当这种变化给人类社会带来危害时,就构成自然灾害。重大的突发性自然灾害包括旱灾、洪涝、台风、风暴潮、冻害、雹灾、海啸、地震、火山、滑坡、泥石流、森林火灾、农林病虫害、宇宙辐射、赤潮等。

中国常见的自然灾害种类繁多,主要包括以下几类:洪涝、干旱、台风、冰雹、暴雪、沙尘暴等气象灾害;火山、地震、山体崩塌、滑坡、泥石流等地质灾害;风暴潮、海啸等海洋灾害;森林草原火灾;重大生物灾害;等等。图 3-1 所示的 2008 年在我国南方发生的冰灾就是其中一种。

图 3-1　2008 年发生于我国南方的冰灾

自然灾害的特点归结起来主要表现在 6 个方面：

（1）自然灾害具有广泛性与区域性。一方面,自然灾害的分布范围广。处于自然环境中,无论是海洋还是陆地,地上还是地下,平原还是山地,自然灾害都有可能发生,并不以是否有人类活动为转移。另一方面,自然地理环境的区域性又决定了自然灾害的区域性,例如,在多山、多雨的地区容易发生山洪、滑坡等自然灾害。区域性的气候也会导致灾害发生,例如,我国冬季西北地区多雪灾,夏季南方地区多洪水。

（2）自然灾害具有频繁性和不确定性。例如,我国华北地区、青藏高原地区、四川盆地都属于典型的地震带,自 20 世纪以来,共发生 6 级以上地震 700 余次,地震灾害频繁发生。而 2008 年在我国南方发生的突发性冰冻天气灾害在南方是很罕见的自然灾害。

（3）自然灾害具有一定的周期性和不重复性。主要自然灾害中的地震、干旱、洪水、台风等灾害的发生都呈现出一定的周期性。通常描述某种自然灾害达到“十年一遇”或“百年一遇”的说法,就是对自然灾害周期性的一种通俗描述。自然灾害的不重复性主要是指灾害过程、损害结果的不重复性,这主要因为自然灾害受很多不确定因素影响,这些因素所引发的“蝴蝶效应”是无法重现的。

（4）自然灾害具有关联性。自然灾害的关联性表现在两个方面。一方面是区域之间具有关联性。例如,南美洲西海岸发生的厄尔尼诺现象就以一定的概率表明全球气候会发生紊乱；美国排放的污染物至少有 60%的概率会在加拿大境内形成酸雨。另一方面是灾害之间具有关联性。也就是说,某些自然灾害可以互为条件,形成灾害群或灾害链。例如,火山活动就是一个灾害群或灾害链,火山活动可以导致地震、泥石流、大气污染、海啸等一系列灾害。灾害链中最早发生的、起作用的灾害称为原生灾害,而由原生灾害所诱导而发生的灾害则称为次生灾害,自然灾害发生之后产生的一系列其他灾害泛称为衍生灾害。

（5）自然灾害所造成的危害具有严重性。例如,全球每年发生可记录的地震约 500万次,其中有感地震约 5 万次,造成破坏的近千次,而里氏 7 级以上、足以造成惨重损失的强烈地震每年约发生 15 次；干旱、洪涝两种灾害造成的经济损失也十分严重,全球每年因此遭受的损失可达数百亿美元。

（6）自然灾害具有不可避免性和可减轻性。自然灾害不可能消失,是不可避免的。随着科技的发展,人类可以在越来越广阔的范围内进行防灾减灾,通过采取避害趋利、除害兴利、化害为利、害中求利等措施,最大限度地减轻灾害损失。

由于信息系统的终端所处的地点不可避免地处于自然的大环境之中,因此由自然环境中的自然灾害引发的安全威胁不可避免。由于自然灾害的不确定性,其安全威胁具有低概率、高损失的特点,即遭受自然灾害的概率通常很小,但一旦发生,造成的损失非常巨大。

3.1.2　运行环境中的安全威胁

终端运行环境中蕴含的安全威胁包括技术因素和人为因素。

1. 技术因素

终端运行环境中的安全威胁的技术因素主要指由于终端所处的环境以及组成终端的软

硬件引发的故障，或终端周边的电子元器件因缺陷、使用寿命等原因而带来的安全威胁。

如果一个机房无法实现对温度的调节，终端运行产生的热量无法有效排除，当温度超过终端可以承受的限度时，宕机、蓝屏的风险就会大大提高。不当的或者恶劣的使用环境同样威胁着计算机终端的物理安全。例如，在计算机终端中广泛使用的机械硬盘，其读取、存储数据的过程是由一组机械磁头装置读取、更改磁盘扇区上的磁极信息（N 极或 S 极），磁盘的旋转速度非常快（常见的硬盘转速为 5400 转/分、7200 转/分等），如果硬盘在读写过程中由于某些原因发生震动，磁头与盘面发生物理接触，就会引发磁头和磁盘的物理损伤，从而导致硬盘出现无法存取数据、数据损坏等情况。

终端的硬件包括主板、内存、硬盘、风扇等。这些硬件通常都由各类集成电路和芯片组成。随着电子技术的发展，集成电路的工艺水平和使用寿命得以大幅度提高，构成计算机终端的各种元器件的性能和寿命也都得到很大提高。尽管在电子产品的生产过程中可以通过良品率来控制产品质量，但由于电子产品的高度集成化和复杂的工艺环境，在实际使用过程中，还是会有一定概率出现产品失效，引发计算机终端失效或部分失效，如图 3-2 所示。在 2018 年 4 月，由于气体火灾报警系统释放灭火气体，导致瑞典 Digiplex 数据中心磁盘损坏，引发近 1/3 的服务器意外关机，进而中断了整个北欧范围内的美国证券交易商协会（National Association of Securities Dealers Automated Quotations，NASDAQ）业务，这是一起典型的由运行环境造成的安全事件。

图 3-2　主板电子元器件损坏

电磁泄漏是电子设备无法避免的电磁学现象。由于终端设备工作时使用的模拟或数字信息的变化会引起电流、电压的变化，从而产生电磁泄漏，由此导致的 CPU 功率变化示例如图 3-3 所示。任何处于工作状态的电子设备都会或多或少地产生电磁泄漏。在电磁泄漏研究中，"红信号"是指与敏感信息有关的电信号，其他信号称为黑信号。

电磁信号一般通过两种方式泄漏：一种是以电磁波的方式向周围空间辐射，称为辐射泄漏，这是由终端内部的电子电路、线缆等产生的；另一种是电磁能量通过传导线路传递，称为传导泄漏。利用特殊的电子装置捕获泄漏的电磁辐射或电磁能量，通过特定的算法转换就可以还原传输的数据，从而造成信息泄漏。侧信道攻击（又称边信道攻击）就是针对加密电子设备在运行过程中的时间消耗、功率消耗或电磁辐射对加密设备进行攻击的方法，由此可以获取终端相关的密钥、信息，给终端带来安全威胁。图 3-4 为 2016 年 2

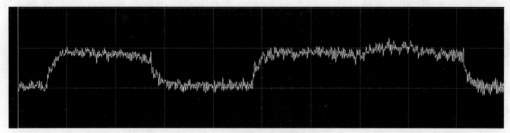

图 3-3　CPU 功率变化示例

月以色列特拉维夫大学和以色列理工学院利用侧信道攻击技术对隔壁房间中运行的笔记本电脑进行攻击的实验环境。

图 3-4　侧信道攻击实验环境

侧信道攻击技术发不仅可以用于攻击计算机终端,还可以攻击很多设备。在 2017 年 7 月 28 日在美国拉斯维加斯举行的 Black Hat 2017 安全会议上,阿里巴巴公司安全部门的研究人员演示了用声音和超声波攻击智能设备的技术(本质上属于一种结合了侧信道攻击的故障攻击方法),包括大疆无人机、iPhone 7、三星 Galaxy S7、虚拟现实显示器等产品均可被攻击和劫持。

由于电磁现象而引起的设备、传输通道或系统性能的下降称为电磁干扰(Electromagnetic Interference,EMI)。电磁干扰是人们早就发现的电磁现象,它几乎和电磁效应的现象同时被发现。

电磁干扰分为传导干扰和辐射干扰两种。传导干扰是指通过导电介质把一个电网络中的信号耦合到另一个电网络中。辐射干扰是指干扰源通过空间把其信号耦合到另一个电网络中。在高速印制电路板设计中,高频信号线、集成电路的引脚、各类接插件等都可能成为具有天线特性的辐射干扰源,能够发射电磁波并影响其他系统或本系统内其他子系统的正常工作。

一般来说,电磁干扰源分为两大类:自然干扰源与人为干扰源。

自然干扰源主要来源于大气层的天电噪声、地球外层空间的宇宙噪声,例如闪电、静电放电、日冕物质喷射都会产生干扰噪声。它们既是地球电磁环境的基本组成部分,同时又是对无线电通信和空间技术造成干扰的电磁干扰源。自然噪声会对通信网络的运行产生干扰,也会对电力网络产生干扰。

人为干扰源是能产生电磁能量干扰的机电或其他人工装置。其中一部分是专门用来发射电磁能量的装置,例如广播、电视、通信塔、雷达站和导航台等无线电设备,这些称为有意发射干扰源;另一部分是在完成自身功能的同时附带产生电磁能量的发射,如交通车辆、架空输电线、照明器具、电动机械、家用电器以及工业、医用射频设备等,这些称为无意发射干扰源。

电磁干扰与电磁泄漏产生的后果不同。前者的影响是造成敏感设备的性能降低,甚至引发元器件损坏而使之无法工作,危害设备的物理安全;后者则造成源设备信息外泄,破坏信息的机密性,危害信息安全。

2. 人为因素

人员作为信息系统的使用者、管理者,是信息系统管理不可分割的重要组成部分。一方面人员是企事业单位的重要资产;另一方面人员也是信息系统最大的威胁来源,甚至从某些角度来说,人为因素给信息系统带来的安全威胁超过其他因素造成的安全威胁。例如,信息系统的运维人员没有定期对机房中的 UPS(Uninterruptible Power Supply,不间断电源)进行巡检,导致 UPS 系统中的电池漏液,引发火灾,使信息系统终端被毁;运维人员对信息系统电力供应配电盘配置不熟悉,导致信息系统意外断电,致使信息系统对外服务中断;为了获取地下埋藏的自然资源(例如地下水、矿产),利用工程机械采挖自然资源,导致地质结构被破坏,引发地表塌陷,造成环境安全威胁。

3.2 存储介质方面的安全威胁

3.2.1 来自固定存储介质的安全威胁

如果对固定存储介质(如固定硬盘、磁带、光盘等)的存放环境、使用、维护和销毁等方面没有合理、完善的处置方式,在介质处置过程中,可能由于处置不当导致介质损伤、灭失、数据泄漏等安全威胁。例如,将存储重要数据的介质带出工作环境,因保管不善,导致介质损伤或丢失;由于介质的组成材料不尽相同,使用寿命也各不相同,对达到使用寿命的介质进行报废、销毁时,如果没有对介质进行专门的数据擦除处理,那么利用专业数据恢复设备甚至是常用的数据恢复软件就可以对介质中残留的数据进行恢复,就有信息泄漏的可能性,如图 3-5 所示。

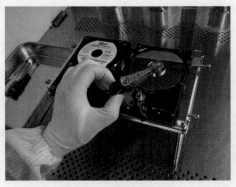

图 3-5 硬盘数据恢复

3.2.2　来自移动存储介质的安全威胁

由于终端对移动存储介质接入缺乏管控手段,终端中存储的敏感数据可以随意被复制,造成敏感数据泄漏。同时,由于缺乏相关的审核功能,无法通过操作记录、访问记录等进行责任追查。而且移动存储介质携带便利、使用方便,极易在安全性未知的使用环境中感染病毒、木马。当携带恶意代码的移动存储介质接入内网终端时,对内网会造成极大的安全隐患。移动存储介质带来的威胁主要表现在以下几个方面:

(1) 无法保护终端数据私密性。由于普通 U 盘、移动硬盘是不受管控的存储介质,没有任何措施可以保证 U 盘、移动硬盘在可控的环境下使用,即 U 盘、移动硬盘可以不受控地在任何计算机上使用,这样,当员工在使用 U 盘、移动硬盘处理终端和相关业务数据时,就可能造成企业数据的无意外泄,或者员工故意窃取数据,而组织和管理者无法获知的情况。

(2) 无法保护移动存储介质数据的私密性和完整性。由于移动存储介质可能是一个不受保护的存储介质,对数据的访问并不会进行身份验证,数据也未进行加密处理。所以,在移动存储介质丢失、被他人冒用或被病毒、木马感染的情况下,容易造成其中保存的数据泄露、被篡改、丢失或损坏的情况。

(3) 容易造成内部病毒、木马传播。由于移动存储介质在内部网络、外部网络混用的情况非常普遍,移动存储介质极易成为病毒等恶意代码的载体。一旦将 U 盘、移动硬盘插入到其他计算机上,就极有可能造成计算机感染病毒,从而引发整个网络的病毒蔓延,造成系统损坏、数据丢失、死机,甚至网络瘫痪。

(4) 对于数据泄露的安全事件无法追踪。普通 U 盘、移动硬盘无论是在内网还是在互联网上使用,都无法对其进行有效的审核和取证。

(5) 容易成为某些特定攻击的载体。通过对 USB 设备的内部微控制器、USB 设备的固件等进行重新编程的方式,可以实施攻击,执行恶意动作,甚至可以通过 USB 触发电力过载,破坏终端设备。

在 2014 年美国黑帽大会上,柏林 SRLabs 的安全研究人员 JakobLell 和独立安全研究人员 Karsten Nohl 展示了称为 BadUSB(按照 BadBIOS 命名)的攻击方法,这种攻击方法让终端和与 USB 相关的设备(包括具有 USB 接口的计算机)都陷入了相当危险的状态。BadUSB 模拟键盘和鼠标的操作,通过执行特定的命令对主机进行操作,实现对主机的攻击,所以常规的防病毒软件无法防范其攻击行为。

BadUSB 主要依靠 USB 驱动器的构建方式进行攻击。USB 通常有一个大容量的可重写的存储芯片用于实际的数据存储,还有一个独立的控制器芯片负责与 PC 的通信和识别,如图 3-6 所示。控制芯片实际上是一个低功耗计算机,并且与笔记本电脑或台式机一样,它通过从存储芯片加载基本的引导程序来启动,类似于笔记本电脑的硬盘驱动器包含的主引导记录。闪存中有一部分区域是控制器固件,它的作用类似于操作系统,用于控制软硬件交互。固件无法通过普通手段读取。

BadUSB 对 U 盘的固件进行逆向重新编程,相当于改写了 U 盘的操作系统,进而发动攻击。

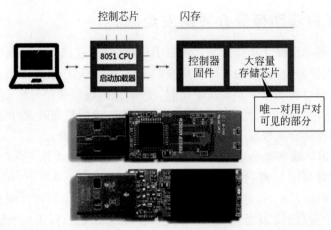

图 3-6　BadUSB 硬件架构

为什么重写固件即可实现进行攻击？这主要是因为 USB 协议中存在安全漏洞。

由于 USB 设备种类很多，例如音视频设备、摄像头等，因此要求操作系统提供最大程度的驱动程序兼容性，甚至免驱动程序使用。所以，在设计 USB 标准的时候，并没有要求每个 USB 设备像网络设备一样使用一个可识别的唯一 MAC 地址进行验证，而是允许一个 USB 设备具有多个输入输出设备的特征。这样，就可以通过重写 U 盘固件，将其伪装成一个 USB 键盘，并通过输入到 U 盘固件中的指令和代码进行攻击。

2018 年，IBM 公司发布了禁止全球所有员工使用可移动存储设备的公告，IBM 公司做出该决策的原因是"必须将错放、丢失或遭滥用的可移动便携式存储设备所带来的经济损失和名誉损失最小化"。由此可见，移动存储设备对组织机构安全有很大影响。

3.3　设备方面的安全威胁

由外部设备引发的安全威胁也是不容小觑的。信息系统中各种各样的外部设备都可能引发安全方面的问题。例如，笔记本电脑通常都配有摄像头，如果摄像头被远程控制，笔记本电脑使用者及其所在周边环境都可被控制者观察、记录下来。假设笔记本电脑使用者参加某个涉及商业秘密的会议，而摄像头面向的是涉密数据内容，可以想见会对数据安全和企业造成多大威胁。

在办公中不可或缺的打印机也有可能引发安全威胁。例如，在打印过程中，打印机周围的其他人员有可能会看到打印的内容，从而造成泄密；硒鼓在打印后，由于硒鼓表面的静电残留，打印的内容会残留在硒鼓表面，通过分析静电残留成像就可以恢复打印的内容，从而造成泄密；打印机通常都安装了内部存储器，用于存储打印任务的数据，只有新的打印数据进入后才会覆盖原有内容，在存储器更换或报废时，如果存储器中包含敏感数据，通过读取存储器中的内容就会造成泄密；网络打印机通过网络接收打印任务和打印内容，如果在这个过程中攻击者监听传入打印机的网络数据，或者打印机被病毒感染，通过网络将打印数据传输到外部网络攻击者指定的位置，都会造成数据泄密。

在海湾战争期间,美国利用打印机内嵌的病毒程序感染伊拉克连接打印机的终端,从而造成终端所在的信息系统失效,这是通过外部设备对终端进行篡改和破坏的典型案例。

扫描仪与打印机的安全威胁相似,在扫描敏感数据时,如果周边有其他人员,可能会造成敏感信息被窥视;敏感数据扫描后存储在扫描仪的存储器中,在存储器更换或报废时也会造成信息泄露。

键盘是终端非常重要的输入设备,任何与终端交互的信息,包括用户名、口令都需要通过键盘输入。2017 年曝光了某品牌的音频驱动程序中包含内置键盘记录器,会监控用户的所有按键输入。虽然该功能用于测试快捷键的有效性,但会在调试日志中记录所有的按键动作,导致用户的按键记录被日志文件留存。如果日志文件被恶意使用,就会引发安全威胁。

3.4 网络方面的安全威胁

3.4.1 非法终端

对于企业隔离内网用户,各类安全事件表明网络堡垒往往是从内部被攻破的。开放式的网络使得企业内部任何一个人都能够通过便携设备随意接入企业核心业务网络,访问企业的各种网络资源。如果携带恶意程序的终端一旦接入网络,随之而来的结果就是堡垒由内部被攻破。开放式的网络犹如企业没有门卫一样,任何人都可以随便进出,不受任何检查和限制。可以想象,这样的开放式网络为恶意访问提供了入侵的便利条件,采用非常简单的攻击技术便可造成巨大的破坏,不但给企业带来巨大的经济损失,更有可能使企业面临法律上的风险。

3.4.2 非法外联

在终端计算机上使用移动通信设备(例如,利用运营商提供的移动上网卡,如图 3-7 所示)、USB 无线路由设备以及蓝牙、红外等外部通信设备,不受控的智能终端或其他无线设备可以任意接入终端,使终端暴露在不可控的无线网络空间中。而某些移动通信设备会在终端操作系统中配置非法代理服务器,使得内网终端暴露在外部网络空间中,引发

图 3-7 使用移动上网卡

信息泄露和暴露安全脆弱点,造成极大的安全隐患。

3.4.3　非法流量

信息系统通常连接的网络接口,无论是铜芯网线还是光纤接入,其带宽终究是有限的。组织机构通常会在网络边界部署流量控制或流量整形设备,并制定带宽限制策略,以便有效利用网络。但这种方法无法实现基于应用的流量限制,内网依然存在视频、P2P 等软件占用带宽、影响正常办公的情况。

在 2018 年召开的 RSA 安全大会中,安全软件开发商 Sophos 发布了该公司对全球防火墙行业状态的研究结果,此项调查对象是来自 10 个国家(包括美国、加拿大、墨西哥、法国、德国、英国、澳大利亚、日本、印度与南非)中型企业的 2700 多名 IT 管理者,其结论是:IT 管理者根本无法识别企业内近半数(约 45%)的网络流量。事实上,近 1/4 的 IT 管理者无法识别的网络流量比例高达 70%。

如果不具备识别网络上所运行内容的能力,就意味着 IT 管理者将对勒索软件、未知恶意软件、数据泄露以及其他高级威胁与潜在恶意应用/流氓用户视而不见。

3.5　系统方面的安全威胁

3.5.1　安全漏洞

在终端的安全性中,漏洞是一个比较宽泛的概念,可以涉及终端系统的方方面面:硬件、操作系统、应用软件等构成信息系统的组成元素都有可能包含漏洞。在 ISO 27005 标准中将漏洞定义为可被一个或多个威胁利用的资产或资产组的弱点(资产是对组织的商业运作及其业务连续性,包括支持该组织的使命有价值的任何信息资源);NIST SP800-30 中给出了更广为使用的定义:漏洞是指在系统安全程序、设计、实施或内部控制中的缺陷或弱点,可能会被执行(被意外触发或被故意利用)并导致安全性被破坏或违反系统安全策略。

在终端系统中,漏洞是一个弱点,攻击者可以利用漏洞在终端系统中执行未经授权的操作。这是由于终端系统在需求、设计、实现、配置、运行等过程中会因人为因素有意或无意地产生缺陷。人为因素是其中最主要的原因,表现形式包括代码缺陷、逻辑缺陷、测试不足、权限泛滥、配置缺陷等。这些缺陷以不同形式存在于终端系统的各个层次和环节之中,一旦被攻击者利用,就会对终端安全造成威胁和损害,影响终端系统的正常运行。

需要说明的是,缺陷并不等同于漏洞,只有那些能够被利用且对终端安全造成损害的缺陷才能称为漏洞。漏洞的危害程度依据对终端的保密性、完整性、可用性 3 个方面的影响程度从高到低依次分为超危、高危、中危、低危 4 个等级,具体危害等级划分标准可参考《信息安全技术 安全漏洞等级划分指南》(GB/T 30279—2013)中的相关内容。

漏洞按照成因可分为以下几类:

(1) 边界条件错误。由于程序运行时未能有效控制操作范围所导致的安全漏洞,例如缓冲区溢出、格式串处理等。

（2）数据验证错误。由于对携带参数或其中混杂操作指令的数据未能进行有效验证和正确处理导致的安全漏洞，例如命令注入漏洞、SQL 注入漏洞、XSS 注入漏洞、LDAP 注入漏洞等。

（3）访问验证错误。由于没有对请求处理的资源进行正确的授权检查所导致的安全漏洞，例如远程或本地文件包含、认证绕过等。

（4）处理逻辑错误。由于程序实现逻辑处理功能存在问题所导致的安全漏洞，例如程序逻辑处理错误、逻辑分支覆盖不全面等。

（5）同步错误。由于程序对操作的同步处理不当所导致的安全漏洞，例如不合理的竞争条件、不正确的数据序列化等。

（6）意外处理错误。由于程序对意外情况处理不当所导致的安全漏洞，例如泄露程序的某些结构或数据定义。

（7）对象验证错误。由于程序处理使用对象时缺乏验证所导致的安全漏洞，例如资源释放后重利用、各类对象错误引用等。

（8）配置错误。由于终端系统安全配置不当所导致的安全漏洞，例如默认配置、默认权限、配置参数错误。

漏洞按照其在终端系统中所处的层次可分为以下几类：

（1）应用层漏洞。主要来自应用软件（例如 Web 程序、数据库软件、中间件、各种应用软件等）或数据的缺陷。

（2）系统层漏洞。主要来自操作系统（例如视窗操作系统、服务器操作系统、嵌入式操作系统、网络操作系统等）的缺陷。

（3）网络层漏洞。主要来自网络的缺陷，例如网络层身份认证、网络资源访问控制、数据传输保密与完整性、远程接入安全、域名系统安全和路由系统安全等方面的漏洞。

漏洞按照是否被发现可分为未知漏洞和已知漏洞。

未知漏洞是指那些系统中存在但还没有被发现的漏洞。这种漏洞的特征是它们没有被软件开发商、安全组织、黑客或黑客组织发现，但客观上是存在的。未知漏洞带给终端的是隐蔽的安全威胁。软件开发商、安全组织、黑客和黑客组织都在努力地挖掘漏洞，可以说，谁先发现了漏洞，谁就可以掌握主动权。如果是软件开发商、安全组织先发现了漏洞，在安全防护上就掌握了安全防护的主动权；如果是黑客或黑客组织先发现了漏洞，就会在攻击上掌握主动权。

已知漏洞从漏洞是否有相应修补措施的角度可以分为两种：0Day 漏洞和 NDay 漏洞。

0Day 漏洞（零日漏洞）是指已经被发现但还没有相应修补措施的漏洞。从信息安全的角度而言，0Day 漏洞的危害性极大，因为这种类型的漏洞有可能掌握在极少数人的手里。攻击者有可能在这种类型的漏洞的信息还没有公布，或者是公布后官方没有给出修补措施之前，利用这段时间差攻击包含 0Day 漏洞的终端。而对于管理终端安全的管理者而言，0Day 漏洞由于没有相应的防御方法，会造成巨大的安全隐患和可能的经济损失。近年来关注度非常高的 APT（Advanced Persistent Threat，高级持续性威胁）攻击就是利用 0Day 漏洞实施攻击的典型方法。

NDay 漏洞是指已经被发现并有相应修补措施的漏洞。其特点是安全组织或厂商已经掌握了漏洞形成的原因和利用方法,产生漏洞的厂商依据漏洞形成的原因发布了相应的安全补丁程序用于修补相关漏洞,安全组织或厂商按照漏洞形成原因和利用方法,在安全防护产品中或安全服务项目已经加入针对相应类型漏洞的防护方法。而攻击者和黑客组织利用安全组织或厂商公布的漏洞形成原因编写具有针对性的漏洞利用程序文件,对包含漏洞而尚未安装补丁程序的终端进行攻击。

未知漏洞和已知漏洞是动态变化的。未知漏洞可能会因其被产品厂商、攻击人员、安全人员等发现而转为已知漏洞。即使对于已知漏洞,大部分终端用户对终端中是否包含相关漏洞以及相关漏洞是否已经安装补丁程序并不了解,这种情况并不少见。这一方面是由于企事业单位中信息安全岗位人员的缺失,没有专业人员负责维护终端安全;另一方面是由于信息安全管理中制度或制度执行上的缺失,在实际管理中没有行之有效的技术手段和管理措施来保障终端安全。这说明,在终端发现漏洞的情况下,即使是已知并可以被修复的漏洞,仍有可能因为用户未及时安装补丁程序等原因导致终端漏洞仍受到攻击和利用。在前面提到的 APT 攻击中,对此类已知漏洞的利用也不占少数。

安全漏洞的表现形式多种多样,中国国家信息安全漏洞库将信息安全漏洞划分为 26 种类型,并将它们组织成漏洞分类层次树,如图 3-8 所示。

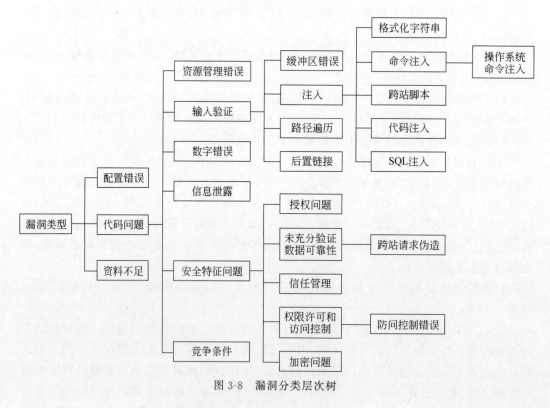

图 3-8　漏洞分类层次树

3.5.2　未定义安全基线

如果组织机构的信息系统网络对终端计算机没有定义标准的安全基线,就会使组织机构的安全管理人员对不符合安全基线的设备不能采取有效的隔离和修复措施,对漏洞、病毒的防护不能落实到位。一旦有终端发生病毒感染,往往很快扩散到全网络,轻则令网络陷于瘫痪,重则造成数据的丢失或损害,甚至造成业务中断,使正常工作无法进行。终端入网安全状况的不统一也会使得运维人员筋疲力尽,降低工作效率。这类安全威胁在实际中主要表现为以下几点:

(1) 终端的使用者为便于登录系统,随意更改终端主机的密码,设置口令为弱口令,甚至不设置口令,或者设置的口令不符合强口令规则,使口令容易被暴力猜测破解。

(2) 随意更改主机信息。随意更改主机名、IP 地址、MAC 地址等信息,给组织机构资产管理、网络审计等方面造成不便。

(3) 随意安装和运行各种软件。由于终端使用者基本都具有信息系统本地管理员权限,可以安装和运行各种娱乐软件甚至是盗版软件,这些软件可能带有病毒、木马等恶意程序,给信息系统和组织机构带来声誉风险、版权风险和安全风险。

3.6　恶意软件

随着信息技术的不断发展,社会中各种业务的运作越来越依赖于计算机,而目前防不胜防的计算机恶意软件给计算机终端的正常运行造成了较大的威胁。互联网的普及也使得恶意软件大量出现。

早期的恶意软件都是作为实验或恶作剧编写的,典型的例子是第一个互联网蠕虫 Morris,如图 3-9 所示。恶意软件从政府和企业网站收集受保护的信息,并且在一些关键基础设施中伺机进行破坏性操作(例如 3.6.5 节中的 APT 攻击)。恶意软件也可以用于获取个人信息,例如身份证号码、银行账号或信用卡号、密码等。

恶意软件被有意地设计成使计算机、服务器、客户端或计算机网络损坏的软件,被恶意攻击者广泛用于窃取个人、组织机构的财务、商业信息,攫取经济利益,窃取情报,发动网络战等。恶意软件在植入或以某种方式侵入目标终端后,采用可执行代码、脚本、活动内容和其他软件等

图 3-9　存储 Morris 蠕虫源程序的磁盘

多种形式对终端造成损害。可执行代码的表现形式可以是病毒、蠕虫、木马、勒索软件、间谍软件、广告软件等,并且可能不限于一种形式,往往是多种形式的混合体。在中国国家

标准《信息安全技术 病毒防治产品安全技术要求和测试评价方法》(GB/T 37090—2018)中,对恶意软件进行了定义:能够影响计算机操作系统、应用程序和数据的完整性、可用性、可控性和保密性的计算机程序或代码的软件。以下介绍恶意软件对终端安全产生影响的常见形式。

3.6.1　僵尸网络

僵尸终端是被恶意攻击者利用病毒、蠕虫、木马等恶意软件控制的,用于非法目的的终端,俗称"肉鸡"。僵尸终端可用于发送垃圾电子邮件、存储违禁数据(例如,色情内容)、发动分布式拒绝服务攻击(DDoS)等目的。僵尸网络(botnet)是此类僵尸终端的逻辑集合,僵尸终端可以是计算机终端、移动智能终端甚至是物联网设备终端等。例如,2016年10月21日的Dyn(达因公司,提供DNS服务)网络攻击事件是一起典型的由僵尸网络发起的分布式拒绝服务攻击,攻击导致欧洲和北美的大量用户无法使用主要的互联网平台和服务。此次事件主要是由于被感染Mirai恶意软件的大量物联网设备(例如网络摄像头、家庭网关等联网设备)组成的僵尸网络利用分布式拒绝服务攻击方式向Dyn域名解析服务器提交数以千万计的海量IP地址DNS查询请求,使Dyn域名解析服务器无法对外提供服务,导致互联网服务瘫痪。受网络攻击影响的北美和欧洲区域如图3-10所示,颜色深浅表明受影响的程度。

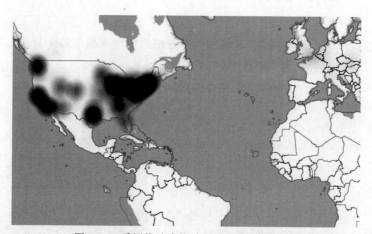

图3-10　受网络攻击影响的北美和欧洲区域

僵尸网络的体系结构也在不断发展,除了传统的客户/服务器方式,还出现了点对点方式。这些僵尸网络的实际控制者通过IRC、Telnet、P2P等协议发动攻击,大型僵尸网络还采用了域的组织方式,僵尸网络通过这些协议完成命令和控制(Command and Control,简称C&C或C2)的过程。攻击者通过隐蔽通道与僵尸终端上的客户端软件进行通信。僵尸网络除了常见的发送垃圾邮件和拒绝服务攻击、获取僵尸终端的用户个人敏感信息外,还被用于间谍活动、下载和安装流氓软件、网络欺诈、挖矿、APT等恶意攻击行为中,参见后续章节相关内容的介绍。

僵尸终端的大多数所有者、使用者通常没有意识到终端被恶意利用。这些终端可以是路由器、Web 服务器、物联网设备,僵尸恶意软件利用终端的漏洞(例如弱口令、安全漏洞等)对终端进行感染,使之成为僵尸网络的一员,并可能进一步感染其他终端,对终端安全和终端所在信息系统造成巨大的安全隐患。

3.6.2 软件供应链攻击

软件供应链攻击是指利用软件供应商与最终用户之间的信任关系,在合法软件正常传播和升级过程中,利用软件供应商的各种疏忽或漏洞,对合法软件进行劫持或篡改,从而绕过传统安全产品检查,以达到非法目的的攻击类型,如图 3-11 所示。

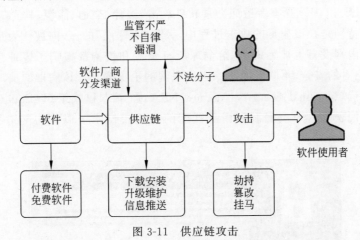

图 3-11　供应链攻击

在软件供应链中,软件通常可分为付费软件和免费软件。个人和政企用户通常认为付费软件在质量、安全性和服务等方面都会有很高的保障,遭遇供应链攻击的概率相对会低很多。也正是因为这种强信任关系,付费软件一旦遭遇软件供应链攻击,其破坏性也将是巨大的。免费软件通常都是个人自行从互联网上下载和安装的,软件本身的安全性参差不齐,组织机构对软件厂商也没有直接的约束,因此遭遇软件供应链攻击的风险非常高。通过下载安装、升级维护、信息推送等方式,利用软件厂商及其分发渠道监管不严、不自律、漏洞,通过劫持、篡改、挂马等方式对软件进行污染,达到其非法目的。

360 安全团队在 2017 年发布的《中国政企软件供应链攻击现状分析报告》中列举了多起软件供应链攻击的案例,其中比较著名的攻击事件发生在 2017 年 6 月 27 日,乌克兰、俄罗斯、印度、西班牙、法国、英国等欧洲多国遭受大规模 Petya 勒索病毒袭击,该病毒远程锁定设备,然后索要赎金。其中,乌克兰受灾最为严重,政府、银行、电力系统、通信系统、企业以及机场都不同程度地受到了影响,首都基辅的鲍里斯波尔国际机场、乌克兰国家储蓄银行、马士基船舶公司、俄罗斯石油公司和乌克兰部分商业银行、零售企业和政府系统遭到了攻击。有研究认为,这次攻击的目的是破坏而非敲诈,目标是破坏乌克兰的重点基础设施,只是伪装成 Petya 病毒攻击的样子来欺骗安全分析人员,因此有的安全公司称之为 NotPetya 攻击。

根据事后的分析,此次事件之所以能在短时间内肆虐欧洲大陆,就在于其利用了在乌克兰流行的会计软件 M.E.Doc 进行传播。这款软件是乌克兰政府要求企业安装的,覆盖率接近 50%。更为严重的是,根据安全公司的研究,M.E.Doc 公司的升级服务器在问题爆发前 3 个月就已经被控制,换而言之,攻击者已经控制了乌克兰 50% 的公司达 3 个月之久,Petya 攻击只是这个为期 3 个月的控制的最后终结,其目的就是尽可能多地破坏攻击线索,避免政府对攻击过程取证。在此过程中,攻击者采用的就是典型的软件供应链攻击方法。

3.6.3 勒索软件

2017 年 5 月,永恒之蓝勒索蠕虫病毒(WannaCry,也译作"想哭"病毒)肆虐全球,导致 150 多个国家、30 多万受害者遭遇勒索软件攻击,医疗、交通、能源、教育等行业领域遭受巨大损失。特别是在该病毒的攻击过程中,大量"不联网"的、一向被认为是相对安全的企业和机构的内网设备也被感染,这给全球所有企业和机构都敲响了警钟:没有绝对的隔离,也没有绝对的安全,不联网的不一定比联网的更加安全。该病毒的编写人员据称是美国国家安全局(National Security Agency,NSA)旗下方程式组织(Equation Group)。以永恒之蓝为代表的这一波漏洞利用武器库的大规模试水可以称为网络战的雏形,如图 3-12 所示。

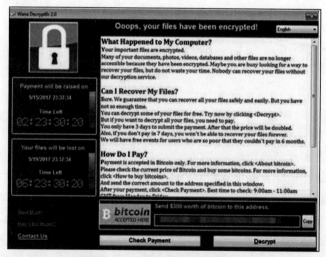

图 3-12　WannaCry 攻击效果

360 互联网安全中心 2017 年 12 月发布的《2017 勒索软件威胁形势分析报告》中的数据表明,在 2017 年 1～11 月,360 互联网安全中心共截获计算机端新增勒索软件变种 183 种,新增控制域名 238 个。全国至少有 472.5 多万台用户计算机遭到了勒索软件攻击,平均每天约有 1.4 万台国内计算机遭到勒索软件攻击。2018 年,全国共有 430 余万台计算机遭受勒索软件攻击。勒索软件由 2017 年的撒网式无差别攻击逐步转向以服务器定向攻击为主、以撒网式无差别攻击为辅的方式。

根据 360 终端安全实验室《2018 年勒索病毒白皮书(政企篇)》的数据,勒索软件的传播方式分布如图 3-13 所示。勒索软件以某种方式影响受感染的计算机系统,并要求对方付款以使系统恢复正常状态。例如，CryptoLocker 可以安全地加密文件，并且在支付勒索赎金后解密文件。

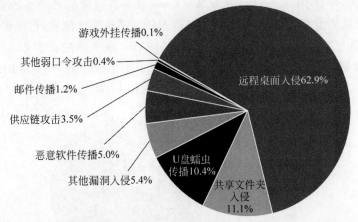

图 3-13　2018 年勒索软件传播方式分布

在被勒索软件攻击的政企终端中，金融行业终端最多，占攻击终端总数的 31.8%；其次是政府、能源行业终端，占比分别为 10.4%、9.0%，如图 3-14 所示。

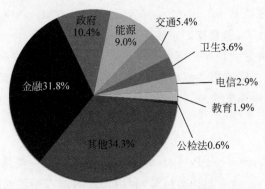

图 3-14　被勒索软件攻击的政企终端行业分布

勒索软件紧密跟踪漏洞，利用多种漏洞、多种方式进行传播；攻击面和目标继续扩大，除高价值个人目标外，还包括政企机构、关键基础设施等；被攻击的设备种类不断扩大，从个人主机到政企机构的服务器，从普通办公终端到专业生产设备；攻击目的也呈现多样化，不局限于勒索，还包括以营利为目的的组织化犯罪；勒索行为也不再是恶意攻击者个人的行为，已经呈现有计划、有组织、有目的的群体性行为特征。预计勒索软件在 2019 年仍将在恶意软件威胁排行榜上占有非常大的比重。

3.6.4　挖矿木马

挖矿木马是一类通过入侵计算机系统并植入挖矿机程序，以赚取加密数字货币（例如比特币、莱特币、门罗币等）的木马类恶意软件。被植入挖矿木马的计算机会出现 CPU、GPU（Graphics Processing Unit，图形处理器）使用率飙升、系统卡顿、部分服务无法正常使用等情况。挖矿木马最早在 2012 年出现,并在 2017 年开始大量传播。

360 安全卫士 2019 年 1 月发布的《2018 年 Windows 服务器挖矿木马总结报告》中的数据表明:2018 年,挖矿木马已经成为 Windows 服务器遭遇的最严重的安全威胁之一,挖矿木马攻击趋势由 2017 年的爆发式增长逐渐转为平稳发展的同时,挖矿木马攻击技术提升明显,恶意挖矿产业也趋于成熟。针对 Windows 服务器的挖矿木马除少部分利用 Windows 自身漏洞外,更多的是利用搭建在 Windows 平台上的 Web 应用或数据库的漏洞入侵服务器。2018 年针对 Windows 服务器的挖矿木马攻击目标分布如图 3-15 所示。

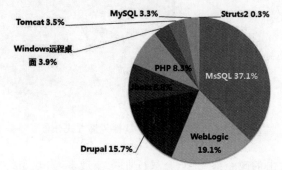

图 3-15　2018 年针对 Windows 服务器的挖矿木马攻击目标分布

常见的挖矿木马家族有 WannaMine、Mykings、8220、MassMiner 等。由于挖矿是一种几乎零成本的获利方式,恶意挖矿家族还进一步通过相互合作、各取所需,使受害计算机和网络设备的价值被更大程度地压榨。挖矿木马家族除了往终端中植入挖矿木马直接获利外,还会向其他黑产家族提供成熟的漏洞攻击武器与战术,或者将已控制的终端出售给其他黑产家族,造成终端安全威胁来源扩大化,给终端安全带来更多的安全隐患。

3.6.5　APT

高级持续性威胁(Advanced Persistent Threat,APT)是一类具有隐蔽性和持续性的黑客程序,通常针对商业、政府机构等目标,利用先进的攻击手段对特定目标进行长期持续性网络攻击,是近年来极具威胁性的攻击手段之一。由于网络"军火"民用化趋势的出现,越来越多的军火级网络漏洞利用工具被应用于攻击普通互联网目标。这使业界和公众进一步加深了对 APT 攻击与威胁的认识。APT 的特点如下:

(1) 高级。攻击组织者通常拥有全方位的情报收集技术,包括计算机入侵技术、情报收集技术,甚至包括电话拦截和卫星成像技术。虽然攻击过程中采用的攻击技术可能不会被归类为高级,例如使用自动化的恶意软件生成工具包生成的攻击组件或易于获取的漏洞利用工具,但是,攻击团队通常可以根据攻击的需要设计和开发更高级的应用工具,通常结合多种攻击方法、工具和技术以达到并攻陷目标,保持对目标的访问。

(2) 持久性。攻击者通常有特定的目的和任务,而不是机会性地寻求财产信息或其他短期收益的信息。这意味着攻击者会受某些组织的指导,通过持续监测和互动,对目标进行跟踪,以实现既定攻击目的。这并不意味着对目标持续的攻击或者恶意软件更新,事实上,低速和慢速方法通常更为成功。与仅需要执行特定任务的威胁相比,攻击者的主要目标之一是保持对目标长达数年甚至数十年的长期访问。

（3）威胁。APT 是一种安全威胁，因为攻击者具有专业能力和明确意图。APT 是有组织的行为，而不是无意识的随机行为，也不是自动化的恶意代码执行。攻击者有特定的目标，技术娴熟，积极主动，且攻击过程条理分明，不受资金条件的限制。

APT 攻击者通常会使用 0day、NDay 漏洞实现指定目标的攻击，攻击目标主要集中在政府、能源、金融、国防、互联网等领域，以获取目标的核心价值为导向，其核心价值可以表现为政治、经济、社会、军事、技术等方面的信息。例如，2010 年著名的震网攻击就是典型的 APT 事件，这次攻击利用相关工作人员的个人计算机作为第一道攻击跳板，进而感染相关人员的移动设备，病毒以移动设备为桥梁进入隔离内网内部，随即潜伏下来并很有耐心地逐步扩散，在特定条件下突然爆发进行破坏。这是一次十分成功的 APT，而其最为成功的地方就在于极为巧妙地控制了攻击范围，攻击十分精准。

APT 攻击者遵循的典型持续攻击过程如下：

（1）选择攻击目标，通常针对特定的组织。

（2）尝试在目标环境中建立立足点（常见攻击方法包括鱼叉式网络钓鱼电子邮件）。

（3）使用受感染的系统访问目标网络。

（4）部署有助于实现攻击目的的其他工具。

（5）消除痕迹以保证未来可按计划访问。

2013 年，Mandiant 公司对在 2004—2013 年期间使用的 APT 方法进行研究，将其过程总结为类似生命周期的过程。下面简要介绍这一过程：

（1）寻找切入点。通过电子邮件等方式，主要利用社会工程学和鱼叉式网络钓鱼（使用 0Day、NDay 漏洞）；或者在目标组织的员工可能访问的网站上植入恶意软件，进行水坑攻击；或者通过感染病毒的移动存储设备进行摆渡攻击。寻找切入点的方法多种多样，其最终目的是切入目标网络。

（2）建立立足点。在目标网络中安装远程管理软件，创建网络后门和隧道，允许攻击者隐形访问其基础设施。

（3）提升权限。利用漏洞和密码破解方式获取受攻击计算机的管理员权限，并尽可能将其扩展到 Windows 域管理员账户。

（4）内部侦察。收集有关基础设施、信任关系、Windows 域结构等相关信息。

（5）横向移动。将控制扩展到其他工作站、服务器和基础设施元素，并对其进行数据收集。

（6）保持存在。确保持续控制前面步骤中获取的访问通道和凭据。

（7）完成任务。从受害者的网络中获取数据。

从近期 APT 事件中，可以总结 APT 技术热点和发展趋势如下：

（1）Office 0Day 漏洞成为焦点。Office 漏洞的利用，一直是 APT 组织攻击的重要手段。2017 年，先后又有多个高危的 Office 漏洞被曝出，其中很大一部分已经被 APT 组织使用。Office 0Day 漏洞已经成为 APT 组织关注的焦点。其中逻辑性漏洞、内存破坏性漏洞为主要类型，这类漏洞包括 CVE-2014-4114、CVE-2014-6352、CVE-2015-0097、CVE-2017-0262、CVE-2016-7255 等漏洞都曾名噪一时。

（2）恶意代码复杂性显著增强。在 2017 年的 APT 技术领域中,被提及最多的病毒不是 WannaCry,而是 FinSpy(又名 FinFisher 或 WingBird)。CVE-2017-0199、CVE-2017-8759、CVE-2017-11292 等多个漏洞都被用来投递 FinSpy。FinSpy 的代码经过了多层虚拟机保护(如图 3-16 所示),并且还有反调试和反虚拟机等功能,复杂程度极高。

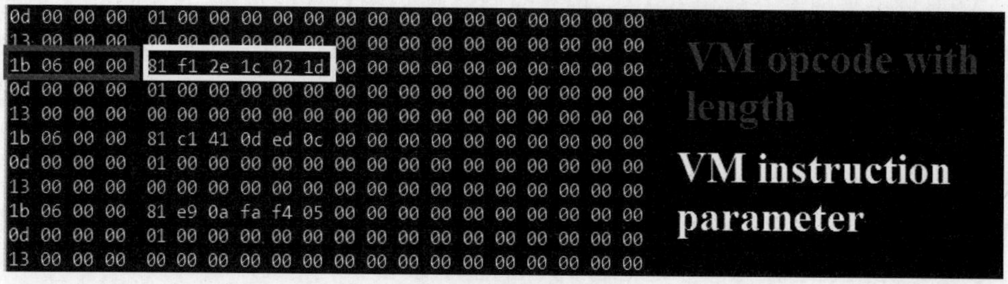

图 3-16　代码保护

（3）APT 已经影响到每一个人的生活。APT 和 APT 组织已经开始影响到每一个人的生活。APT 一般是针对重要的组织或个人发动的。然而在 2017 年,APT28 组织针对酒店行业进行了攻击。而乌克兰电网攻击事件以及席卷全球的 WannaCry 和类 Petya 背后也隐隐有 APT 组织的影子。

作为 APT 最直接的战场——终端,无论是被动防御攻击还是主动安全加固,其目的都是确保终端可以有效抵御 APT,从而保证信息系统基础设施的安全。

3.7　习题

1. 自然灾害有哪些特点?

2. 在电磁信号领域,主要由哪几种泄露数据信息的方式?又有哪几种方式可以降低系统传输性能?

3. 从终端所处的环境来看,设立终端机房时应考虑哪些因素?

4. 在终端系统中,移动存储设备带来的安全威胁有哪些?

5. 漏洞有哪些种类?其基本概念是什么?

6. 调研近年来的 APT 事件,简要描述其攻击原理。

第 4 章

终端安全管理概述

4.1 终端安全管理概念

4.1.1 个人终端安全与企业终端安全的区别

从安全管控范围来看,个人终端是信息系统的末端,个人终端安全只保护单点终端用户的安全,不能对整个信息系统终端形成有效的管理,也不能建立统一的安全基线,管理人员无法掌握全网的安全状况;而企业终端安全面对的是企业的信息系统,在单点终端安全的基础上又增加了全网统一管理、全网统一展示、全网统一策略等网络化管理能力。针对企业复杂的使用环境,还需要提供符合安全要求的定制化服务,对于重要基础设施领域的企业这类需要重点保护的单位(例如电信企业、金融企业等),还需要提供专人负责、定向解决企业用户问题的安全服务。而且,为应对越来越严峻的网络安全态势,很多企业级安全产品增加了与其他安全产品联动的功能,对信息系统的整体防护效果和防护效率高于个人安全产品。个人终端安全与企业终端安全功能的对比如表 4-1 所示。

表 4-1　个人终端安全与企业终端安全功能对比

功 能 分 类	功　能　项	个人终端安全	企业终端安全
终端防护	终端扫描	√	√
	安全监控	√	√
	系统加固	√	√
网络管理	全网安全状况查看	×	√
	全网日志统一分析	×	√
	全网分级管理	×	√
	全网分组管理	×	√
集中管控	全网终端的统一升级	×	√
	全网终端的统一策略设置	×	√
	全网终端的统一部署	×	√
终端管控	远程终端信息查看	×	√
	远程终端设置更改	×	√
	远程终端行为控制	×	√

√为支持的功能,×为不支持的功能。

4.1.2　安全边界

在组织机构的信息系统中,传统的安全边界是由防火墙、入侵检测系统、Web应用防火墙等安全设备组成的,用于保护内部信息系统中的信息资产的信息安全系统。其工作重点在于建立一套基于安全边界的安全策略,使流经安全边界的数据遵循安全策略的规则。对于企业信息系统而言,这样做的原因在于:通常认为安全边界以内是安全、可信的,安全边界以外是危险、不可信的。

据FBI和CSI在2011年对484家公司进行的网络安全专项调查结果显示,超过85%的安全威胁来自企业内部。在国内,高达80%的计算机终端应用单位未部署有效的终端安全管理系统和完善的管理制度,造成内部网络木马、病毒、恶意软件肆虐,各种0Day、NDay漏洞、APT层出不穷。虽然防火墙、入侵检测系统等常规的网络安全产品可以解决信息系统的一部分安全问题,但计算机终端的信息安全一直是整个网络信息系统安全的薄弱环节。同时,系统与应用软件的安全漏洞使得黑客入侵有机可乘;由于自主知识产权操作系统的缺乏,使得国内广大Windows XP用户在微软公司停止服务后面临前所未有的挑战,自微软在2014年4月8日停止Windows XP系统的更新以来,国内Windows XP操作系统占比仍达17.5%,依然面临很大的安全风险。除此之外,很多企业存在以下内部网络与终端安全问题:

- 终端病毒、木马问题严重,不能高效、有序查杀。
- 全网被动防御病毒、木马的传播与破坏,无法应对未知威胁。
- 不能及时发现系统漏洞并进行补丁分发与自动修复。
- 对IT资产不能精确统计,对资产变动情况的掌握滞后。
- 终端单点维护依靠大量人工现场处理。
- 未经认证的U盘、移动硬盘等移动存储介质成为病毒传播的载体。
- 光驱、网卡、蓝牙、USB接口、无线设备等成为风险引入的新途径。
- 终端随意接入网络,入网后未经授权访问核心资源。
- 对非法外联不能及时报警并阻断,导致重要数据外泄。
- 终端随意私装软件,恶意进程持续消耗有限网络带宽资源。

信息安全是一个动态变化、不断发展的过程,传统的安全边界不能解决内部网络中终端面临的各种威胁。在信息系统中,终端是各种恶意攻击的重点目标,如果不采取一定的保护措施,终端设备存储和管理的数据会面临很大的安全风险。

由于网络的普及和业务信息化,终端的使用从个体独立运行逐渐转变为协同处理,使得单一终端独立工作的情况越来越少(特殊应用场合下依然存在终端独立工作的需求),终端之间的相互作用越来越多,终端之间的联系越来越紧密。在企业内网中,计算机终端是绝大多数业务的源头和起点,终端自身的安全问题往往是引发信息系统安全事件的源头。因此,终端安全管理是非常重要的,良好的终端安全控制技术能够保障企业的安全策略得以实施,从而有效控制各种非法安全事件,遏制网络中屡禁不绝的恶意攻击和破坏。

以2017年爆发的勒索病毒为例,病毒在专网、隔离网中快速蔓延,一旦内网某台终端感染,处于同一网络、安全域甚至只要网络可达的主机都将面临被感染的风险。而通常的专网、隔离网只在传统安全边界部署安全设备,在内网中传播的病毒通常不会经过此类安全设备,传统的安全边界无法实现对内部安全威胁的防御和响应。可以想见,信息系统的安全防御边界已发生变化,传统的安全边界思维已不能完全满足当前信息安全发展的需求。

2010 年,约翰·金德维格(John Kindervag)提出了零信任架构(或称零信任网络),已被 Google、Gartner、Forrester 和众多安全公司采纳并逐步付诸实施。其核心思想是:网络中已不再有可信的设备、接口和用户,所有的流量都是不可信任的,都必须经过验证才可以提供相应的服务。在该架构中,除了必要的身份验证技术外,还需要保证使用的终端是安全终端,或者终端处于安全状态。因为终端不仅是威胁和攻击的入口点,而且是敏感数据(包括企业敏感数据和个人敏感数据)的出口点,终端作为各类业务的承载体,其安全已经成为信息系统安全的重点。终端安全和边界安全需要协同,以实现信息系统的纵深防御。

4.1.3　终端安全管理

终端安全管理是一种基于策略的网络安全保护方法,要求终端设备在被授予对网络资源访问的权限之前符合特定的标准。

终端在信息系统中始终是威胁的潜在入口点。终端设备(包括台式计算机、笔记本电脑、平板电脑、智能手机等)都可以被网络犯罪分子利用,通过恶意软件攻击网络。这些恶意软件可能会帮助他们从各类终端系统中窃取企业或个人的敏感数据。随着业务发展,很多企业采用 BYOD 和个人设备(智能手机、平板电脑等)连接到企业网络办公,网络安全面临的风险越来越大。由终端带来的威胁近来呈现增长趋势,人们甚至使用家用计算机连接到企业的网络中。在这种情况下,安全边界往往无法定义并且不断变化,传统的集中式安全解决方案解决此类问题非常困难。而终端安全管理系统的出现解决了集中式安全措施不能解决的安全边界变化问题,并在终端中提供额外的保护措施。

在这种情况下,终端安全通过集中式的安全解决方案防范和抵御安全威胁。终端设备在被授予网络访问权之前需要符合相关的安全标准或安全基线,这在很大程度上有助于防范威胁。终端安全软件还有助于监控终端和终端设备的高风险和恶意活动。当任何设备(智能手机、笔记本电脑等)远程连接到网络时,这些终端将可能成为威胁和恶意软件的入口点。终端安全就是充分保护这些终端,从而通过阻止访问企图和终端上的风险活动来保护网络。

就终端安全而言,它不是指保护单个设备,而是依托终端安全管理系统对信息系统中的所有终端进行统一管理,使这些终端达到规定的安全基线,从而保护整个信息系统的安全。另外,通过终端安全管理,使终端设备达到规定的安全基线,也实现了终端设备自身的安全需求,从而提高了终端设备的安全性。

终端安全管理系统通常采用客户/服务器模型。在信息系统中有终端安全管理服务器端软件,位于集中管理和可访问的服务器或网关上;在每个终端或终端设备上安装终端安全管理客户端软件。终端安全软件对从终端创建的登录进行身份验证,并在需要时更新客户端软件。终端安全管理是对信息资产、脆弱性、威胁等信息进行汇总、关联和分析后,实现对终端安全的全生命周期管理。它通过对收集到的数据信息进行关联分析,为制定终端安全策略提供依据。它通过终端安全管理服务器端下发到终端安全管理客户端的安全策略执行结果跟踪,为安全策略的调整提供决策支持。终端安全管理客户端接收到下发的安全策略后,按照安全策略的规则对计算机终端中操作系统的服务、进程、端口、外设、资产、用户操作轨迹等资源和行为进行监控。终端安全管理客户端在监测到违规或安全事件发生时,按照安全策略的规则采取响应行为,并将日志和报警信息上报到终端安全管理服务器端,由终端安全管理服务器端对安全事件进行分析,确定终端安全事件源头。通过不断的采集、分析、调整、下发的循环,不断优化调整终端安全管理水平。

4.1.4　工作范畴

终端安全分为两个方向,分别是终端的物理安全和系统安全。有关于终端物理安全威胁的描述参见第 3 章。

计算机终端物理安全是为了保证信息系统安全可靠运行,确保信息系统在对信息进行采集、处理、传输、存储的过程中不会受到人为或自然因素的危害,而使信息丢失、泄露或被破坏,对计算机设备、设施(包括机房建筑、供电设备、空调等)、环境、人员、系统等采取适当的安全措施。计算机终端的物理安全涉及整个系统的配套部件、设备和设施的安全性能、所处环境安全以及整个系统运行可靠性等方面,是计算机终端安全运行的基本保障。

计算机终端系统安全体现在系统的保密性、完整性、可用性 3 个方面,在计算机终端上的表现形式包括操作系统安全、与计算机终端相关联的网络安全以及计算机终端上应用程序的安全等。可以在操作系统、网络传输、应用数据中的处理、传输、储存过程中采用加密或者权限管理等保护措施来进行安全控制,实现保密性;在操作系统和应用程序的使用过程中采用授权、数字签名等技术手段实现完整性;依赖于保密性和完整性,通过物理安全的支撑,实现计算机终端的可用性。不同组织机构对于信息安全的需求重点是不同的,要根据自身的实际情况进行安全管理分析。例如,军事机构、政府部门更重视机密性,而企事业单位更重视可用性。

计算机终端安全管理措施将在第 5 章中详细介绍。

4.2　终端安全管理现状

4.2.1　国内终端安全管理现状

在 2005 年之前,国内 IT 建设如火如荼。在信息系统建设过程中,由于终端的硬件配置与工作效率相关联,因此购置终端的预算都比较充足,重视基础设施投入,避免频繁的更新换代,基本遵循短期高效、长期有效的原则。信息系统的管理者对信息安全防护的理解还停留在防御外部威胁的阶段,因此,信息安全管理的对象是机房中的服务器和网络设备。

终端的使用者对终端安全管理没有明确的需求,处于"谁使用谁管理"的松散管理方式。用户或管理员使用自认为好用的系统进行 Ghost 安装。当时的杀毒软件都需要付费使用,因此很多操作系统没有采用任何安全防护措施就运行在网络上。这个阶段的杀毒软件基本都使用离线升级包,能够定期升级病毒库的客户少之又少,病毒传播快、感染率高。由于对信息安全软件和相关管理制度的忽视,这些没有配置终端安全管理软件的设备,在没有相关管理制度约束的情况下,总体安全处于高危状态,甚至相当一部分设备处于无安全监管和防护的状态中,对企业和组织机构的信息系统危害巨大。

随着 IT 基础建设基本完善,业务应用对 IT 系统的依赖越来越强,管理者开始着手进行资产管控,登记每台计算机的固定资产编号、IP 地址和 MAC 地址用于资产管理。服务器管理(例如 KVM 的远程管理)和软件资产管理的需求纷纷出现。在这个阶段,个人终端管理需求明显少于服务器终端的管理需求,服务器终端是 IT 建设、管理的重点资产。此时,终端才开始了由无序到有序、由混乱到管理的过程。

伴随着国内 IT 建设的蓬勃发展,以梅丽莎、CIH、尼姆达、熊猫烧香等为代表的、席卷全国和全球的病毒接连爆发,导致人们谈"毒"色变,用户开始有了安装和定时更新杀毒软件的意识。但是由于此时杀毒软件的滞后特性,并不能及时防护病毒,实际使用效果并不理想。IT 管理人员在终端中安装、升级杀毒软件,对内网终端进行策略配置,在终端的各种维护工作中疲于奔命。于是,软件分发和软件自动化配置等成为终端管理功能的热点。但是,由于 IT 管理人员缺少一套能够获取、统计终端杀毒软件安装和使用情况、病毒库更新情况等的管理系统,使得内网终端安全的风险点更加分散。在这个阶段,主要关注点是控制几个自身关注的热点的安全风险,防止病毒的危害,并试图以此种方式来保障内网的安全。

IT 管理人员逐渐意识到"头痛医头、脚痛医脚"的思路解决不了终端安全的问题,必须有一套管理措施将分散的终端个体的安全问题整合为一个整体的安全集合。在这个阶段,用户逐渐正视问题,中型和大型信息系统开始规划和建立终端安全管理体系。而随着国家有关信息安全的各类标准、法规的日益完善,对终端安全的体系化管理要求越来越明确、清晰,安全不能有短板和明显漏洞已经成为信息系统的基本要求,而且终端安全、管理和运维的整体方案也成为中型和大型信息系统的基本要求。

服务器终端安全管理的需求不再是简单的配置管理和变更管理,安全基线管理、统一基线管理成为主流的需求。特别是操作系统的发展以及 64 位操作系统的出现,软件兼容性要求、补丁管理、自动化安装插件、自动化配置生产环境等成为这一时期终端管理的重点功能,自动化部署和自动化测试环境的部署成为主流需求,网络准入和非法外联检测需求依然存在。IT 系统的终端安全管理开始从"有病乱投医"到"对症下药",企业开始参考信息安全等级保护标准或者 ISO 27001 等国际标准来制定安全运营标准和安全基线。

在 ITIL(见 4.2.2 节)等各种安全标准和安全基线规定的推动下,终端安全管理措施纷纷出现。外设管理、移动存储介质管理及审批审计需求、自动识别存储与非存储设备、防止非法外联、禁用无线、禁用蓝牙等功能先后出现。"涉密不上网,上网不涉密"也成为一个广为采纳的安全准则,隔离机、双网卡、内网专用机也陆续涌现。2008—2010 年,基本完成第一轮信息安全建设,企业用户大量购买防火墙、IPS、IDS 等终端安全类产品,完成了基本信息系统传统安全边界的建设。2015 年,开始了第二轮信息安全建设,其中云计算、云安全、移动安全、开发安全、运维安全成为建设重点,同时数据安全也越来越受到关注。

在互联网模式的影响下,免费的杀毒软件自动安装补丁功能似乎满足了补丁管理的需求,但消费类的产品通常面对的是个人客户。对于企业客户来说,补丁的测试和验证由谁来做,补丁是否更新由谁来决定,这些问题更为关键。保障生产系统的稳定运行,需要有一个统一的管理和领导,特别是终端安全管理的有效实施必须依赖客户端程序。合理、高效地利用客户端程序成为终端安全的关键。在互联网模式下,所有软件更新和补丁都免费在第一时间给予客户,但是对于企业信息安全来说,企业需要在安全和管理方面用适合自身信息安全需求的一套生命周期流程来保障,需要测试补丁的兼容性、稳定性,以保障业务的平滑和高效。

随着虚拟化技术的出现,通过对桌面和服务器的虚拟化自动部署一个新的系统,在时间成本和工作量上都远远优于传统终端管理运维。很多企业也对此进行了标准化管理,终端的硬件配置和操作系统及软件环境配置管理成为主要功能需求点。在此之上实现了杀毒功能、定期更新补丁和软件升级、自动化配置环境变量、标准化管理、数据泄露保护(Data Leakage Prevention,DLP)等安全功能,但这些并没有解决实际的安全问题,尤其在终端检测与响应(Endpoint Detection and Response,EDR)技术下,此类瘦终端也需要在安全事件响应流程中配合安全事件调查。终端的安全问题和安全事件其实并没有在虚拟化环境中消失。

在实际工作中,很多企业开始把终端安全管理平台或者系统划入安全部门、信息安全或者网络安全部门,而不再只由运维部门管理和使用。部门的变化和职能的增加让终端安全更加有保障。同时,频繁出现的钓鱼邮件、勒索软件、木马及系统漏洞被利用等安全事件也不再牵扯运维部门的精力,终端安全开始从被动防御过渡到主动检测的阶段。

威胁捕获及终端检测技术的发展,EDR技术的大量使用,如何合理地使用外设,能够从安全的角度审计外发信息,能够预警、阻断,成为技术研发重点。EDR产品能够精确定位,实时获取数据和文件哈希值,更加有效和高效地定位安全问题。安全部门希望第一时间定位安全事件发生的终端,捕获进程,获取文件哈希值和日志。利用态势感知、威胁情报等进行实时的大数据分析,通过实时的、用户友好的界面展示来自网络的攻击,根据检测状态进行全维度的逻辑关系可视化显示,并利用人工智能给出情报管理关系图,提供初步的处理建议及网络知识库链接,以帮助安全工程师尽快制定合理的处置方法。

从上述内容可以看出,国内终端安全领域需求的发展变化符合需求认知的普遍规律,从一无所知、片面认知到逐渐形成清晰、完整的需求全貌。随着近年来技术的快速发展和移动互联网的普及以及云计算、大数据和人工智能等技术的突破性发展,终端安全乃至整个信息系统安全又将有新的突破。

虽然国内终端安全管理意识逐步增强,但是仍然表现出以下不足:关注较多,实际使用较少;终端安全管理工具较多,管理概念较少;终端安全管理制度多,执行力度和检验手段较少。总体来说,国内终端安全管理普遍存在以下问题:

(1)终端管理软件种类繁多,缺少整合。由于传统的安全管理方式的影响,为解决各类安全问题,独立安装各类安全软件,包括杀毒、网络准入、外联监控等软件,涉及厂商多,极易相互影响,造成终端宕机、蓝屏等问题,排障难度大,对于IT运维人员而言,运维压力大,故障难以处理。

（2）终端安全涉及的信息来源广泛，缺少总体态势分析和处置措施。终端自身系统以及系统中运行的各种类型应用有着各自不同的数据收集和管理机制，信息来源庞杂，内容、格式也各不相同，如何合理、有效地处理、运用和分析这些信息是一个难点。

（3）终端使用人员类型广泛，信息安全常识和技术水平不一。使用终端的人员包括专业技术人员和普通职员，各类人员掌握的技术和信息安全常识能力参差不齐，对终端使用的方式也不尽相同，因此在终端使用过程中出现的问题也千差万别。运维人员面临工作量大、缺乏专业知识、工作效率低的困境。

（4）终端资产种类庞杂，数量众多，管理流程缺乏统一和同步。终端在使用过程中存在使用人员、使用地点、使用范围的变化，而这些变化需要在终端资产管理中得以体现。对终端缺乏有效的准入管理，使得终端在使用过程中发生的变化不能及时有效地得到管控，从而带来安全风险。

（5）终端应用发展迅速，管理理念和技术滞后。由于终端的普适性，终端中的应用发展迅速，各种应用技术、应用场景层出不穷，传统的终端安全管理的方法和技术的发展相对滞后，无法适应终端应用的迅猛发展。

4.2.2 国外终端安全管理现状

国外信息化建设起步早，而且是从军事、政府等体制化、规模化的管理体系逐渐向企业、个人扩展的，因此终端安全管理往往呈现系统化的特性。

美国政府于 2007 年 3 月提出联邦桌面核心配置（Federal Desktop Core Configration，FDCC）计划。该计划由美国国家标准与技术研究院（NIST）、美国联邦预算管理办公室、美国国土安全局、美国内政部、美国国防信息系统局、美国国家安全局、美国空军和微软公司共同负责实施，通过实现计算机管理的统一化和标准化，旨在提高美国政府机构计算机终端的安全性。美国空军最先实施桌面核心配置计划并取得了良好的应用效果，因此美国政府规定所有使用 Windows 的计算机必须符合 FDCC 的配置要求。经过公开征求意见，NIST 于 2008 年 6 月发布了 FDCC 1.0，该版本共有 674 条策略，其中包括对 Windows XP、Windows Vista、IE 7 和 Windows 防火墙的配置策略。2009 年 4 月，NIST 发布了 FDCC 1.2，该版本共有 658 条策略。一般来说，FDCC 设置会阻止操作系统中的打开连接，禁用 SOHO 环境中很少使用的应用程序，禁用不必要的服务，包括更改项目权限、更改收集和记录日志文件的方式、更改组策略对象设置和更改 Windows 系统注册表中的条目。但这些设置并不一定都适用于普通终端计算机，FDCC 由于仅适用于运行 Windows XP 和 Windows Vista 的台式机和笔记本电脑，已被美国政府于 2010 年发布的美国政府配置基线（US Government Configuration Baseline，USGCB）计划取代。

USGCB 计划将配置的范围扩展到政府广泛应用的 IT 产品，并且主要关注安全方面的配置。2010 年 9 月，NIST 发布了 USGCB 1.0，其中包括 Windows 7、Windows 7 防火墙和 IE 8 的安全配置策略。USGCB 也计划推出 MAC 操作系统和 RedHat 企业版系统的配置基线。USGCB 是 FDCC 的更新版本，其框架与 FDCC 一致，并提供与 FDCC 相同的配置数据。

ITIL（Information Technology Infrastructure Library，信息技术基础设施库）是英国

政府中央计算与电信管理局(Central Computing and Telecommunications Agency, CCTA)于 1989 年初次发布的 IT 服务管理的最佳实践指南,其重点在于使 IT 服务与业务需求保持一致,解决 IT 服务质量不佳的情况。2000 年,CCTA 发布 ITIL 第二版,侧重于与服务交付和支持直接相关的特定活动。2007 年,CCTA 发布 ITIL 第三版,即 ITIL 2007,对服务的整个生命周期提供了更全面的视角,涵盖了向客户提供服务所需的整个 IT 组织和所有支持组件。2011 年,CCTA 发布 ITIL 2011,包括 5 个核心卷,每个核心卷涵盖不同的 IT 服务管理生命周期阶段。ITIL 框架如图 4-1 所示。尽管 ITIL 支持 ISO/IEC 20000(BS 15000),即 IT 服务管理的国际标准,但 ISO 20000 标准和 ITIL 框架之间还是有一些差异。

图 4-1 ITIL 框架

ITIL 自发布以来,作为 IT 服务管理事实上的国际标准,已经在全球得到认可并被积极推广。终端安全作为信息系统信息安全组成的环节之一,通过与网络管理、Web 安全防护、入侵防御、杀毒引擎等整合,解决信息系统中终端安全面临的安全威胁。

在 IT 管理过程中,注重终端的资产管理、过程管理和策略管理,关注终端资产在生命周期中的使用状态,对其进行严格的过程管理。根据终端使用环境、最终用户、业务内容等配置相应安全策略,包括准入控制、权限控制等进行统一的管理和配置。终端安全维护工作(例如防病毒管理、补丁管理、软件分发等)实现自动化。解决终端问题时有完整的知识库体系支撑,IT 运维人员遵循知识库流程即可处理问题。运维人员通常还分为一线支持和二线支持,一线支持(工程师)处理一般性问题,如果一线支持解决不了问题,可以提交给二线支持(专家团队),形成了比较完善的处理流程机制。

以下是大型企业中有关终端的典型工作处理流程,从中可以了解资产管理、过程管理的基本内容:

(1) 根据采购计划购置新的计算机或笔记本电脑,提交给 IT 部门。

(2) 根据终端使用申请中的相关要求,制作相应的操作系统镜像文件。

（3）利用网络引导自动完成操作系统部署（可批量进行），减少人为操作带来的配置更改工作量和安全风险。

（4）交付安装好的终端计算机或笔记本电脑给终端用户。

（5）终端用户使用 IT 部门分配的账号信息登录操作系统。

（6）在登录过程中，根据终端用户所在部门、业务需求生成个性化桌面配置，通过统一制定的软件分发策略强制或按需安装应用程序，通过统一的安全策略同步操作系统的系统安全策略。

（7）操作系统正常运行后，通过客户端程序在后台持续监控、更新操作系统补丁。

（8）对终端用户的重要数据实时备份。包括个性化配置和数据文件，备份过程对用户透明，无须用户干预，确保在操作系统崩溃或者硬件损坏时不丢失重要数据。

（9）记录软硬件资产信息。定期统计终端软硬件资产详情，记录变更情况并及时通知系统管理员。

（10）当终端出现使用问题时，通过远程协助功能远程接管用户终端，对故障终端进行排错，或者对用户进行使用培训。

（11）当操作系统损坏、操作系统升级失败时，可以直接利用平台的镜像部署机制，通过网络或现场引导恢复用户操作系统。用户登录后自动恢复所有的个性化配置和个人数据。

（12）当终端硬件无法使用或达到使用寿命报废时，取消与终端用户的关联信息，回收终端资源，从资产系统里注销相关终端资产。

随着终端安全管理理念的推广和应用，国内很多大型企事业单位已采用类似的工作流程对终端安全管理过程进行管控。

4.3 终端安全管理标准

根据《中华人民共和国计算机信息系统安全保护条例》（国务院令第 147 号）第九条"计算机信息系统实行安全等级保护之要求"制定发布的强制性国家标准《计算机信息系统安全保护等级划分准则》（GB 17859—1999）为计算机信息系统安全保护等级的划分奠定了技术基础。《国家信息化领导小组关于加强信息安全保障工作的意见》（中办发[2003]27 号）明确指出，实现信息安全等级保护"要重点保护基础设施网络和关系国家安全、经济命脉、社会稳定等方面的重要信息系统，抓紧建立信息安全等级保护制度"。围绕相关政策、法规建立和实施的标准是指导终端安全管理的重要依据和参考体系，对终端安全管理系统的设计、实施、使用以及现有信息系统的加固具有指导意义。

以下列举我国与终端安全管理有关的信息安全国家标准和行业标准。

4.3.1 国家相关标准

1.《计算机信息系统 安全保护等级划分准则》（GB 17859—1999）

该标准主要为终端安全提供了安全参考基准。其主要目的有 3 个：一是为计算机信息系统安全法规的制定和执法部门的监督检查提供依据;二是为安全产品的研制提供技术支持;三是为安全系统的建设和管理提供技术指导。围绕该标准制定了一系列标准,极具标杆意义。

该标准规定了计算机信息系统安全保护能力的 5 个等级。

第一级:用户自主保护级。本级的计算机信息系统可信计算基[①]通过隔离用户与数据,使用户具备自主安全保护的能力。它具有多种形式的控制能力,对用户实施访问控制,即为用户提供可行的手段,保护用户和用户组信息,避免其他用户对数据的非法读写与破坏。

第二级:系统审计保护级。与第一级相比,本级的计算机信息系统可信计算基实施了粒度更细的自主访问控制,它通过登录规程、审计安全性相关事件和隔离资源,使用户对自己的行为负责。

第三级:安全标记保护级。本级的计算机信息系统可信计算基具有系统审计保护级的所有功能。此外,本级的计算机信息系统还需提供有关安全策略模型、数据标记以及主体对客体强制访问控制的非形式化描述,具有准确地标记输出信息的能力,消除通过测试发现的任何错误。

第四级:结构化保护级。本级的计算机信息系统可信计算基建立在一个明确定义的形式化安全策略模型之上,它要求将第三级系统中的自主和强制访问控制扩展到所有主体与客体。此外,还要考虑隐蔽通道[②]。本级的计算机信息系统可信计算基必须结构化为关键保护元素和非关键保护元素。计算机信息系统可信计算基的接口也必须明确定义,使其设计与实现能经受更充分的测试和更完整的复审。本级的计算机信息系统加强了鉴别机制,支持系统管理员和操作员的职能,提供可信设施管理,增强了配置管理控制,系统具有相当的抗渗透能力。

第五级:访问验证保护级。本级的计算机信息系统可信计算基满足访问监控器[③]需求。访问监控器仲裁主体对客体的全部访问。访问监控器本身是抗篡改的,必须足够小,能够分析和测试。为了满足访问监控器的需求,本级的计算机信息系统可信计算基在构造时应排除那些对实施安全策略来说并非必要的代码;在设计和实现时,从系统工程角度将其复杂性降低到最小程度。本级的计算机信息系统支持安全管理员职能,扩充了审计机制,当发生与安全相关的事件时发出信号,提供系统恢复机制,系统具有很高的抗渗透能力。

2.《信息安全技术 信息系统安全等级保护基本要求》(GB/T 22239—2008)

该标准规定了不同安全保护等级的信息系统的基本保护要求,包括基本技术要求和基本管理要求,适用于指导分等级的信息系统的安全建设和监督管理。基本技术要求从物理安全、网络安全、主机安全、应用安全和数据安全几个层面提出,基本管理要求从安全管理制度、安全管理机构、人员安全管理、系统建设管理和系统运维管理几个方面提出。

---

① 可信计算基:计算机系统内保护装置的总体,包括硬件、固件、软件和负责执行安全策略的组合体。
② 隐蔽信道:允许进程以危害系统安全策略的方式传输信息的通信信道。
③ 访问监控器:监控主体和客体之间授权访问关系的部件。

根据信息系统在国家安全、经济建设、社会生活中的重要程度,遭到破坏后对国家安全、社会秩序、公共利益以及公民、法人和其他组织的合法权益的危害程度等,将信息系统的安全等级由低到高划分为 5 级。

第一级:应能够防护系统免受来自个人的、拥有很少资源的威胁源发起的恶意攻击、一般的自然灾难,以及其他相当危害程度的威胁所造成的关键资源损害,在系统遭到损害后,能够恢复部分功能。

第二级:应能够防护系统免受来自外部小型组织的、拥有少量资源的威胁源发起的恶意攻击、一般的自然灾难,以及其他相当危害程度的威胁所造成的重要资源损害,能够发现重要的安全漏洞和安全事件,在系统遭到损害后,能够在一段时间内恢复部分功能。

第三级:应能够在统一安全策略下防护系统免受来自外部有组织的团体、拥有较为丰富资源的威胁源发起的恶意攻击、较为严重的自然灾害,以及其他相当危害程度的威胁所造成的主要资源损害,能够发现安全漏洞和安全事件,在系统遭到损害后,能够较快恢复绝大部分功能。

第四级:应能够在统一安全策略下防护系统免受来自国家级别的、敌对组织的、拥有丰富资源的威胁源发起的恶意攻击、严重的自然灾害,以及其他相当危害程度的威胁所造成的资源损害,能够发现安全漏洞和安全事件,在系统遭到损害后,能够迅速恢复所有功能。

第五级通常是涉密系统,不属于常见的等级保护范围,因此这里不介绍其相关要求。

3.《信息安全技术　信息系统安全等级保护实施指南》(GB/T 25058—2010)

该标准规定了信息系统安全等级保护实施的过程,适用于指导信息系统安全等级保护的实施。在实施过程中应遵循以下基本原则:

(1)自主保护原则。信息系统运营、使用单位及其主管部门按照国家相关法规和标准,自主确定信息系统的安全保护等级,自行组织实施安全保护。

(2)重点保护原则。根据信息系统的重要程度、业务特点,通过划分不同安全保护等级的信息系统实现不同强度的安全保护,集中资源,优先保护涉及核心业务或关键信息资产的信息系统。

(3)同步建设原则。信息系统在新建、改建、扩建时应当同步规划和设计安全方案,投入一定比例的资金建设信息安全设施,保障信息安全与信息化建设相适应。

(4)动态调整原则。要跟踪信息系统的变化情况,调整安全保护措施。由于信息系统的应用类型、范围等条件的变化及其他原因而需要变更安全保护等级时,应当根据信息系统安全等级保护的管理规范和技术标准的要求,重新确定信息系统的安全保护等级,并根据信息系统安全保护等级的调整情况重新实施安全保护。

4.《信息安全技术　信息系统等级保护安全设计技术要求》
（GB/T 25070—2010）

该标准依据国家信息安全等级保护的要求,规定了信息系统等级保护安全设计技术要求,适用于指导信息系统运营使用单位、信息安全企业、信息安全防御机构开展信息系统等级保护安全技术方案的设计和实施,也可作为信息安全职能部门进行监督、检查和指导的依据。该标准规范了信息系统等级保护安全设计技术要求,包括第一级至第五级系统安全保护环境的安全计算环境①、安全区域边界②、安全通信网络③和安全管理中心④等方面的设计技术要求,以及定级系统互联⑤的技术要求。进行信息系统等级保护安全技术设计时,要求根据信息系统定级情况确定相应的安全策略,采取相应级别的安全保护措施。

信息系统等级保护安全技术设计包括各级系统安全保护环境的设计及其安全互联的设计。各级系统安全保护环境由相应级别的安全计算环境、安全区域边界、安全通信网络和安全管理中心组成,定级系统互联由安全互联部件和跨定级系统安全管理中心⑥组成。信息系统等级保护安全技术设计如图 4-2 所示。

5.《信息安全技术 信息系统通用安全技术要求》(GB/T 20271—2006)

该标准依据 GB 17859—1999 的 5 个安全保护等级的划分,规定了信息系统安全所需要的安全技术的各个安全等级要求,适用于按等级化要求进行的安全信息系统的设计和实现,按等级化要求进行的信息系统安全的测试和管理可参照使用。该标准对信息安全等级保护所涉及的安全功能技术要求和安全保证技术要求进行了比较全面的描述,按照 GB 17859—1999 的 5 个安全保护等级,对每一个安全保护等级的安全功能技术要求和安全保障技术要求进行了详细描述。

信息系统安全设计主要相关因素总体上包括安全风险、安全需求和安全措施 3 部分。其中,安全风险是根据风险分析确定的目标信息系统在安全上的风险程度,通常用风险等级表示;安全需求是根据安全风险产生的对目标信息系统或安全域的安全要求;安全措施是根据安全需求产生的为确保目标信息系统或安全域达到应用的安全性目标应采取的措施,包括安全技术措施和安全管理措施。信息系统安全设计主要相关因素及其相互关系如图 4-3 所示。

1) 风险分析

信息系统的安全设计从风险分析开始,采用风险分析的方法,通过对目标信息系统或安全域的资产价值、面临威胁、自身安全脆弱性的评估和综合分析,确定信息系统或安全域的安全程度等级。上述 3 个因素对安全风险产生的影响可以这样描述:对同样的资产价值,威胁越大则安全风险越大;对同样的威胁,资产价值越大则安全风险越大;对同样的

---

① 安全计算环境:对定级系统的信息进行存储、处理及实施安全策略的相关部件。安全计算环境按照保护能力划分为 5 级。

② 安全区域边界:对定级系统的安全计算环境边界以及安全计算环境与安全通信网络之间实现连接并实施安全策略的相关部件。安全区域边界按照保护能力划分为 5 级。

③ 安全通信网络:对定级系统安全计算环境之间进行信息传输及实施安全策略的相关部件。安全通信网络按照保护能力划分为 5 级。

④ 安全管理中心:对定级系统的安全管理策略及安全计算环境、安全区域边界和安全通信网络上的安全机制实施统一管理的平台。第二级及第二级以上的定级系统安全保护环境需要设置安全管理中心。

⑤ 定级系统互联:通过安全互联部件和跨定级系统安全管理中心实现的相同或不同等级的定级系统安全保护环境之间的安全连接。

⑥ 跨定级系统安全管理中心:是对相同或不同等级的定级系统之间互联的安全策略及安全互联部件上的安全机制实施统一管理的平台。

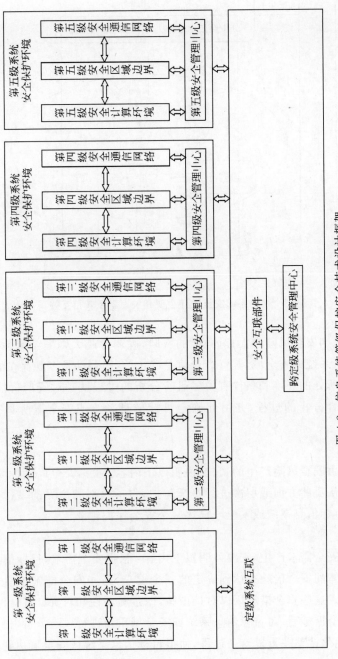

图 4-2 信息系统等级保护安全技术设计框架

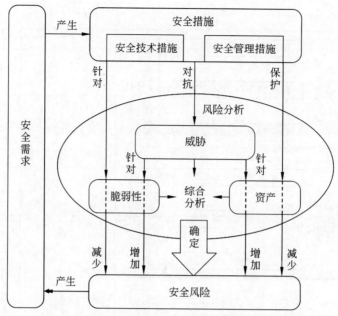

图 4-3　信息系统安全设计主要相关因素及其相互关系

脆弱性,威胁越大则安全风险越大;对同样的威胁,脆弱性越大则安全风险越大。一般而言,对于一个信息系统或安全域,其资产价值是确定的,脆弱性是客观存在的,威胁则与信息系统或安全域所处的环境和条件有关。风险分析的过程就是对资产价值、脆弱性和威胁进行评估和综合分析的过程,并由此确定目标信息系统或安全域所具有的安全风险程度。

2）安全需求

安全需求是由安全风险产生的,它要说明以下内容:根据安全风险程度,目标信息系统或安全域需要从哪些方面或层次进行安全防护,包括内部和边界的,系统的和应用的,等等,相当于为目标信息系统或安全域描述一个安全保护轮廓①。

3）安全措施

安全措施由安全需求产生,它要说明以下内容:根据安全需求,目标信息系统或安全域应采取哪些具体的安全措施来达到确定的安全要求,这些安全措施包括安全技术措施和安全管理措施。这些安全措施用以对抗威胁,改进脆弱性和对资产进行保护,以降低安全风险。采取安全措施后,对目标信息系统或安全域重新进行风险分析,根据剩余风险可接受原则,不断优化调整并重复这一过程,使得目标信息系统或安全域达到要求的安全设计目标。

6.《信息安全技术 操作系统安全技术要求》(GB/T 20272—2006)

计算机操作系统是信息系统的重要组成部分,计算机操作系统的主要功能是对计算

---

① 保护轮廓:详细说明信息系统安全保护需求的文档。

机资源进行管理,并提供用户使用计算机的界面。操作系统管理的资源包括各种用户资源和计算机的系统资源。其中,用户资源可以归结为以文件形式表示的数据信息资源;系统资源包括系统程序和系统数据以及为管理计算机硬件资源而设置的各种文件,分别称为可执行文件、数据文件和配置文件。对操作系统资源的保护实际上是对操作系统中文件的保护。由于操作系统在计算机系统中占有十分重要的地位,因此它往往成为攻击和威胁的主要目标。操作系统安全既要考虑操作系统的安全运行,也要考虑对操作系统资源的保护。由于攻击和威胁可能是针对系统运行的,也可能是针对信息的保密性、完整性和可用性的,所以需要从操作系统的安全运行和操作系统数据的安全保护两方面综合考虑。

　　该标准依据 GB 17859—1999 的 5 个安全保护等级的划分,根据操作系统在信息系统中的作用,规定了各个安全保护等级的操作系统的安全功能和安全保证,从身份鉴别、自主访问控制、标记、强制访问控制、数据流控制、审计、数据完整性、数据保密性和可信路径等方面对操作系统的安全功能要求进行具体的描述,对每一个安全保护等级的操作系统安全子系统[①]的自身安全保护、设计和实现、安全管理进行详细的说明。该标准适用于按等级化要求进行的操作系统安全的设计和实现,按等级化要求进行的操作系统安全的测试和管理可参照使用。安全保护等级、安全功能及安全保证的相互关系如图 4-4 所示。

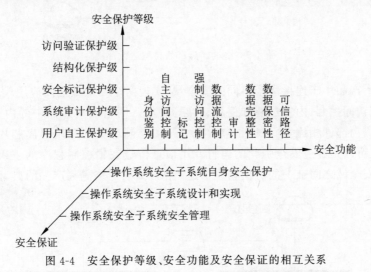

图 4-4　安全保护等级、安全功能及安全保证的相互关系

7.《信息安全技术　网络和终端隔离产品安全技术要求》(GB/T 20279—2015)

　　该标准规定了网络和终端隔离产品的安全功能要求、安全保证要求、环境适应性要求及性能要求,适用于网络和终端隔离产品的设计、开发与测试。

　　网络和终端隔离产品从形态和功能上可以划分为终端隔离产品、网络隔离产品和网

---

　　① 操作系统安全子系统:操作系统中安全保护装置的总称,包括硬件、固件、软件和负责执行安全策略的组合体,它建立了一个基本的操作总体安全保护环境,并提供安全操作系统要求的附加用户服务,可以理解为操作系统的可信计算基。

络单向导入产品 3 类,目的是在不同的网络终端和网络安全域之间建立安全控制点,实现在不同的网络终端和网络安全域之间提供访问可控的服务。网络和终端隔离产品保护的资产是受安全策略保护的网络服务和资源等,此外,网络和终端隔离产品本身及其内部的重要数据也是受保护的资产。

终端隔离产品一般以隔离卡的方式接入目标主机。图 4-5 为终端隔离产品的典型运行环境,隔离卡通过电子开关以互斥形式连通安全域 A 中的硬盘 1 或者安全域 B 中的硬盘 2,实现两个安全域的物理隔离。该类产品可以独立于主机,也可整合到主机中,以整机形式出现。

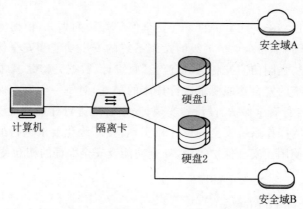

图 4-5　终端隔离产品典型运行环境

网络隔离产品用于连接两个不同的安全域,实现两个安全域之间应用代理服务、协议转换、信息流访问控制、内容过滤和信息交换等功能。网络隔离产品中的内、外部处理单元通过专用隔离部件相连,既可以是包含电子开关控制逻辑的专用隔离芯片构成的隔离交换板卡,也可以是经过安全强化的运行专用信息传输逻辑控制程序的主机。网络隔离产品是两个安全域之间唯一的可信物理信道。图 4-6 为网络隔离产品的典型运行环境。

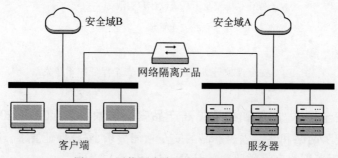

图 4-6　网络隔离产品的典型运行环境

网络单向导入产品部署在两个安全域之间,采用单向传输部件连接这两个安全域,利用单向传输的物理特性建立两个安全域之间唯一的单向传输通道,数据在这个通道中只能沿从数据发送处理单元到数据接收处理单元方向的可信路径单向传输,无任何反馈信号。单向传输部件由单向发送部件和单向接收部件构成,单向发送部件安装在数据发送处理单元中,单向接收部件安装在数据接收处理单元中。单向传输部件的单向物理传输特性是固化的,不可修改,任何软件配置、物理跳线等方式都不能更改其部件的单向传输特性以及传输方向,从而实现数据单向导入的可靠性。图 4-7 为网络单向导入产品的典型运行环境。

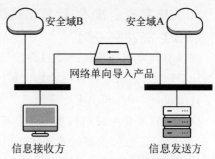

图 4-7　网络单向导入产品的典型运行环境

该标准将网络和终端隔离产品安全技术要求分为安全功能、安全保证、环境适用性和性能要求 4 个大类。其中,安全功能要求是对网络和终端隔离产品应具备的安全功能提出的具体要求,对终端隔离产品的具体要求包括访问控制、不可旁路和客体重用,对网络隔离产品的具体要求包括访问控制、抗攻击、安全管理、标识和鉴别、审计、域隔离、容错、数据完整性和密码支持,对网络单向导入产品的具体要求包括访问控制、抗攻击、安全管理、标识和鉴别、审计、域隔离、配置数据保护和运行状态监测。安全保证要求针对网络和终端隔离产品的开发和使用文档的内容提出具体的要求,例如配置管理、交付和运行、开发和指导性文档等。环境适用性要求是对网络和终端隔离产品的应用环境提出具体的要求。性能要求则是对网络和终端隔离产品应达到的性能指标作出规定,包括交换速率和硬件切换时间等。

8.《信息安全技术　政府联网计算机终端安全管理基本要求》（GB/T 32925—2016）

该标准是《信息安全技术　政府部门信息安全管理基本要求》（GB/T 29245—2012）框架下的政府部门信息安全保证体系的组成部分,用于指导各级政府部门对所管辖范围内联网计算机终端的管理和安全检查工作,使其具备一定的安全防护能力。该标准规定了对政府部门联网计算机终端的安全要求,适用于政府部门开展联网计算机终端安全配置、使用、维护与管理工作。联网计算机终端的安全策略应是组织机构总体信息安全策略的重要组成部分,并为组织机构的信息安全总体目标服务。安全策略的制定应从人员管理、资产管理、软件管理、接入安全、运行安全、BIOS 配置要求等方面综合考虑。

9.《信息安全技术　政务计算机终端核心配置规范》（GB/T 30278—2013）

该标准规定了政务计算机终端核心配置的基本概念和要求、核心配置的自动化实现方法,规范了核心配置实施流程,适用于政务部门开展计算机终端的核心配置工作。核心配置范围包括操作系统、办公软件、浏览器软件、邮件系统软件、BIOS 系统软件、防恶意代码软件等,此类基础软件应符合如下配置要求:

（1）身份鉴别。包括账户登录和口令管理。

（2）访问控制。包括账户管理和权限分配。

（3）安全审计。包括账户行为审计和资源访问审计。

（4）剩余信息保护。包括临时文件、历史文件和虚拟文件管理。

（5）入侵防范。包括对组件的保护功能开启和应用程序的更新、升级。

（6）恶意代码防范。包括杀毒软件的安装、升级和病毒查杀管理。

（7）资源控制。包括服务、端口、协议等资源管理和数据的加密保护。

10.《信息安全技术 计算机终端核心配置基线结构规范》（GB/T 35283—2017）

该标准规定了计算机终端核心配置基线的基本要素,规范了基于 XML 的核心配置基线标记规则,适用于计算机终端的核心配置自动化工作,包括计算机终端核心配置自动化工具的设计、开发和应用。

核心配置基线主要包括如下 4 个基本要素:

（1）产品信息。主要描述基线适用的操作系统或软件环境例如,操作系统版本、软件名称等,一般不同的产品对应不同的基线。

（2）配置项信息。是核心配置基线的基本构成元素,主要描述配置项的内容、取值和检查规则等属性。

（3）配置组信息。主要对基线中所有配置项按照安全功能进行分组,一条核心配置基线通常包含多个配置组,一个配置组包含多个配置项。

（4）版本信息。主要标识一条核心配置基线的结构或内容经过修改变化的过程,例如基线格式版本、基线版本、配置组版本、配置项版本和产品版本等。

产品信息、配置项信息、配置组信息和版本信息这 4 个基线要素的关系如图 4-8 所示。

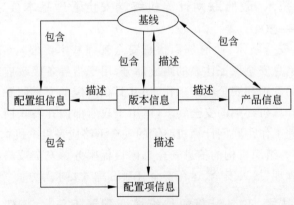

图 4-8 4 个基线要素的关系

核心配置基线是一种嵌套式结构的数据文件,主要采用 XML(Extensible Markup Language,可扩展标记语言)格式对核心配置项的属性进行规范性标记,根据 GB/T 19667.1—2005 第八章的规定,完整的核心配置基线可表示为 7 层元素嵌套结构,其结构如图 4-9 所示。每层元素中由上层元素衍生出来的元素称为上层元素的子元素。适用产品标记主要描述产品要素;配置组别主要描述配置组要素;配置项内容标记主要用于描述配置项要素;基线版本编号标记、配置组版本编号标记、配置项版本编号标记和操作系统版本标记分别描述基线、配置组、配置项和操作系统的版本要素。计算机核心配置基线的结构及各层元素的标记规则是制定核心配置基线的基础,需要根据组织机构的信息系统安全保护要求制定基线,并对计算机终端进行自动化核心配置部署和合规性管理。

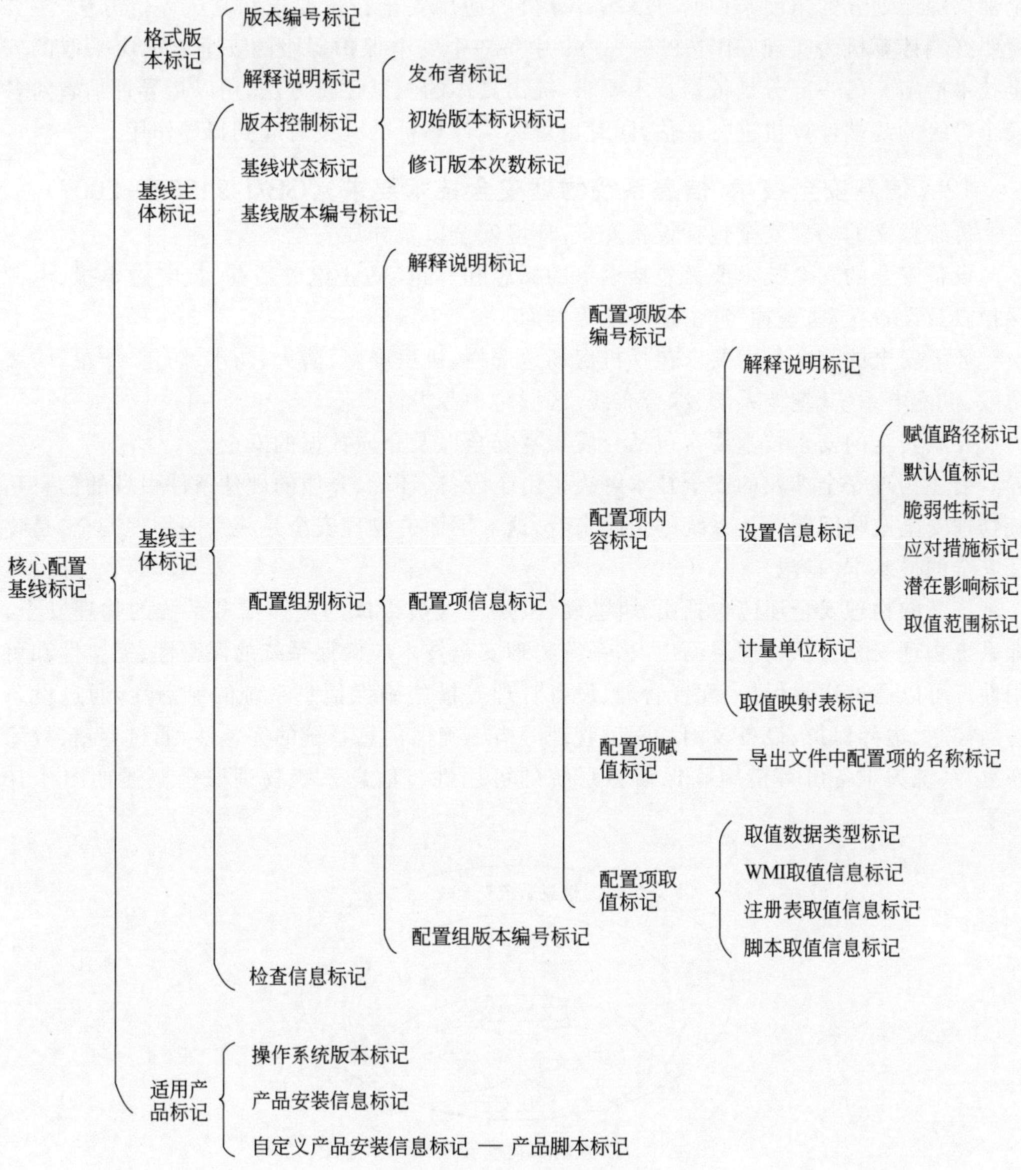

图 4-9　核心配置基线结构

11.《信息安全技术 终端计算机通用安全技术要求与测试评价方法》 （GB/T 29240—2012）

该标准按照国家信息安全保护等级的要求,规定了终端计算机的安全技术要求和测试评价方法,适用于指导终端计算机的设计生产企业、使用单位和信息安全服务机构实施终端计算机等级保护安全技术的设计、实现和评估工作。

该标准包含两部分内容。一部分是终端计算机的通用安全技术要求,用以指导设计者如何设计和实现终端计算机,使其达到信息系统所需安全保护等级,主要从信息系统安全保护等级划分的角度来说明对终端计算机的通用安全技术要求和测试评价方法,主要说明终端计算机为实现 GB 17859—1999 中每一个安全保护等级的安全要求应采取的安全技术措施。另一部分是依据技术要求,提出具体的测试评价方法,用以指导评估者对各安全等级的终端计算机进行评估,同时也对终端计算机的开发者起到指导作用。

12.《信息安全技术 信息系统物理安全技术要求》(GB/T 21052—2007)

传统意义的物理安全包括设备安全、环境安全以及介质安全。

设备安全的安全技术要素包括设备的标志和标记、防止电磁泄漏、抗电磁干扰、电源保护以及设备振动、碰撞、冲击适应性等方面。

环境安全的安全技术要求包括机房场地选择、机房屏蔽、防火、防水、防雷、防鼠、防盗防毁、供配电系统、空调系统、综合布线、区域防护等方面。

介质安全的安全技术要素包括介质自身安全以及介质数据的安全。

上述物理安全涉及的安全技术解决了由于设备、环境、介质的硬件条件引发的信息系统物理安全威胁问题。从系统的角度来看,这一层面的物理安全是狭义的物理安全,是物理安全的最基本内容。

广义的物理安全还应包括由软件、硬件、操作人员组成的整体信息系统的物理安全,即系统物理安全。从物理层面出发,系统物理安全技术应确保系统的保密性、完整性和可用性。可以通过边界保护、配置管理、设备管理等措施确保信息系统的保密性,通过设备访问控制、边界保护、设备及网络资源管理等措施确保信息系统的完整性,通过容错、故障恢复、系统灾难备份等措施确保信息系统的可用性。信息系统物理安全概述如图 4-10 所示。

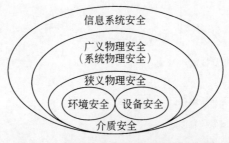

图 4-10　信息系统物理安全概念示意图

该标准规定了信息系统物理安全的分等级技术要求,适用于按 GB 17859—1999 的安全保护等级要求所进行的等级化的信息系统物理安全的设计和实现,按 GB 17859—1999 的安全保护等级的要求对信息系统物理安全进行的测试、管理可参照使用。根据适度保护原则,将物理安全技术等级分为 5 级,每一级又分为设备物理安全、环境物理安全和系统物理安全。

该标准提出的技术要求包括 3 个方面:

(1) 信息系统的配套部件、设备安全技术要求。

(2) 信息系统所处物理环境的安全技术要求。

（3）保障信息系统可靠运行的物理安全技术要求。

设备物理安全、环境物理安全及系统物理安全的安全等级技术要求构成了为保护信息系统安全运行所必须满足的基本的物理技术要求。

4.3.2　行业相关标准

1. 金融行业

《金融机构计算机信息系统安全保护工作暂行规定》是为加强金融机构计算机信息系统安全保护工作，保障国家财产的安全，保证金融事业的顺利发展，根据《中华人民共和国中国人民银行法》和《中华人民共和国计算机信息系统安全保护条例》等有关法律、法规制定的。它对于金融机构的计算机信息系统安全防范措施，包括计算机主机房的构筑防护设施和计算机信息系统及其相关的配套设备的技术防护设施提出了基本要求。

《中国人民银行计算机安全管理暂行规定》是为加强中国人民银行计算机信息系统安全保护工作，保障中国人民银行计算机信息系统安全、稳定运行，根据《中华人民共和国计算机信息系统安全保护条例》和《金融机构计算机信息安全保护工作暂行规定》等有关法律、法规制定的。它对计算机信息系统建设安全管理以及运行安全管理，包括终端运行的机房安全管理、网络安全管理等提出了相关要求，规范了中国人民银行关于计算机终端安全的相关内容，并可作为其他银行制定相关规范的参考。

2. 政府机关

《信息安全技术　终端接入控制产品安全技术要求》（GA/T 1105—2013）规定了终端接入控制产品的安全功能要求、自身安全功能要求、安全保证要求和等级划分要求，适用于终端接入控制产品的设计、开发及检测。

《信息安全技术　终端计算机系统安全等级技术要求》（GA/T 671—2006）规定了对终端计算机系统进行安全等级保护所需要的安全技术要求，并给出了每一个安全保护等级的不同技术要求。

《公安信息网计算机操作系统安全配置基本要求》（GA/T 1252—2015）规定了公安信息网计算机终端和服务器操作系统的身份鉴别、访问控制、资源控制、入侵防范、剩余信息清除、应用安全和安全审计等安全配置基本要求，适用于公安信息网计算机终端和服务器操作系统的安全管理。

3. 通信行业

《电信网和互联网安全防护基线配置要求及检测要求：操作系统》（YD/T 2701—2014）规定了电信网和互联网中所使用的操作系统在安全配置方面的基本要求及检测要求，特别是 Windows 操作系统、Linux 操作系统、Solaris 操作系统、HP-UX 操作系统、AIX 操作系统在安全配置方面的基本要求及参考操作。本标准适用于安全防护体系中使用 Windows 操作系统、Linux 操作系统、Solaris 操作系统、HP-UX 操作系统以及 AIX 操作系统的所有安全防护等级的网络和系统。

《电信网和互联网安全风险评估实施指南》（YD/T 1730—2008）规定了对电信网和互联网安全进行风险评估的要素及要素之间的关系、实施流程、工作形式、遵循的原则，在电信网和互联网生命周期不同阶段的不同要求和实施要点,对安全风险管理中的终端安全有指导性作用。

4.4   终端安全管理展望

4.4.1   管理

信息安全管理体系在本质上是为了解决安全风险管理问题。终端安全的问题同样适用风险管理体系进行分析,从而构建终端安全风险体系。利用信息安全风险评估相关技术和管理标准,对终端及其关联元素所面临的安全威胁等进行分析,依据实际的应用场景构建终端安全风险管理体系,其中包含终端安全风险管理组织体系、终端安全风险策略管理体系、终端安全风险运维管理体系、终端安全风险管理技术架构等方面的内容。涉及信息安全风险管理部分的内容可参考相关书籍深入学习。

4.4.2   技术

在信息技术领域快速发展的云计算、大数据、虚拟化以及人工智能技术的重大突破,都将对终端安全产生极大影响。结合国家的"自主可控"和"互联网＋"战略,终端安全管理产品必将出现颠覆式的创新升级。未来终端安全产品发展趋势主要如下:

(1)统一平台,对不同的终端类型进行统一管理,并提供全功能覆盖的管理平台。针对终端面临的各类安全威胁,终端安全管理产品已出现整合的趋势,通过统一管理的杀毒、补丁管理、安全策略、准入控制、外联管控、外设管理等一系列功能构建一体化平台,对终端进行标准统一的管理,是未来产品的重要发展方向。

(2)利用云平台、大数据技术并结合人工智能的态势感知、威胁情报分析等技术,形成对终端行为的模式分析和精准识别,从传统的被动防御转变为主动防御,实现终端防御已知和未知的安全威胁的目的。

4.5   习题

1. 个人终端与企业终端的区别是什么?
2. 企业安全边界的工作重点有哪些?
3. 终端安全管理的内容是什么?通常采用什么模型进行管理?
4. 调研当前有哪些终端安全管理产品。
5. 学习《信息安全技术 信息系统安全等级保护基本要求》和《信息安全技术 信息系统安全等级保护实施指南》,简述信息安全等级保护的等级划分和各等级之间的区别。
6. 在信息系统安全登记保护实施过程中应遵循哪些原则?

第 5 章 终端安全管理措施

一个复杂的信息系统可以由若干个分系统或子系统组成。无论从全系统、分系统还是子系统的角度,信息系统一般都由支持软件运行的硬件系统、对系统资源进行管理和为用户使用提供基本支持的系统软件以及实现信息系统应用功能的应用系统软件等组成。这些硬件和软件协作运行,实现信息系统的整体功能。从安全角度而言,组成信息系统各个部分的硬件和软件都应有相应的安全功能,确保在其所管辖范围内的信息安全和提供确定的服务。这些安全功能可分为 4 个层面:确保硬件系统安全的物理安全,确保数据网上传输、交换安全的网络安全,确保操作系统安全的系统安全,确保应用软件安全运行的应用安全。这 4 个层面再加上为保障其安全功能达到应用的安全性必须采取的管理措施,构成了信息系统安全的 5 个层面。为实现信息系统的安全,对信息系统中的重要组成部分——终端也要有相应的安全管理措施。

为实现终端安全,需要建立立体的安全防护体系,以应对终端面临的各类威胁。终端安全管理平台是终端安全管理实施中重要的技术支撑平台,通过协调统一的安全管理技术对终端信息进行全面管理。为了获取终端的实际工作状态,通常终端安全管理均采用客户/服务器方式,在终端中安装由信息系统安全管理中心制定、下发的安全防护策略,终端中的客户端按照安全防护策略中的相关规则,对终端中的进程、服务、接口、外部设备进行管控,并获取终端的硬件、软件资产信息,提供病毒防御、补丁管理、终端准入、安全审计、溯源追踪等功能,依托云端大数据的海量数据分析,对已知和未知的安全威胁进行防御。

5.1 环境管理

我国在 2007 年制定、2008 年实施的《信息安全技术 信息系统物理安全技术要求》(GB/T 21052—2007)中对信息系统的物理安全作了相关规定。环境管理主要从终端的物理安全方面考量,涉及整个系统的配套部件、设备和设施的安全性能,所处的环境安全,以及整个系统可靠运行等方面,是信息系统安全运行的基本保障。

终端的物理安全管理措施是为了保证信息系统安全、可靠运行,确保信息系统在对信息进行采集、处理、传输、存储过程中不至于受到人为或自然因素的危害,而使信息丢失、泄露或破坏,对计算机设备、设施(包括机房建筑、供电、空调等)、环境、人员、系统等采取适当的安全措施。终端的物理安全主要从设备安全和运行安全着手。

5.1.1　设备安全

设备安全是为保证信息系统的安全、可靠运行,降低或阻止人为或自然因素给硬件设备安全、可靠运行带来的安全风险,对硬件设备及部件所采取的适当安全措施,主要包括抗静电、抗电磁辐射、抗电磁传导、抗浪涌冲击等方面的相关技术要求。相关标准可参考第 4 章的内容。

5.1.2　运行安全

运行安全是为保证信息系统的安全、可靠运行而提供的安全运行环境,使信息系统得到物理上的保护,从而降低或避免各种安全风险。运行安全措施主要是指终端设备正常运行所需的安全保护措施,包括场地安全、防火、电磁辐射防护、电磁屏蔽、电源安全、静电防护、防雷、温湿度控制、防盗、出入控制、记录介质安全等方面的相关技术要求。相关标准可参考第 4 章的内容。

5.2　资产管理

企事业单位每年都投入大量资金购置各种信息资产,但随着信息资产的使用、转移,很难及时、清楚地知道信息系统内部及下属机构拥有多少信息资产,分布在哪些部门,存放在何处,谁在使用,安全状况如何,等等。在员工离职或工作变动时,可能出现资产交接不完整的情况,无法快速、完整地了解员工保管的资产,从而造成组织机构资产的流失。由于资产管理制度、管理人员、使用人员等方面原因,在终端资产发生变化时,无法高效、精确地进行硬件资产管理,确定每台计算机的硬件配置变化情况,无法跟踪硬件资产的历史使用记录,也不能及时掌握资产变动情况。而传统资产统计、管理都需要消耗大量的人力、物力、时间,对提高企事业单位资产管理和工作效率影响非常大。对于大型的信息系统,由于信息资产数量多,分布分散,导致核查和盘点工作量大,出错率较高,给组织机构的资产管理部门带来很多问题。

随着企事业单位信息化程度的提高,信息系统中计算机终端数量日益增多,分支机构地理分布距离远,日常终端运维管理的工作压力十分巨大,主要表现在以下几方面:

(1)终端数量多,部署分散,导致对终端运维支持困难。

(2)统一补丁修复和软件分发问题。如果计算机终端中存在的操作系统安全漏洞不能及时修复,将带来极大的安全风险。计算机终端需要利用管理手段快速、统一分发操作系统补丁,但架设 WSUS(Windows Server Update Services,Windows Server 升级服务)服务器配置麻烦,维护工作量大,而且也不具备普通软件分发功能。

(3)传统防病毒软件误杀带来的问题。传统防病毒软件为了提高病毒查杀率,奉行从严的查杀策略,导致单位内部应用程序或重要文档被误杀,因而产生了大量不必要的维护工作。

(4)现场维护工作量大。计算机终端用户报告使用故障时,需要 IT 维护人员亲自赶赴现场处理,但通常大部分上报的故障都是比较简单的,完全可以通过远程协助由用户自己解决。

5.2.1　硬件资产管理

终端是信息系统重要的资源和基础结构,对终端固定资产的管理是企业的一项重要基础工作。固定资产的数量、质量、技术结构标志着企业的生产能力,也标志着企业生产力的发展水平,是企业赖以生存的主要资产。

对于计算机终端类的固定资产,传统的资产管理采用手工管理方式和一般的固定资产管理软件,通过手工记账、资产档案信息化方式进行管理。而在大型信息系统中,终端数量庞大,组织机构复杂,部署分散,传统方式的管理工作量非常大,提供的管理能力非常有限。随着终端管理技术的发展,企业逐渐转向通过相关的技术手段和管理措施对终端硬件资产进行管理。

(1) 通过在终端中安装的客户端程序,利用终端系统中的 API 读取硬件信息,利用驱动程序的接口返回相关信息,并将配置信息统一上报终端安全管理平台,这些配置信息包括计算机硬件型号、硬件配置信息、计算机整机型号等。

(2) 通过自动收集终端的相关信息,包括硬件信息、操作系统信息、终端登记信息等内容,对终端硬件变动产生告警信息。对收集的信息进行统一处理,可以通过输出报表、报告等方式以方便管理人员对资产变动信息的收集与统计。

(3) 设置终端自助资产登记。对于终端数量较大的信息系统,应支持自助资产登记功能,设置资产必填信息项以及输入的数据类型,为终端管理提供便捷、高效的使用环境。

在终端硬件资产的全生命周期(涵盖规划、调研、采购、验收、使用、维修、报废等)中,在硬件资产进入组织信息网络之前,应安装硬件资产管理软件或组件,利用计算机技术完成对信息系统中硬件资产的信息化,实现对终端安全的实时管理和控制。

5.2.2　软件资产管理

随着社会经济的不断发展,企业业务逐步走向多样化、精细化、定制化,企业日常生产环境基本上离不开各类应用软件的使用。为了提高企业管理效率和使用体验,越来越多的企业开始在内部使用购买、研发、定制各种各样的软件系统。随着企业内部软件数量的增加,软件在发放、下载、安装、更新、卸载、统计等方面就成为企业资产管理面临的一大问题。同时,软件在企业内网中传播渠道的不统一以及软件获取来源的不确定性对企业的信息安全也造成了极大的隐患。

企业对软件缺乏统一的管理,导致管理人员无法全面、及时地掌握企业内网软件安装情况。因此,如何规范软件管理,防止恶意软件流入,发挥软件给企业带来的价值,成为信息系统管理者重点关注的问题。企业在软件管理方面遇到的问题主要如下:

(1) 缺乏统一、高效的软件分发平台。

(2) 缺乏对软件生命周期(下载、安装、升级、卸载)和软件统计运维信息的管理。

(3) 无序的软件传播渠道使得软件安全性无法保证。

(4) 有限的企业软件资源无法满足终端用户个性化使用需求。

（5）终端用户同时下载软件时，容易大量占用企业对外网络接口带宽，影响企业正常业务。

（6）全网已安装的软件没有统计记录，对软件无法统一管理。

（7）企业购买收费软件并将软件授权序列号分发给终端用户之后，往往较难统计软件的实际使用情况，管理员对于企业内软件资产的使用、分配、利用率等情况无法掌控。

为解决软件资产管理问题，可以采用以下措施。

1. 统一软件获取渠道

为统一企业内部软件获取渠道，可以通过在企业内网中设置软件分发中心，满足企业内部用户普遍性的软件需求，全面覆盖企业网内软件下载、使用需求，以保障企业下载软件的安全。通过统一软件获取渠道，使得内网终端用户不必通过互联网等不可信渠道获取无法确认安全性的软件，规范软件获取渠道，从而保障终端和信息系统的软件安全。

这种管理措施面临的问题是：由于企业业务的多样性，软件的种类、版本、授权管理等也多种多样。在管理中可以进行业务优化，指定业务使用软件的集合，通过对有限范围内的软件进行管理，实现软件获取渠道的统一。

2. 软件统一部署

企业日常生产环境已基本固化，不同的生产环境使用不同的生产模板，通过对终端中软件的统一部署，避免终端使用者安装与生产环境不一致的软件产品，从而降低和避免由于软件不统一导致的风险。同时，通过软件安装统计功能，监控全网软件安装，并可以对软件进行分发安装、升级、卸载等操作，便于管理员统一管理内网软件。一些软件管理平台可以在线查看终端已安装软件的授权序列号以及使用情况，为企业优化软件资产分配和软件采购提供数据支撑。

在第 4 章中介绍的国外有关终端的典型处理流程中就包含软件统一部署的管理措施。在终端到达使用者手中时，已完成了基础软件的统一部署安装，实现了软件统一部署的管理措施。国内很多企事业单位也已实现了类似的管理措施。

3. 应用控制

应用控制功能应支持以下 4 个基本功能：

（1）进程启动控制。用于控制终端上能运行的进程，只有经过管理人员明确允许的进程才可以运行。

（2）文件保护。用于保护关键目录，使其不被其他软件非法更改。

（3）注册表保护。用于保护关键注册表，使其不被其他软件非法更改。

（4）进程保护。用于保护关键进程，以避免被其他软件恶意结束。

应用控制功能应包含以下 3 部分：

（1）策略系统。用于编辑应用控制功能的策略，并将策略下发到终端系统。策略包括：是否开启其他功能，允许或禁止的进程特征，受保护的文件、注册表和进程，以及访问例外等。

（2）客户端。主要由策略解析引擎、驱动程序和决策引擎等部分组成。策略解析引擎负责接收和解析终端安全管理平台下发的策略；驱动程序负责拦截系统的进程启动、文件访问、注册表访问、进程访问等 API 操作；决策引擎接收驱动程序回调的系统行为信息，并根据下发的策略进行决策，并将决策结果反馈给驱动程序。

（3）日志系统。用于记录终端的相关过程。管理员通过分析日志可以判断是否有错误拦截或遗漏拦截，从而能够及时调整规则。

5.2.3　过时终端安全管理

过时终端主要是指到期终端、临时入网终端等需要在终端资产管理中注销以及特别关注的相关终端。

对于组织统一管理的到期终端，需要做好报废前的准备工作，包括相关信息登记、处理流程等。在这一过程中需要注意的是识别和处理与到期终端相关联的其他资产信息，不能因到期终端的报废引起其他关联的、未到期资产的损失或损坏。应注意对到期终端中存储的信息进行处理，避免信息泄露。到期终端报废后，应在资产管理中注销并做好相关记录，避免非法终端冒充报废终端接入组织内部网络中。

对于临时入网终端，应建立相应的管理制度。例如，临时入网终端需提交终端接入申请，包括接入设备名称、接入设备类型、接入用途、接入区域、访问资源范围、计划终止时间等，随后由系统完成接入审批、接入安全检查等工作流程。在临时终端脱离组织内网后，需要提交相应的取消终端接入申请，完成临时入网终端的闭环管理。

5.3　存储介质管理

5.3.1　常规存储介质管理

对于固定硬盘、磁带、光盘等常规存储介质，应对存放环境、使用、维护和销毁等方面进行规定，确保存储介质存放在安全的环境中，并对存储介质进行控制和保护。如果含有重要数据的存储介质需要带出，应提前做好加密和备份工作。对于需要送出维修或销毁的存储介质应采用多次读写覆盖的方法消除敏感或秘密数据，对于无法执行删除操作的受损存储介质必须销毁，并做好相关的记录。如果有数据异地备份的需求，应做好相关的数据备份计划，相关技术参见 5.8 节。

5.3.2　移动存储介质管理

移动存储介质包括移动硬盘、手机、数码相机、摄像机、iPod、MP3/MP4、PDA 以及各种存储卡等。移动存储设备由于其体积小、携带方便、存储量大、使用灵活等特点，迅速得以广泛应用。根据对典型移动存储设备的产品销售量进行估算，当前全球使用中的各类移动存储设备超过 30 亿个，而且还在迅速增长。

对移动存储介质管理，通常是根据组织信息安全需求进行的。需要注意的是，由于移动存储介质大部分使用 USB 接口,如果在设备管理中将 USB 接口设置为禁用,虽然移动存储介质被禁止使用了,但是某些使用 USB 接口的外设(例如鼠标、键盘)同样也会被禁用,影响终端用户对此类外部设备的使用。

5.3.3　安全 U 盘

U 盘在带给用户使用便捷性的同时,也成为计算机病毒传播及信息泄露的首要途径。

U 盘由芯片控制器和闪存两部分组成,芯片控制器负责与 PC 的通信,闪存用来存储数据。闪存中有一部分区域是用来存放 U 盘控制程序的固件,它的作用类似于操作系统,控制软硬件交互,通常无法通过直接访问等普通技术手段读取。由于普通 U 盘基本没有安全防护功能,对于其中保存的数据无法实现安全防护,针对此类情况,安全 U 盘应运而生。

安全 U 盘采取的数据保护技术一般分为两种:一种是硬件加密,另一种是软件加密。简单地说,硬件加密技术一般指采用专用的安全芯片对产品进行加密,将加密芯片、密钥、数据整合在一起进行加密运算,这种技术有防止暴力破解、防止密码猜测、数据恢复等功能;而软件加密则是通过产品内置的加密软件实现对数据的加密功能。

硬件加密的方式主要有键盘式加密、刷卡式加密、指纹式加密、声纹式加密等,而软件加密的方式主要有密码加密、证书加密等。硬件加密比软件加密在数据安全方面具有更高的可靠性,即插即用,无须安装加密软件,使用方便;而软件加密在实现技术以及成本上要低于硬件加密,容易实现,性价比高。从安全性的角度来看,软件加密更容易被破解,通过暴力破解方式破解软件加密有很高的成功率;而硬件加密由于加密模块是固化在硬件控制芯片中的,整个加密和解密过程是在 U 盘内部完成的,没有在计算机中留下任何痕迹,而且密码在传输过程中也是以密文形式传递的,所以很难被截获,即使通过技术手段截获得到的信息也是乱码,所以破解的可能性非常低。表 5-1 对采用这两种加密技术的安全 U 盘进行了对比。

表 5-1　硬件加密安全 U 盘和软件加密安全 U 盘的区别

比 较 项 目	硬件加密安全 U 盘	软件加密安全 U 盘
容量	2～32GB	支持任意容量的普通 U 盘
数据机密性	• 硬件参与密钥的保护和维护,防止数据未授权访问 • 使用硬件保护密文 • 加密算法不可被调试 • 使用私有文件系统	• 密钥加密存储,但没有访问控制措施 • 对密文无保护 • 加密算法可被调试 • 使用标准文件系统
数据完整性	• 使用硬件保护数据完整性 • 病毒、木马无法破坏数据	• 数据可以被篡改,无完整性校验 • 病毒、木马可以破坏数据
身份认证	硬件参与身份认证过程	身份认证信息可以被篡改

续表

比 较 项 目	硬件加密安全 U 盘	软件加密安全 U 盘
日志审计	对用户行为的审计准确度高,可以审计外部网络的用户行为,使用硬件保护审计日志完整性	用户行为审计准确度低,在外部网络环境下没有行为审计日志
产品稳定性及维护	稳定性高,有统一的质量管控和售后维护	硬件厂商的 U 盘质量不同,无法防止在制作过程中或使用过程中对 U 盘造成不可逆的损坏;无法提供售后维护或只能提供有限的售后服务
读写权限管理	通过硬件管理读写权限,安全性高	通过软件管理读写权限,容易被攻破

除了 U 盘容量以外,在数据机密性、数据完整性、身份认证、日志审计、产品稳定性及维护、读写权限管理等方面,硬件加密安全 U 盘均优于软件加密安全 U 盘。安全 U 盘使用已有或定制开发的安全芯片,对 U 盘的固件进行多种安全保护设计,防止攻击者利用对 U 盘的固件进行逆向重新编程、改写 U 盘的操作系统等方式对 U 盘进行攻击,有效提高了 U 盘的硬件安全性能。所以,企业若想有效降低因 U 盘使用给内网带来的安全隐患,应优先选择硬件加密安全 U 盘。

5.4 设备管理

Windows 操作系统通过 GUID 来管理硬件的动态变化(参考第 2 章相关内容)。GUID 是一个 128 位值,可以利用 WDK 和 Windows SDK 中包含的 Uuidgen 工具生成,考虑到 128 位所能表达的值的范围,从统计意义上几乎可以保证生成的 GUID 是全局唯一的。通过设备对应的 GUID 值,可以读取终端设备中对应的接口和设备。

1. 接口 GUID 值

表 5-2 列出了终端中常见接口的 GUID 值。

表 5-2 终端中常见接口的 GUID 值

接口标识	GUID 值	接 口 说 明
CDROM	4D36E965-E325-11CE-BFC1-08002BE10318	CD-ROM 驱动器接口
1394	6BDD1FC1-810F-11D0-BEC7-08002BE2092F	IEEE 1394 主控制器接口
Image	6BDD1FC6-810F-11D0-BEC7-08002BE2092F	摄像头、扫描仪接口
Media	4D36E96C-E325-11CE-BFC1-08002BE10318	视频、音频设备接口
PCMCIA	4D36E977-E325-11CE-BFC1-08002BE10318	PCMCIA 控制器接口
Ports	4D36E978-E325-11CE-BFC1-08002BE10318	端口(串口)
Ports	97F76EF0-F883-11D0-AF1F-0000F800845C	端口(并口)
USB	36FC9E60-C465-11CF-8056-444553540000	USB 主控器、集线器接口

2. 设备 GUID 值

终端中常见设备的 GUID 值如表 5-3 所示。

表 5-3　终端中常见设备的 GUID 值

设 备 标 识	GUID 值	设 备 说 明
CDROM	4D36E965-E325-11CE-BFC1-08002BE10318	CD-ROM 驱动器
DiskDrive	4D36E967-E325-11CE-BFC1-08002BE10318	磁盘驱动器
Display	4D36E968-E325-11CE-BFC1-08002BE10318	显示适配器
FDC	4D36E969-E325-11CE-BFC1-08002BE10318	软盘控制器
FloppyDisk	4D36E980-E325-11CE-BFC1-08002BE10318	软盘驱动器
HDC	4D36E96A-E325-11CE-BFC1-08002BE10318	磁盘控制器
HID Class	745A17A0-74D3-11D0-B6FE-00A0C90F57DA	人机交互设备
Image	6BDD1FC6-810F-11D0-BEC7-08002BE2092F	摄像头、扫描仪
Infrared	6BDD1FC5-810F-11D0-BEC7-08002BE2092F	红外设备
Keyboard	4D36E96B-E325-11CE-BFC1-08002BE10318	键盘
Modem	4D36E96D-E325-11CE-BFC1-08002BE10318	调制解调器
Mouse	4D36E96F-E325-11CE-BFC1-08002BE10318	鼠标
Media	4D36E96C-E325-11CE-BFC1-08002BE10318	视频、音频设备
Bluetooth	E0CBF06C-CD8B-4647-BB8A-263B43F0F974	蓝牙设备
Net	4D36E972-E325-11CE-BFC1-08002BE10318	网卡
SCSI Adapter	4D36E97B-E325-11CE-BFC1-08002BE10318	SCSI、RAID 控制器
System	4D36E97D-E325-11CE-BFC1-08002BE10318	系统总线、桥等
Printer	4658EE7E-F050-11D1-B6BD-00C04FA372A7	打印设备
MTP Device	EEC5AD98-8080-425F-922A-DABF3DE3F69A	SD 存储卡
USB	36FC9E60-C465-11CF-8056-444553540000	USB 主控器、集线器
USB	F72FE0D4-CBCB-407d-8814-9ED673D0DD6B	ADB 设备

5.5　网络安全管理

企业、组织机构的信息系统需要确保接入内部网络的终端设备符合安全标准。在这些设备被授予网络访问权之前,必须首先确定这一点。网络安全管理可帮助安全管理人员更好地控制信息系统的接入点,有效阻止安全威胁和非法访问企图。

5.5.1　终端认证

网络安全管理从设备接入发现、用户注册、认证授权、安全检查、隔离修复、访问控制等方面对用户终端入网进行管控。为提高安全性,可以采用多种认证技术、多因素认证凭证、多条件绑定机制、混合认证模式和多层防护体系,以适应各种复杂网络环境。通常可以采用防火墙、网络访问控制设备等安全设备,通过各种认证方式对终端访问网络进行管控。以下介绍终端认证常用的几种方式。

1. IEEE 802.1x 接入认证

IEEE 802.1x 是基于端口的网络访问控制(Port-based Network Access Control, PNAC)的 IEEE 标准,它是 IEEE 802.1 的一部分,为连接到 LAN 或 WLAN 的设备提供认证服务。IEEE 802.1x 定义了可扩展认证协议(Extensible Authentication Protocol, EAP)在 IEEE 802 上的封装,被称为 EAP over LAN 或 EAPOL。EAPOL 最初设计用于 IEEE 802.1x—2001 中的 IEEE 802.3 以太网,经过修改和调整,也适用于其他 IEEE 802 LAN 技术(例如 IEEE 802.1x—2004 中的 IEEE 802.11 无线和光纤分布式数据接口, 即 ISO 9314-2)。EAPOL 协议也可用于 IEEE 802.1x—2010 中的 IEEE 802.1ae(介质访问控制安全协议,MACSec)和 IEEE 802.1ar(安全设备标识,DevID)以支持本地 LAN 段上的服务识别和可选的点对点加密。

图 5-1 是 IEEE 802.1x 的认证数据流示意图。

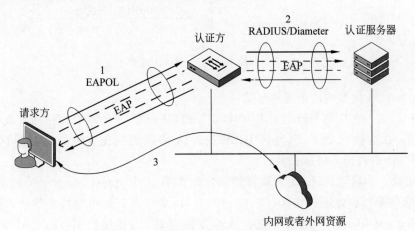

图 5-1　IEEE 802.1x 的认证数据流示意图

IEEE 802.1x 认证涉及三方:请求方、认证方和认证服务器。请求方是申请连接到 LAN/WLAN 设备的终端(例如台式计算机终端或笔记本电脑终端),也可以是在终端上运行的向认证方提供凭证的软件;认证方通常是指网络设备,它提供客户端和网络之间的数据链路,并且可以在两者之间允许或阻止网络流量,主要是以太网交换机或无线接入点;认证服务器通常是运行支持 LDAP、RADIUS 和 EAP 协议的主机,是可信任的服务器,可以接收和响应网络访问请求,并且可以告知请求方是否允许连接,以及应该应用于该客户端的连接或设置的各种设置。EAP 数据首先封装在请求方和认证方之间的

EAPOL 帧中,然后使用 RADIUS 或 Diameter 在认证方和认证服务器之间重新封装。

认证方就像一个受保护网络的安全警卫。请求方(即客户端设备)不允许未通过认证就访问网络的受保护资源,直到请求者得到认证和授权。使用基于 IEEE 802.1x 端口的身份认证,请求方向身份认证程序提交凭据(例如用户名/密码或数字证书),身份认证程序将凭据转发到认证服务器进行认证。如果认证服务器确定凭据有效,则允许请求者(客户端设备)访问位于网络受保护端的资源。

图 5-2 给出了 IEEE 802.1x 的认证流程。

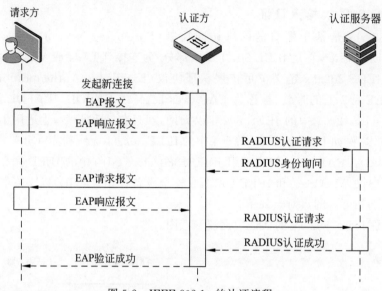

图 5-2 IEEE 802.1x 的认证流程

IEEE 802.1x 典型的认证流程包括:

(1)初始化。在检测到新的请求方时,交换机(认证方)上的端口被启用并设置为"未授权"状态。在这种状态下,只允许 IEEE 802.1x 协议的数据流通过,其他协议(例如 TCP、UDP 等)的数据流将被丢弃。

(2)启动。为启动认证,认证器将周期性地将 EAP-Request Identity 帧发送到本地网段上特殊的第二层地址(01:80:C2:00:00:03)。请求方在这个地址上侦听,并且在收到 EAP-Request Identity 帧时,用包含请求方标识符(例如用户 ID)的 EAP-Response Identity 帧进行响应。然后认证方将此身份响应封装在 RADIUS Access-Request 数据包中,并将其转发给认证服务器。请求方也可以通过向认证方发送 EAPOL-Start 帧来启动或重新启动认证,然后认证方将使用 EAP-Request Identity 帧进行回复。

(3)协商。认证服务器向认证方发送一个回复(封装在 RADIUS Access-Challenge 包中),其中包含一个指定 EAP 方法(它希望请求方执行的基于 EAP 的认证类型)的 EAP 请求。认证方将 EAP 请求封装在 EAPOL 帧中,并将其发送给请求者。此时,请求方可以开始使用其请求的 EAP 方法,或者执行 NAK("否定确认")并用它可以执行的 EAP 方法进行响应。

（4）认证。如果认证服务器和请求方就 EAP 方法达成一致，则在请求方和认证服务器之间（由认证方转换）发送 EAP 请求和响应，直到认证服务器用 EAP-Success 消息（封装在 RADIUS 访问接收数据包）或 EAP 失败消息（封装在 RADIUS 访问拒绝数据包中）。如果认证成功，则认证方将端口设置为"授权"状态，并且允许正常通信；如果不成功，则端口保持"未授权"状态。当请求方注销时，它向认证方发送 EAPOL 注销消息，然后认证方将端口设置为"未授权"状态，再次阻止所有非 EAP 协议的数据流。

2. Web Portal 认证

Web Portal 认证方案是保护网络核心区域不受外部非法访问的认证技术方案。它通过旁路部署监听保护区域的网络数据流，并进行连接跟踪，对企业内网数据流进行合法性检测并对非法连接进行阻断和控制，以保护核心区域访问的安全。它基于用户核心业务保护概念，对非法访问用户核心资源进行访问限制，访问者身份合法后才能正常访问。用户经过 Portal 认证/用户注册可直接访问受保护服务器，注册用户需经管理员审批确认或自动审批确认。下面介绍几种常见的 Web Portal 认证方式。

1）HTTP 重定向

这是目前主流的 Web Portal 认证方式，它将所有互联网流量定向到 Web 服务器，该服务器将 HTTP 重定向到认证门户。终端设备首次连接到网络时会发出 HTTP 请求，如果终端设备收到 HTTP 204 状态代码，则它就认为自己可以无限制地访问互联网。Web Portal 通过将 HTTP 状态代码由 204 修改为 302（重定向状态码）返回到认证服务器，使得终端设备访问认证服务器，并通过认证服务器认证才可以继续访问互联网资源，如图 5-3 所示。

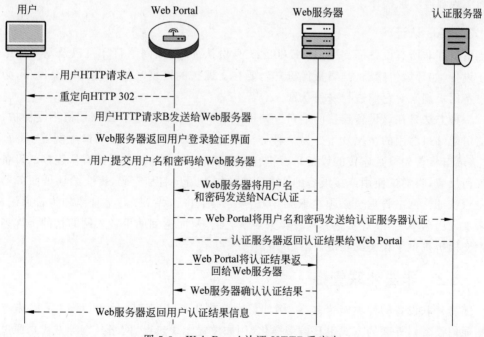

图 5-3 Web Portal 认证 HTTP 重定向

HTTP 重定向的具体过程如下：

（1）用户访问互联网资源，Web Portal 判断该用户未完成认证，发送 HTTP 302 状态码到用户端，要求重定向到 Web 服务器的 URL。

（2）用户收到重定向报文，再次发送请求 Web 服务器的 URL。

（3）Web 服务器推送 URL 认证页面。

（4）用户输入用户名、密码，提交相关信息，向 Web 服务器发起连接请求。

（5）Web 服务器向 Web Portal 发起认证请求，请求中携带已加密的用户名和密码。

（6）Web Portal 发起 RADIUS 认证过程，向认证服务器发送 Access-Request 请求。

（7）Web Portal 接收认证服务器发回的响应消息 Access-Accept 或拒绝消息 Access-Reject。

（8）Web Portal 向 Web 服务器发送认证结果。

（9）Web 服务器回应确认收到认证结果的报文。

（10）Web 服务器推送认证结果给用户。

2）ICMP 重定向

客户端流量通过 ICMP 重定向，由路由器将路由信息传递给客户端主机。在终端尝试连接互联网时，路由器将访问请求重定向至认证服务器，实现认证管理。

3）DNS 重定向

当终端请求互联网资源时，浏览器会查询 DNS 信息。在强制认证网络中，通过 NAC、防火墙等安全设备，可以使未经身份验证的客户端只能使用网络中 DHCP 服务器指定的 DNS 服务器，由 DNS 服务器返回认证服务器的 IP 地址，使终端访问认证服务器，从而实现强制认证操作。

3. MAB 认证

由于并非所有设备都支持 IEEE 802.1x 身份认证，例如网络打印机以及基于网络的电子设备（如环境传感器、网络摄像机）等，要在受保护的网络环境中使用此类设备，必须提供备用机制来对它们进行身份认证。

一种方法是在该设备连接的端口上禁用 IEEE 802.1x，但这会使该端口不受保护，并可能引起端口滥用的情况发生。另一种方法是使用 MAB 认证：在端口上配置 MAB 认证，该端口将首先检查连接的设备是否符合 IEEE 802.1x 协议，如果没有从连接的设备收到任何反应，将尝试使用连接设备的 MAC 地址作为用户名和密码，提交给认证服务器进行身份认证。网络管理员必须在 RADIUS 服务器上将这些 MAC 地址添加为普通用户，或者加入白名单中，或者实施其他逻辑来解析它们，从而达到使设备入网的目的。许多以太网交换机提供了相关的功能。

5.5.2 非法外联管控

随着外联设备的种类越来越多（例如移动数据上网卡、WiFi 网卡、USB 手机热点等数据通信设备），外联的方式也日益多样化（例如设置无线热点、网络共享等方式），通过原有的禁止外设功能已经不能完全保证有效禁止此类外联的发生。

非法外联管控需要及时探测终端是否拥有外联能力,并能给出有效的提示或者阻止外联动作,产生告警信息,通知管理员关注、处理相关的问题。

对于内部划分为多个工作网络的企业,还需要支持以内网的地址作为判断外联的标准的功能,对于外联设备的接入也需产生告警信息,以便提供给管理员更多的信息,以便管理员及时采取违规外联的防护措施。

通常,在进行外联能力探测时,使用域名解析或对指定的 IP 进行连接尝试,如果连接成功,则根据安全策略规定的处理措施进行相应的提示、断网或关机处理。这种方式需要注意与信息系统的互联网出口管理结合在一起,避免在进行违规外联检测时与正常互联网出口相混淆。

5.5.3 恶意 URL 检测

互联网服务为企事业单位的业务运营带来了巨大的变化,同时也吸引了攻击者利用互联网资源进行攻击。攻击者利用社会工程学、钓鱼网站、垃圾邮件、恶意软件等方式,引诱终端用户访问攻击者提供的网页,以达到窃取用户隐私、在终端上安装或执行恶意程序的目的。

为了识别恶意 URL,需要进行页面采集、特征识别和网页判断。

1. 页面采集

页面采集主要完成对网页内容对象的采集和处理,可分为主动式和被动式两种。主动式通过网络爬虫技术定向抓取网页,而被动式主要是在蜜罐或网关中对流经的网页数据进行采集。

2. 特征识别

根据网页本身的特点,利用不同的识别方法提取网页的特征内容,这些内容包括 URL 词汇特征、主机信息特征、网页内容特征、链接关系等。恶意网页特征的分类,如图 5-4 所示。

由图 5-4 可见,常用的恶意网页特征可分为静态特征和动态特征两类。

静态特征主要来自网页静态信息,包括主机信息、URL 信息和网页内容。动态特征主要来自网页动态行为,主要包括浏览器行为、跳转关系、文件变化、注册表变化等。动态特征抽取过程相对复杂,需要长时间的深入分析才能获取,往往需要结合蜜罐、蜜网和虚拟化技术进行恶意网页识别。

3. 网页判断

常用的网页判断方法包括黑名单过滤、基于启发式规则匹配、机器学习、交互式主机行为和云检测等方式实现。

黑名单主要包含恶意 URL、IP 地址、关键词等信息,用以识别恶意网页。黑名单过滤实现简单、使用方便,在实际使用中,需要与人工审查、蜜网等技术配合。黑名单只能识别已知的恶意网页,不能识别未知的恶意网页。随着黑名单内容的扩大,查询时间开销会随之增加。黑名单时效性较低,由于钓鱼网站存续周期较短(数据调查显示,钓鱼网站自发布起 2h 内约有 63% 会失效),在发现疑似恶意网页到最终确认为恶意网页时,恶意网

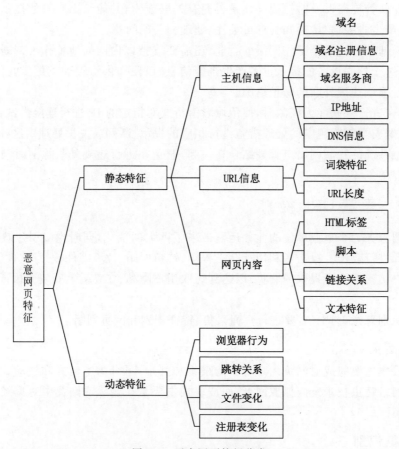

图 5-4　恶意网页特征分类

页可能已经结束攻击过程了。在实际应用中,黑名单时效性低的缺点限制了黑名单技术的应用场景。

基于启发式规则匹配是根据恶意网页之间存在的相似性设计和实现启发规则,用于发现和识别恶意网页。有别于黑名单精确匹配的方式,基于启发式规则匹配的方法不需要提前了解恶意网页的相关信息,而是通过现有规则识别部分恶意网页。这种方法的原理是:某些恶意网页的统计特征(例如链接关系、网页内容关键词等)是唯一的,可作为规则,用来对恶意网页和正常网页进行区分。但对于互联网大规模的网页分类而言,由于启发式规则依赖于已有恶意网页的统计特征或人工经验总结,由此制定的规则依赖于相应的领域知识,规则更新困难。而且,这种方法采用的模糊规则匹配技术会对正常网页产生误判,相较于黑名单方法,启发式规则匹配的误报率较高。

基于机器学习的识别方法是将恶意网页识别看作文本分类或聚类的问题,利用相应的机器学习算法(例如 DBSCAN 算法、k-NN 算法、SVM 算法、贝叶斯算法等)进行识别,主要包括无监督方法和有监督方法。无监督方法又称聚类方法,首先将 URL 数据集划分为若干个簇,通过构造和标记数据集中的簇来区分恶意网页和正常网页(例如DBSCAN 算法)。有监督方法又称分类方法,通过引用网页信誉库的方式构造 URL 标注集,利用分类算法识别恶意网页(例如 SVM 算法、贝叶斯算法)。

基于交互式主机行为的识别方法是结合虚拟化技术和蜜网技术对恶意网页进行识别的方法。该方法又可分为低交互式蜜罐和高交互式蜜罐。低交互式蜜罐是基于模拟仿真的实现方式,通过编制软件构建一个伪装的欺骗系统环境来吸引攻击,并在一个安全可控的环境中对安全威胁进行数据记录。这种方式一般只能为攻击方提供受限的交互性,对于一些未知的攻击方式与安全威胁不具备捕获能力。高交互式蜜罐是基于模拟仿真方式,通过搭建真实系统来构建一个具有良好诱骗性的蜜罐欺骗环境,并能够给攻击方提供充分的交互性。

互联网网页规模迅猛发展,庞大的网页规模数量对恶意网页识别技术也提出了挑战。网页新技术(例如 HTML 5)的引入带来了新的特征,传统恶意网页识别技术由于新特征的加入而引发了"高维特征空间"现象,从而导致"维数灾难"[①],而且巨大的网页数量对资源和检测性能提出了更高要求,在海量的网页中最终被确认为恶意网页的仅占少数。另外,恶意网页逃逸技术也在持续升级,利用环境探测+动态加载、混淆、人机识别、网页加密等技术来躲避检测与追踪。利用云计算、人工智能、数据挖掘等新兴技术,通过对海量的数据筛选,建立恶意 URL 特征库。浏览器、安全防护软件可以通过与云端庞大的恶意 URL 特征库进行比对来识别恶意网站,及时阻止用户访问恶意 URL 网站。

5.6　系统安全管理

5.6.1　补丁管理

补丁用来完善软件、修补漏洞,可以提高软件和系统的健壮性,延长操作系统和软件的生命周期。

随着应用软件和操作系统中新漏洞持续不断地被曝光,微软和其他第三方软件公司会开发相应的补丁来修复漏洞。在这期间,就会存在某些新漏洞是在旧漏洞基础上被挖掘和被发现的。例如,同一个漏洞或者同一个功能模块,黑客可能会使用不同的攻击方式对其进行攻击。

新的补丁会在修复原有漏洞的基础上修复新的漏洞。此时的新补丁就包含旧补丁的修补功能,旧补丁则被称为过期补丁,两者之间存在着替换关系,即新补丁替换旧补丁。也就是说,在安装了最新的补丁后,就无须再安装旧补丁了。

由补丁的发布机制可知,并不是所有的补丁都需要安装,通常只需要安装最新的补丁即可。如果在安装新补丁的同时也安装过期补丁,不仅重复做了无用功,占用一定的系统资源,而且可能会引起系统故障,影响计算机终端正常使用。

1. Windows 系统及 Office 高危漏洞补丁

此类补丁一般为微软公司发布的严重或重要级别的漏洞补丁,漏洞级别由微软公司

---

① 维数灾难用来描述当空间维度增加时,在分析和组织数据的过程中因其空间体积呈现指数增长而面临的各类问题的场景。

通过安全公告在全球公开发布,一般分为 Windows 系统级补丁、Office 补丁以及 Windows 中各种组件(例如 Visual Studio、.Net Framework 等)的补丁,由于此类漏洞基本属于高危漏洞,微软公司通常会在第一时间提示终端用户下载补丁,进行修复。

由于国内大量终端使用第三方修改过的 Windows 操作系统版本,不能保证系统组件的兼容性和可靠性,在安装个别补丁时可能会出现系统或软件故障,某些补丁甚至有较大概率会导致系统蓝屏或无法启动。通常需要根据计算机的系统环境,将此类补丁设定为"可选""不推荐安装""不建议安装"等类别中进行管理。

2. 0Day 漏洞补丁

此类漏洞一般为微软或其他流行软件被曝光的严重漏洞,例如,微软快捷方式自动执行 0Day 漏洞、IE 浏览器"极光"0Day 漏洞等。0Day 漏洞在官方还没有修复的情况下可能会被黑客利用,使得终端系统面临可能的恶意攻击。对于此类漏洞,某些终端安全管理系统采用临时补丁(热补丁)的方式封堵漏洞,在官方补丁发布前确保终端的安全。即使官方后续发布了正式补丁,此类临时补丁也不会与官方补丁有任何冲突。

3. 软件安全更新补丁

此类漏洞主要存在于流行软件(例如 Adobe Flash Player、Acrobat Reader)中,而且由于此类软件使用的广泛性,有可能导致严重的安全问题。一般,在软件官方发布修正版本后会及时提醒终端用户修复漏洞,主要采用补丁或软件升级的方式。

4. 功能性更新补丁

此类补丁主要是微软公司发布的功能性更新补丁或者微软公司一些软件(例如 Silverlight、恶意软件删除工具)的更新程序。这类补丁一般不是安全更新,安全等级多为中或低。安装这种补丁并不能提升终端安全,还可能会占用终端的带宽、硬盘空间、系统资源等,所以默认不安装此种补丁。

对于某些影响终端安全使用(例如可能引发系统蓝屏、系统无法启动、与其他软件存在冲突等)的安全漏洞,为保证终端业务的使用,在未安装补丁之前,需要对其进行完整的测试,确保补丁对终端的可用性。因此,通常将此类补丁设置为可选,在不影响终端正常工作的前提下,由终端用户自主选择是否安装。例如,KB951535 是 Microsoft XML Core Services 中允许远程执行代码的漏洞,由于安装该漏洞的补丁后有很大概率导致 Office 2003 无法正常使用,因此将其设为可选补丁,以保证终端计算机不会出现故障。

5. 系统蓝屏修复功能

在微软公司发布的系统漏洞补丁中,有一部分是与 Windows 系统内核相关的,修复的是系统内核中的重要漏洞,这类补丁称为系统内核补丁。由于内核补丁要更新的是系统关键位置,而部分修改版或 Ghost 版 Windows 操作系统的第三方开发者,对 Windows 系统运行机制理解不够深入,可能有意或无意地改动了这些关键位置,甚至残留了一些无用的垃圾文件或信息,很可能导致使用这种 Windows 系统的用户在安装系统内核补丁后出现系统蓝屏或无法启动的问题,使终端用户对于打补丁产生了畏惧心理,不再给系统安装补丁,相当于为恶意攻击者创造了可利用的机会。

为了解决终端用户安装补丁后系统无法启动的问题,在漏洞管理中应设置系统蓝屏修复或类似功能,以帮助用户在安装补丁并发生蓝屏或无法启动等问题后快速修复系统,从而尽可能地保证终端安全。

6. 漏洞补丁跟踪机制

MAPP(Microsoft Active Protections Program,微软主动保护计划)是由微软公司安全响应中心(Microsoft Security Response Center,MSRC)运行的一项漏洞管理计划,该计划使合作安全软件提供商能够在微软公司每月安全更新之前提前获取安全漏洞信息。有助于 MAPP 合作伙伴更快速、有效地将保护功能集成到其安全软件或硬件产品(例如防病毒软件、NIDS 或 HIDS)中。

微软公司通过在公开发布安全更新之前共享漏洞信息,使得参与 MAPP 项目的安全软件提供商能够及时获取更新信息,为客户提供保护。如果没有此项目,安全软件提供商必须等到微软公司公开发布安全公告之后才能开发保护措施。

终端安全管理平台可以结合微软公司的 MAPP,在微软公司发布每月安全公告之前获得详细的漏洞信息,通过分析漏洞信息,在第一时间开始漏洞补丁的发布工作,从而能够及时维护终端用户的系统安全。

7. 严谨的漏洞补丁测试

为了尽可能地保证补丁修复的准确性,在发布补丁之前,漏洞管理程序需要对补丁进行大量的严格测试,根据测试结果,将每个补丁的详细描述信息展现给管理员和用户,以降低系统宕机的发生概率。

8. 漏洞补丁问题的反馈跟踪

由于系统和软件的复杂多样性,一些补丁可能会在某些特殊环境下存在问题,在安装后可能会影响到部分特殊环境下的用户的正常使用。为此,需要建立补丁问题的反馈跟踪系统,通过数据统计和用户的反馈,针对有问题的补丁,及时调整管理、发布策略,增加必要的扫描来屏蔽可能会出问题的系统环境,也可以采用忽略、删除部分影响较大的补丁的办法,尽一切可能减少对终端用户的影响。

9. 热补丁功能

热修复补丁(hotfix,简称热补丁,又称为 patch)指能够修复软件漏洞的一些代码,是一种快速、低成本修复软件缺陷的方式。通常情况下,热补丁是为解决特定用户的具体问题而制作的。

热补丁通常不会作为常规补丁随系统自动更新,一般通过系统推送来通知用户有关热补丁的消息,用户可以在软件厂商的网站上免费下载热补丁。与升级软件版本相比,热补丁的主要优势是不需要中断设备当前正在运行的业务,即在不重启终端设备的情况下对终端设备当前软件版本的缺陷进行修复。

当发现系统有严重漏洞,但官方还未能提供有效的补丁来修复的时候,可以通过热补丁的方式来拦截和阻止恶意攻击,防止漏洞被黑客利用,保护用户的利益。

10. 与漏洞响应平台联动

终端安全管理平台可以与漏洞响应平台进行信息联动,获取最新漏洞信息,形成虚拟补丁安全策略,对操作系统及应用程序进行深度加固。比较知名的漏洞响应平台包括CVE、CNVD、CNNVD、奇安信补天平台等。终端安全管理平台与漏洞响应平台联动,可以在第一时间发现漏洞,为终端安全运行提供情报支撑和技术支持。

5.6.2 终端安全加固

终端安全管理平台需要为管理员提供终端安全策略管理等功能,管理员可以通过控制台直接对网络内所有终端进行安全加固,具体功能如下:

(1) 通过系统 API、注册表、组策略等方法加固系统设置。

(2) 密码策略。通过下发安全策略修改终端中的组策略密码等相关配置。

(3) 弱口令检测。通过将系统中的口令与弱口令库中的弱口令集合进行对比,检测终端用户是否使用了弱口令,并应设置某种提醒方式,以通知终端用户修改弱口令。为了避免涉及用户隐私,对比工作应该采用本地运行的方式。

(4) 通过修改系统配置,由管理员通过控制台上传墙纸并统一下发至终端,通常其内容为信息安全意识、企业安全管理制度等相关内容的宣传。

5.6.3 安全配置基线

近年来,在政府机关、企事业单位等组织机构中发生了多起信息泄露、遭受财产勒索等信息安全事件,其中很多是由于终端受到各种恶意代码入侵而造成的,主要原因是终端的安全配置标准过低,没有定期对终端的安全环境进行检测和评估。

安全配置基线主要用于降低由于安全配置低、安全控制不足引起的安全风险,以最佳安全实践为标准实现安全配置。通过威胁评估功能,从终端系统本身出发,完善终端系统安全加固体系,通过制定自主可控的安全标准,对终端安全基线进行检测。检测后生成可视化的安全基线不达标问题,帮助管理者依照安全标准对终端进行加固,以降低终端的安全风险。

5.6.4 黑白名单机制

在终端安全管理措施中,黑白名单机制是一种基本的访问控制机制。它通过某些元素(例如电子邮件地址、用户名、密码、URL、IP 地址、域名、文件哈希值等)进行基本的访问控制。黑白名单机制可以广泛应用于信息系统安全体系结构中的各个实体(例如主机、Web 代理服务器、DNS 服务器、电子邮件服务器、防火墙、目录服务器或应用程序身份验证网关等)。

黑名单(或称阻止列表)意味着名单列表中的内容被拒绝访问或通过。黑名单在文件管理、URL 管理、用户管理、应用管理以及密码管理中都得到了广泛运用。例如,在口令管理中,将常见的弱口令列为黑名单,在用户设置口令时禁止用户使用黑名单中的弱口令,通过这种方式可以抵御弱口令攻击。从黑名单的工作方式来看,黑名单只能对已知的安全威胁进行防御,对于无法确定拦截特征元素的 0Day 漏洞、未知病毒等安全威胁无能为力。

白名单意味着只有名单列表中的内容才可以访问或通过。其应用场景与黑名单基本上是相同的,但与黑名单工作机制是有区别的。黑名单的工作机制可以理解为"宽进宽出"的模式,黑名单列出的都是被禁止的,但只要不是黑名单中被禁止的内容都可以通过;而白名单的工作机制是只有白名单中的内容可以通过,可以理解为"宽进严出"的模式。白名单的优点在于可以抵御未知威胁,但由于其工作机制的特点,用户不能运行在白名单之外的、未经授权的应用或业务。如果在信息系统中要增加应用、业务等内容,需要对白名单进行大量的维护工作,避免无法通过白名单审查的问题出现,所以白名单的优点也是缺点。

除了黑白名单外,在信息安全领域还有灰名单和红名单。

灰名单介于黑名单和白名单之间,在未证明灰名单列表中的内容是否有害时,暂时阻止(或暂时允许的)该内容,以其后续的信息、行为等作为处理依据来判断是否需要将其移入黑名单或白名单。灰名单的典型应用是保护电子邮件免受垃圾邮件侵害,其基本的过程是:为每个传入的邮件消息记录 3 个数据(称为"三元组"):连接主机的 IP 地址、发件人地址和收件人地址,对该邮件临时拒绝并回送临时错误代码(4xx),同时将该记录保存在灰名单中。如果邮件发送服务器是正常的邮件服务商,则会重新排队尝试发送邮件。如果发件人已证明自己能够正确重发邮件,则会将其列入白名单,以便其将来的邮件传递尝试不受阻碍;如果邮件发送服务器没有完成正常的邮件重发流程,则会将灰名单中对应的邮件发送服务器列入黑名单。

红名单是优先级最高的名单,只要是名单中的内容,就可以不受限制地运行或访问,而不受其他策略、规则的限制。通常此类应用场景是终端中必须运行的应用程序(例如定制开发的业务系统应用程序)和不限制访问的网站(例如政府门户、专有业务系统)等。

在信息系统中,除黑白名单机制外,通常将多种工作机制混合使用,单独的任何一种控制机制均已不能满足信息系统抵御日益复杂的安全威胁的需要。例如,常见的防火墙设备,其典型工作方式是,采用白名单工作机制以抵御未知威胁,而对于内容控制多采用黑名单机制;而防病毒软件通常采用黑名单工作机制以抵御已知的病毒、木马等恶意程序,即将疑似病毒的特征码值与黑名单进行匹配和过滤,但为降低误报率,常常采用白名单方式保护已知的安全文件。

5.6.5 审计管理

在国家颁布的《信息技术 开放系统互连 系统管理 第 8 部分:安全审计跟踪功能》(GB/T 17143.8—1997,等效于 ISO/IEC10164-8:1993 及 ISO/IEC10164-8:1993/Cor. 1:1995)标准中,对安全审计跟踪功能进行了定义:安全审计跟踪功能是一项系统管理功能,它供应用进程在集中式或分散式管理环境中交换信息和命令,以便实现与《信息处理系统 开放系统互连 基本参考模型 第 4 部分:管理框架》(GB/T 9387.4—1996)(等效于 ISO/IEC 7498-4:1989 及 CCITT X.700:1992)相关的系统管理。该标准定义了由安全审计跟踪报告功能提供的服务,规定了为提供服务所必需的协议,定义了服务与管理通知之间的关系,定义了与其他系统管理功能之间的关系以及规定一致性要求。

在终端系统中,安全审计是根据一定的安全策略,通过记录和分析终端中的历史事件及数据，发现能够改进系统性能和系统安全的地方。它的目的是：保证网络系统安全运行，保护数据的保密性、完整性及可用性不受破坏；防止有意或无意的人为错误；防范和发现计算机网络犯罪活动。除采取相关的安全措施外，利用审计机制可以有针对性地对网络运行的状况和过程进行记录、跟踪和审查，从中发现安全问题。安全策略事件审计能够针对计算机终端所有触发安全策略的事件进行审计，包括文件操作审计、打印审计、外设使用日志审计、软件使用日志审计、系统账号活动日志审计、终端开关机日志审计、邮件记录审计等。

1. 文件操作审计

在企业中，每个终端中都或多或少地存在各种各样的企业信息，它可能是日常的办公纪要，也可能是涉及企业机密的关键信息。这些终端中以各种形态存在的关键信息都关系到涉密数据的外泄，数据安全性评估功能需要统计终端中的关键信息，通过关键信息的评估，可以直观地量化终端中存在的敏感数据或涉密信息的数量，有效控制和保障终端数据的安全性。

文件操作审计与控制功能可以针对指定目录中的文件或指定后缀名的文件的读、写、新建、复制、删除、改名、移动等操作行为进行审计和阻断。同时，对于计算机终端共享目录的访问以及终端用户对网络文件的访问也可进行详尽的审计。

2. 打印审计与控制

打印审计与控制功能可以针对计算机终端的本地或网络打印行为进行审计，也可以直接对计算机终端的本地或网络打印行为进行管控，保护用户有限的打印资源，同时避免企业核心机密通过纸质打印方式外泄。

1）通信接口泄密

通信接口是打印机与外界进行数据交互的主要渠道。防止通信接口泄密应从以下两方面着手：

（1）打印机应避免配置多余的外部通信接口，只保留以太网接口和 USB 接口等必要的通信接口，并严格控制每种接口的数量。

（2）管理员应能够对通信接口的开启和关闭进行管控，并且在默认情况下通信接口应处于关闭状态。

2）网络接入泄密

防止打印机产生网络接入泄密，重点是保证重要信息系统网络中的打印机与外部网络的物理隔离，可以从以下两方面着手：

（1）打印机应被限定在固定场所内使用，并且只能通过内部网络进行打印作业。

（2）打印机一旦与外部网络连接，应给予声音、灯光等形式的警告提示，或以内网邮件形式通知管理员，并能够立即切断与外部网络的连接。

3）数据传输泄密

防止数据传输泄密需要从以下 3 个方面着手：

（1）用户向打印机下发的打印数据需经过加密处理后再进行传输，从源头上保证打印数据的安全。

（2）应为打印机设置私有协议，保证打印数据通过不同于通用协议的本地私有协议进行传输。

（3）传输介质宜选用经过严密防护的数据电缆或光纤，防止打印数据被物理劫持。

4）硒鼓泄密

硒鼓是打印机的核心部件之一，也是打印机泄密的主要途径之一，需要从以下 3 个方面着手：

（1）保证硒鼓中不配备任何形式的电路板和芯片，防止打印数据被非法窃取。

（2）硒鼓应具备静电清除能力，当完成打印作业后，硒鼓应立即释放残余电荷，防止静电残留。

（3）每打印完一份文件，打印机应自动擦除 OPC（硒鼓的成像组件）潜像，确保已打印资料不被二次打印。

5）内存数据泄密

打印机内存负责缓存打印数据。当打印作业完成后，打印机应立即对内存数据进行清除。同时，打印机还应具备手动内存清除按键，方便用户手动清除内存数据，保证打印信息在打印机中的生存周期可控。

6）永久性存储器泄密

永久性存储器能够轻易地记录打印信息，且不易丢失，是打印数据泄露的重要途径之一。因此，不应为打印机配备硬盘、存储卡或存储芯片等形式的永久性存储器，杜绝打印数据、用户信息和主机信息被非法存储。

7）软硬件安全性不可控

打印机主要核心部件，如硒鼓、中控等，应拥有自主知识产权，并为国内正规厂商自主研发、生产和制造，保证打印机硬件和耗材的安全可控。此外，打印机管理系统和驱动程序应由打印机厂商自主开发，保证打印机软件的安全可控。

8）固件泄密

固件（设备内部保存的设备驱动程序）是打印机的核心软件。保证打印机固件安全，可以从以下两方面着手：

（1）要求打印机具备对非法固件的主动识别能力。例如，可在固件中加入唯一性可信凭据，只有通过了可信性验证的固件才被允许安装。

（2）当打印机检测到非法固件时，应拒绝安装，并立即删除非法固件，同时向管理员发出警告。

9）打印管控风险

在重要信息系统网络中，信息的输出应采取集中管控模式，信息输出点配置规则应遵循最小化原则。同时对信息输出应具备严格的审计程序，可从以下几方面加以应对：

（1）重要信息系统网络中的打印作业应采取集中打印和集中管理模式，保证信息输出可控。

（2）采用可信打印技术。即在打印任务下发至打印机后，用户必须在打印机端输入密码、指纹等可信凭据后，文档方能被打印，且打印机在完成打印作业后应给出声音、灯光等形式的反馈信息，以提醒授权用户及时取走打印文件。

（3）打印机应具备完善的打印审计系统，且应管理方便、界面友好，同时审计系统应具备明确的管理员权限划分，不同管理员之间应相互独立，相互制约，分工明确。

（4）审计系统应具备全面、丰富的安全策略控制项，能够对用户的打印权限进行细粒度的审批和授权，并能够清晰、准确地记录用户和管理员的打印和操作日志，便于事后溯源。

3. 外设使用日志审计

外设使用日志审计的原理与 5.4 节中的外部设备控制方式相同，在外设接入时，通过设备过滤驱动程序截获信息，以此信息来进行外设使用日志的审计。

4. 软件使用日志审计

软件使用日志审计通过驱动拦截进程创建，根据安全策略的相关设置，确定目标进程是否在进程审计名单中，如果是，则进行相应的审计。

5. 系统账号活动日志审计

系统账号活动日志审计通过系统 API 获取系统账号活动日志进行审计。

6. 终端开关机日志审计

终端开关机日志审计通过系统 API 获取开关机日志并进行审计。

7. 邮件记录审计

电子邮件是政企机构办公的重要工具，也是恶意攻击者首选的攻击目标之一。有调查结果显示，采用钓鱼邮件和恶意邮件附件的攻击事件占所有被调查安全事件总数的1/3。根据 360 威胁情报中心发布的《2017 年中国企业邮箱安全性研究报告》指出，截至2017 年 12 月，活跃的中国政企机构独立邮箱域名约为 500 万个，中国境内企业级电子邮箱活跃用户规模约为 1.2 亿个，全国企业级电子邮箱用户平均每天收发电子邮件约 16.1亿封。在企业级电子邮箱用户收发的邮件中，正常邮件占 25.4%，普通垃圾邮件占64.7%，钓鱼邮件占 4.08%，带毒邮件占 2.12%，谣言反动邮件占 2.23%，色情、赌博等违法信息推广邮件占 1.47%。从收集到的数据得知，2017 年在企业级电子邮箱收发的邮件中仅有约 1/4 为正常邮件，垃圾邮件及其他各类非法、恶意邮件等非正常邮件的数量是正常邮件数量的 3 倍左右，如图 5-5 所示。

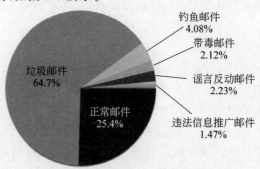

图 5-5　企业级电子邮箱收发邮件类型分布

　　该研究报告数据同时表明,从 2017 年起,僵尸网络开始被大量地应用于垃圾邮件攻击。与传统的垃圾邮件攻击方式不同,使用僵尸网络发送垃圾邮件的攻击者并非通过少数被控制的邮箱集中大量发送内容完全相同的电子邮件,而是通过其控制的大量散布在全球各地的各类电子邮箱分时、分布式地发送大量内容并不完全相同,但具有一定相关性的垃圾邮件。僵尸网络发送垃圾邮件的特点使得大多数传统的反垃圾邮件网关及传统的反垃圾邮件策略难以奏效。

　　思科公司发布的《2018 年度网络安全报告》指出,邮件仍然是恶意软件分发的重要渠道,由于钓鱼攻击对于窃取用户凭证和其他敏感信息最直接也最有效,钓鱼邮件和鱼叉攻击邮件成为近年来重大数据泄露事件的根本原因之一。思科公司威胁情报中心通过对鱼叉攻击邮件的抽样分析得出以下结论:以订单类为主题的鱼叉攻击邮件最多,占比高达 39.8%;排名第二的主题是支付类,占比为 19.4%。攻击者的首选攻击目标是企业,占比高达 61.5%;其次为金融机构,占比为 14.7%;排名第三的是政府机构,占比为 7.1%。在鱼叉攻击邮件中,攻击者在邮件中最喜欢携带的文档为 Office 文档,占比高达 65.4%;其次为 RTF(Rich Text Format,富文本格式)文档,占比达到了 27.3%。通过对摩诃草组织及国内某特殊行业企业遭到鱼叉攻击邮件攻击的分析可以发现,攻击者大量使用社会工程学手法,邮件极具迷惑性,终端用户很难识破。鱼叉攻击邮件主题及攻击行业分析如图 5-6 所示。

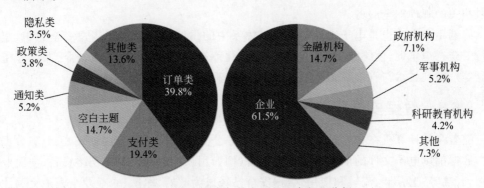

图 5-6　鱼叉攻击邮件主题及攻击行业分析

　　为应对邮件引发的安全威胁,美国国土安全部于 2017 年 10 月发布命令,要求所有政府机构的域名必须采用发件人策略框架(Sender Policy Framework,SPF)以及基于域的邮件验证、报告与一致性(Domain-based Message Authentication,Reporting and Conformance,DMARC)记录机制来保护邮件。

　　2017 年 11 月,中国公安部网络安全保护局召开党政机关事业单位和国有企业互联网电子邮件系统安全专项整治工作电视电话会议,要求梳理排查邮件系统基本情况,开展邮件系统集中建设工作,加强邮件系统网络安全等级保护,加强邮件系统建设安全管理,加强邮件系统的应急处置工作。关于安全管理,提及了防钓鱼、防窃密、防病毒、反垃圾、内容过滤、安全审计这几个关键安全保护措施。这次会议对于国内邮件安全工作方向有指导意义。

　　邮件记录审计是终端安全防护需要重点关注的对象,根据邮件攻击的技术手段,审计涉及的安全技术主要有身份认证、邮件协议、防病毒、DLP等内容。为了防范邮件引起的终端安全隐患，需要在邮件管理实施中注意以下几方面：

（1）登录安全。定期更换口令，避免使用弱口令，结合动态密保、短信验证码等辅助验证方式，采用合理、高效的高安全口令策略设置登录口令，抵御口令破解。

（2）传输安全。邮件客户端与邮件服务器端之间利用加密技术对传输的数据进行加密处理，常用的传输加密方式有 SSL、TLS，以及对邮件加密的国家商密算法 SM9、PKI/CA、PGP 等，实现内容和传输过程的传输安全防护。

（3）使用安全。对于敏感邮件内容和附件应做好加密措施，并且邮件中不能附带解密密码；对重要邮件做好备份，防止被攻击后引起的文件丢失；禁止不同密级邮件随意转发，尤其是高密级向低密级方向的非法转发；及时对邮件服务器端的邮件数据进行远程擦除，避免邮件服务器端留存邮件记录，导致泄密事件。应充分利用信息安全防护措施对邮件内容、附件进行监管，这些信息安全防护措施包括各类信息安全设备和软件（例如防火墙、WAF、DLP 等），以防止内部敏感数据泄露。同时，也应避免因内部个别终端沦陷而使信息系统面临巨大的安全风险。

（4）防御安全。需要在信息系统中增加电子邮件网关的设置，用于发现和阻止网络钓鱼、恶意软件和垃圾邮件。同时，对邮件服务器自身也应遵循相关的安全要求进行必要的设置，避免邮件服务器沦陷。如果邮件系统使用托管的第三方服务商，也应要求服务商提供相关的邮件安全服务。

终端用户自身也是电子邮件安全保障体系中的重要一环。加强用户安全意识，定期进行安全意识培训，使终端用户了解邮件安全注意事项（例如定期更换口令、保存好密码信息等），做到技术与管理双管齐下，才能逐步提高信息系统的安全性。

5.6.6　数据安全管理

随着终端计算机在各行各业的普遍应用，办公文件、设计图纸、财务报表、业务数据等各类数据都以电子文件的形态在不同的设备（例如用户终端、服务器、网络设备、便民业务终端、云端等）上存储、流转和使用，数据安全已经成为政府、军队、企业及个人最为关注的问题。从宏观上看，各种网络安全产品、终端安全产品、云安全产品等所追求的根本目标就是保护数据安全，然而，层出不穷的各类数据泄露事件充分说明：单纯从网络边界建立安全防护体系的尝试是不成功的，APT、勒索软件等已经可以成功攻击用户的核心数据文件；同时，由于外部竞争的加剧，组织机构内部人员往往受利益驱使主动泄露敏感数据，在给组织机构带来信誉和利益损失的同时，也严重危害了组织机构信息系统的安全。同时，随着数据挖掘、机器学习、人工智能等技术的发展，数据分析能力不断提升。即使通过数据清洗、匿名等技术对信息进行处理，信息泄露的安全风险依然存在。

信息社会在互联网应用普及和对互联网严重依赖的背景之下，由于信息安全漏洞造成的个人敏感信息泄露事件频发。个人敏感信息的泄露主要通过人为倒卖、手机泄露、病毒感染和网站漏洞等途径实现。因此，防范个人敏感信息泄露，保护个人隐私，除了个人要提高自我信息保护意识以外，为了积极应对数据安全风险和挑战，国家也正在积极推进保护个人信息安全的立法进程。《中华人民共和国宪法》《中华人民共和国民法通则》《中华人民共和国侵权责任法》《中华人民共和国刑法修正案》等法律法规对个人信息的保护均有所体现。《中华人民共和国网络安全法》于 2017 年 6 月 1 日起实施,具有里程碑式的意义,为我国对个人敏感信息的保护奠定了坚实的法律基础。2017 年颁布的《信息安全技术 个人信息安全规范》(GB/T 35273—2017)、《信息安全技术 移动智能终端个人信息保护技术要求》(GB/T 34978—2017)、《信息安全技术 数据服务安全能力要求》(GB/T 35274—2017)等国家标准进一步明确了对收集、保存、使用、共享、转让、公开披露等个人信息处理活动的详细规定,有利于平衡商业行为与个人隐私权益,也为企业、监管部门和第三方评估机构的监督、管理、评估提供了基本依据。

除了国家法律法规和标准之外,政府机构、各行各业也在数据安全方面提出了针对各自业务场景的相关要求、规范。例如,贵州省发布的《政府数据分级分类指南》(DB52T 1123—2016),以及《中央企业商业秘密信息系统安全技术指引》《电信和互联网用户个人信息保护规定》《国家电网公司网络与信息系统安全管理办法》《商业银行信息科技风险管理指引》等相关行业的数据安全管理措施。

ISO/IEC、国际电信联盟电信标准分局(ITU-T)、NIST 都制定了有关数据安全的标准规范,例如,NIST 发布了包括 SP 800-122 和 NISTIR 8053 在内的多项数据安全相关标准。欧盟也于 2018 年发布并实施了《通用数据保护条例》,其目标是对欧盟管辖范围内的个人敏感数据进行法律保护,并制定了个人敏感数据的保护规则和相关的处罚措施。

1. 敏感信息分类

敏感信息是指不当使用或未经授权被人接触或修改后,会产生不利于国家和组织机构的负面影响和利益损失,或不利于个人依法享有的个人隐私的所有信息。敏感信息根据信息种类的不同可以分为个人敏感信息、商业敏感信息、国家秘密。由于涉及国家秘密的信息系统通常采用专用网络、系统、管理方式进行保护,泄露风险相对较低,因此本书重点关注个人敏感信息及商业敏感信息,对国家秘密仅做概要性介绍。

1) 个人敏感信息

中华人民共和国最高人民法院、最高人民检察院对公民个人信息进行了解释,即,以电子或者其他方式记录的能够单独或者与其他信息结合识别特定自然人身份或者反映特定自然人活动情况的各种信息,包括姓名、身份证件号码、通信联系方式、住址、账号密码、财产状况、行踪轨迹等。

最高人民法院的司法解释指明了个人敏感信息的种类:

(1) 基本信息。包括姓名、性别、年龄、身份证号码、电话号码、Email 地址及家庭住址等,有时甚至会包括婚姻、信仰、职业、工作单位、收入、病历、生育等内容。

(2) 设备信息。是指个人信息主体使用各种计算机终端设备(包括移动终端和固定终端)的基本信息,如位置信息、WiFi 列表信息、MAC 地址、CPU 信息、内存信息、SD 卡信息等。

(3) 账户信息。主要包括银行账号(特别是网银账号)、第三方支付账号、社交账号和重要邮箱账号等。

(4) 隐私信息。主要包括通讯录信息、通话记录、短信记录、即时通信应用软件聊天记录、个人视频、照片等,甚至包括个人健康记录、生物特征等。

(5) 社会关系信息。主要包括好友关系、家庭成员信息、工作单位信息等。

(6) 网络行为信息。主要是指上网行为记录,如上网时间、上网地点、输入记录、聊天交友情况、网站访问行为、网络游戏行为等信息。

在《信息安全技术 个人信息安全规范》(GB/T 35273—2017) 中,对个人信息和个人敏感信息作出了清晰界定。个人信息是以电子或者其他方式记录的能够单独或者与其他信息结合识别特定自然人身份或者反映特定自然人活动情况的各种信息,包括姓名、出生日期、身份证件号码、个人生物识别信息、住址、通信联系方式、通信记录和内容、账号密码、财产信息、征信信息、行踪轨迹、住宿信息、健康生理信息、交易信息等。个人敏感信息是指一旦泄露或被非法滥用,可能危害人身和财产安全,以及导致个人名誉、身心健康受到损害或歧视性待遇的个人信息,包括身份证件号码、个人生物识别信息、银行账号、通信记录和内容、财产信息、征信信息、行踪轨迹、住宿信息、健康生理信息、交易信息、14 周岁(含)以下儿童的个人信息等。在《信息安全技术 公共及商用服务信息系统个人信息保护指南》(GB/Z 28828—2012) 中规定了个人一般信息与个人敏感信息的处理原则:前者可以建立在默许同意的基础上;后者则建立在明示同意的基础上,在收集和利用的必须获得个人信息主体明确授权。

2) 商业敏感信息

商业信息的主要形式包括新闻、市场调查、信用和财务信息、公司经营概况,行业和国家经济分析、IT 研究等各方面内容。

从广义的角度看,商业信息是指能够反映商业经济活动情况,与商品交换和管理有关的各种消息、数据、情报和资料的统称。商业信息的范畴不但包括直接反映商业购销、市场供求变化及供应活动的信息,还包括各种影响市场供求变化的有关情况的信息。例如,自然灾害、政治事件等会影响市场商品可供量的增减、购买力投向变化等;又如,OPEC 对石油生产的限制会导致石油价格变动,对全球经济产生直接影响。有关这些方面的情况变化也可纳入商业信息的范围。

从狭义的角度看,商业信息是指直接反映商品买卖活动的特征、变化等情况的各种消息、数据、情报和资料的统称。

商业信息按不同的划分标准可以分为若干种。按照商业信息性质和内容可以划分为市场营销信息、市场管理信息、市场科技信息和市场环境信息。

(1) 市场营销信息。它是市场信息的核心和主体,主要包括如下信息:商品生产和供应信息(商品生产能力、规模、布局、结构、渠道,以及购买力和投向变化,消费水平和结构变化等);商品竞争信息(同行业竞购、竞销能力及其竞争战略与策略等)。市场营销信息常常通过商情、广告、市场调查等形式反映出来。

(2) 市场管理信息。包括国家调控市场、市场引导企业的宏观管理信息和企业内部业务管理的信息。前者包括国家制定和颁布的经济法规、政策以及税收、银行、物价等部门出台的有关规定等。后者指的是商品产供销计划,购销合同的签订和履行,以及业务、财务、会计、审计、物价等管理措施的有关信息。

(3) 市场科技信息。包括新产品的开发、设计、试制,以及各类产品加工、包装、仓储、运输、检验、采购、销售、服务等环节中所出现的科学技术发明成果和改革、革新措施的信息。

（4）市场环境信息。包括影响市场供求变化和营销活动的各种政治、经济、社会、自然环境变化的信息。政治环境信息包括国家重大方针政策变化、不同时期党的号召等；经济环境信息包括经济政策变化、经济体制改革、经济结构变化、经济发展速度和人民消费水平、消费结构变化等；社会环境信息包括城乡建设发展、人口发展与分布、人民文化和教育水平，以及风俗习惯等；自然环境信息包括气候变化、土地资源开发利用、农作物生长态势等。以上环境变化所产生的信息都可作为市场环境因素而对市场营销有着重要价值。

在商业信息中，企事业单位会将其中的某些内容作为商业敏感信息，不对外公开，这些信息受法律保护。1993 年 12 月 1 日实施的《中华人民共和国反不正当竞争法》将商业敏感信息定义为"不为公众所知悉、能为权利人带来经济利益、具有实用性并经权利人采取保密措施的技术信息和经营信息"。

技术信息主要是指权利人采取了保密措施加以保护（未取得工业产权保护），不为公众所知晓，具有经济价值的技术知识，如设计、程序、产品配方、制作工艺等。

经营信息是指权利人采取了保密措施加以保护，不为公众所知晓，具有经济价值的有关商业、管理等方面的方法、经验或其他信息，如企业的战略规划、管理方法、商业模式等。

3）国家秘密

国家秘密是关系国家安全和利益，依照法定程序确定，在一定时间内只限一定范围的人员知悉的事项。国家秘密受法律保护。一切国家机关、武装力量、政党、社会团体、企业事业单位和公民都有保守国家秘密的义务。任何危害国家秘密安全的行为都必须受到法律追究。《中华人民共和国保守国家秘密法》对有关的问题作了规定，下列涉及国家安全和利益的事项，泄露后可能损害国家在政治、经济、国防、外交等领域的安全和利益的，应当确定为国家秘密：

（1）国家事务重大决策中的秘密事项。

（2）国防建设和武装力量活动中的秘密事项。

（3）外交和外事活动中的秘密事项以及对外承担保密义务的秘密事项。

（4）国民经济和社会发展中的秘密事项。

（5）科学技术中的秘密事项。

（6）维护国家安全活动和追查刑事犯罪中的秘密事项。

（7）经国家保密行政管理部门确定的其他秘密事项。

国家秘密的密级分为绝密、机密、秘密 3 级。

（1）绝密级国家秘密是最重要的国家秘密，一旦泄露会使国家安全和利益遭受特别严重的损害。

（2）机密级国家秘密是重要的国家秘密，一旦泄露会使国家安全和利益遭受严重的损害。

（3）秘密级国家秘密是一般的国家秘密，一旦泄露会使国家安全和利益遭受损害。

国家秘密的保密期限，除另有规定外，绝密级不超过 30 年，机密级不超过 20 年，秘密级不超过 10 年。机关、单位对承载国家秘密的纸介质、光介质、电磁介质等载体以及属于国家秘密的设备、产品,应当做出国家秘密标志。不属于国家秘密的,不应当做出国家秘密标志。

2. 敏感信息泄露分析

1)个人敏感信息泄露分析

在已有的敏感信息泄露事件中,超过 60% 的是个人敏感信息泄露事件,由此滋生的电信、网络诈骗等下游违法犯罪行为已造成巨大社会损失,严重影响社会安定,成为社会公害。个人敏感信息泄露甚至还会导致根据用户特征设计实施的"精准式"诈骗,威胁公众的财产和人身安全。2017 年 7 月,安全牛网站发布了《国内外敏感信息泄露案例汇总分析》,对 2012 年以来公开报道的敏感信息泄露事件进行了统计分析,如图 5-7 所示。

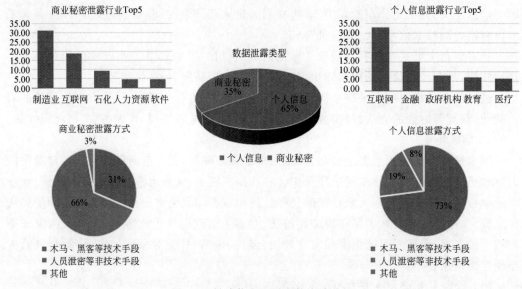

图 5-7　敏感信息泄露事件统计分析

个人信息泄露表现出以下特点:

(1)行业分布广泛,互联网、金融成为重灾区。个人敏感信息泄露涉及的前 5 个行业和领域为互联网、金融、政府机构、教育、医疗,这些行业和领域成为个人敏感信息泄露的重灾区。这些行业和领域基本上都大量存储、分析、使用个人信息,涉及人们日常生活的方方面面。通过对个人敏感信息泄露的原因进行分析可以发现,主要原因为对信息安全的重视程度不能适应信息技术的快速变革和发展。近年来随着科技的发展,特别是移动互联网的长足发展,基本上可以使用移动智能终端解决所有事情。在提高了便利性的同时,安全性却并未得到同样的提升,增加了数据泄露的途径,降低了不法分子获取个人敏感信息的难度,导致个人敏感信息的非授权使用和泄露。

(2)黑客入侵获取数据成为主要手段。不法分子获取信息的手段可分为技术手段(例如黑客入侵、软件漏洞等)和非技术手段(例如内部人员泄密、非有意识泄密等)两种。通过分析得知,绝大多数个人敏感信息泄露是由于黑客入侵等技术手段获取到的数据,少量的个人敏感信息泄露是由于内部人员主动泄露或出售数据等非技术手段导致的。

2）商业秘密泄露分析

随着数据处理技术的发展，数据的存储方式、存储介质和传输方式都发生了改变，使得不法人员窃取商业秘密的途径变得更加隐蔽。在涉及商业秘密泄露的案件中，大量的证据都是以电子文档的形式存在的，而且这些证据通常是在随身携带的设备中存放的。对商业秘密泄露涉及的行业类型、泄露手段等内容进行进一步的深入分析后发现，商业秘密泄露表现出以下特点：

（1）行业分布广泛，制造业、互联网商业秘密泄露情况较多。商业秘密泄露涉及的前5个行业为制造业、互联网、化工、人力资源、软件公司，占全部商业秘密泄露的近八成。商业秘密的泄露主要集中在有一定技术壁垒或需要创新的行业。不法分子或竞争对手通过雇用商业间谍或黑客等手段，窃取产品设计、产品配方、制作工艺、企业战略规划等商业秘密。

（2）内部员工或离职员工泄密成为商业秘密的主要泄露手段。与个人敏感信息泄露相比，商业秘密的泄露手段主要为非技术手段，主要通过收买内部员工或离职员工来实现。

为应对企业核心数据面临的内部、外部威胁，国内外安全产品厂商均推出了以敏感数据保护为主要目的的信息安全产品（例如数据防泄露产品），由于安全法规、技术背景、使用习惯、保护力度的不同，国内外数据防泄露产品采用了截然不同的技术路线：基于内容分析的 DLP 产品或者基于文件加密的 DLP 产品，将在后面介绍。

3. 敏感信息保护方式的研究成果

2018 年 7 月，IBM 公司联合 Ponemon 研究院发布报告《2018 年数据泄露成本研究：全球分析》，对美国、欧洲、亚太、中东、南非等 13 个国家和地区的 419 家发生过数据泄露事件的企业进行调研，并从经济影响的角度给出了企业为防范泄露和减轻不良后果的资源投入建议。

如图 5-8 所示，该报告列出了数据泄露时对每条记录平均成本有影响的 20 个因素。该报告明确指出：企业采取一些安全措施是可以降低数据泄露成本的，例如，事件响应团队、广泛应用加密、员工培训、参与威胁共享体系或业务持续性管理，这些措施均有助于降低数据泄露时每条记录平均成本。而第三方参与、大规模云迁移、设备丢失/被盗等行为所引发的数据泄露均会增加数据泄露时每条记录平均成本。

2015 年 7 月，Forrester 公司在名为《数据安全和隐私》的报告中展示了数据安全与控制框架，以帮助用户建立以数据为中心的安全架构，如图 5-9 所示。

该框架包括以下 3 个部分：

（1）明确。包括数据发现和数据分类。用户需要首先明确什么是敏感信息，并确定这些信息分布的位置。

（2）剖析。包括数据智能和数据分析。数据智能是指从数据中提取关于该数据的特征信息，然后利用这些信息去保护数据；数据分析指对数据进行实时分析以主动防御危险。

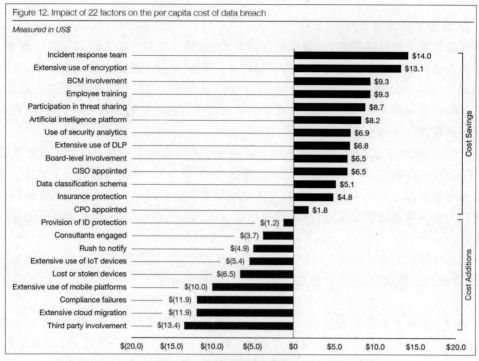

图 5-8　2017 年数据泄露成本统计

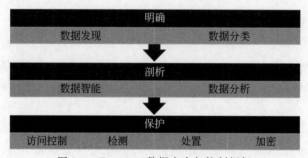

图 5-9　Forrester 数据安全与控制框架

（3）保护。对数据可以采取 4 个方面的保护，分别是访问控制、检测（检查数据使用模式）、处置（处理无用数据）和加密数据。

Gartner 是业内著名的信息技术研究和分析公司。它在 2017 年 1 月发布了《建立成功的 DLP 战略》报告，为企业成功实施 DLP（Data Leakage Protection，数据泄露防护）提出了具体的建议。DLP 是通过一定的技术手段防止企业的指定数据或信息资产以违反安全策略规定的形式流出企业的策略。DLP 产品是目前国际上主流的信息安全和数据防护手段。无论是在信息系统中部署独立的企业 DLP 产品还是在防火墙/网关等系统中集成 DLP 模块，都应该遵循如下 5 个步骤：

（1）明确敏感信息的类型和位置。负责应用和数据安全的管理人员应当与数据使用人员共同进行敏感数据的定义，以确保覆盖所有的敏感信息，同时满足内容检测机制的要求。

企业用户应该预先定义敏感信息类型,了解其存储位置,使得企业在选择 DLP 厂商时能自主判断产品所实现的内容检测机制是否能满足企业敏感信息识别的要求,确保依据企业的需求推动相关的选择过程。

(2) 明确敏感信息数据流向。一旦用户定义了敏感数据类型,并且对敏感数据的合理位置进行了确认,就可以开始定义预期的数据流以及对数据流违反预期的应对措施。

(3) 制定 DLP 策略。如果不能对敏感数据检测事件作出适当响应,就不能体现 DLP 系统的价值。因为 DLP 系统主要的价值就是改变用户行为,除了技术手段,还需要通过业务流程或企业文化方面的措施来改变用户行为。

最成功的 DLP 部署应从特定的用户和系统开始,在监控模式下,开始时仅仅对一些明显错误的活动设置阻止或警报,通过不断地深入、迭代、优化,最终产生一套适用于正常业务流程的策略。

(4) 明确工作流及事件处理方式。从本质上看,DLP 通过监控不安全的业务流程及有风险的数据操作来保障数据安全。因此,建立工作流来管理和处理事件是成功的关键。

工作流可以确保事件处理的完整性,但在事件处理过程中可能会涉及警报信息中存在的敏感数据二次泄露问题。安全风险管理者或领导者必须决定谁有权限查看警报信息的实际内容,并通过授权模块委派给特定人员处理。

(5) 与其他安全产品联动。DLP 产品具有其他信息安全产品不具备的内容识别技术,可与安全信息与事件管理(Security Information and Event Management,SIEM)、用户和实体行为分析(User and Entity Behavior Analytics,UEBA)、云访问安全代理(Cloud Access Security Broker,CASB)等产品进行联动,以更精确地识别风险点。

4. 敏感信息保护技术分析

1) 内容分析 DLP 产品

内容分析 DLP 产品源自国外,以统一策略为基础,采用深层内容分析,对静态数据、动态数据及使用中的数据进行即时识别、监控和保护。

内容分析 DLP 产品的核心在于内容分析引擎,通常支持从粗略到精准的系列分析算法,如关键字/字典、正则表达式、指纹等。用户结合自己的业务数据特点定制内容分析策略,从而使 DLP 系统能够判断当前数据内容是否为敏感信息,并进而执行预先定义的审计、警告、阻断等保护动作。

DLP 系统支持数据生命周期内 3 个主要环节的安全:

(1) 存储。主要指存储在终端、文件服务器、数据库服务器等节点上的文件,通过定时或周期性扫描,对全部文件或新增文件内容进行分析和识别,完成标记、复制、移动等保护动作。

(2) 传输。主要指当前正在传输中的数据,包括通过网络、邮件、蓝牙、USB 等形式传输的数据。DLP 系统解析相应的传输协议,还原数据内容,并进行敏感性分析,根据策略做出审计、警告、阻断等保护动作。

(3) 应用。主要指当前正在被各种应用访问的数据,如 Office 程序、即时通信程序、打印程序、光盘刻录程序等。DLP 系统需要对应用程序复制、粘贴、发送等行为涉及的数据内容进行监控，识别其中是否包含敏感信息，并采取警告、阻断等保护动作。

2）文件加密 DLP 产品

文件加密 DLP 产品主要由国内安全厂商提供，通过加密技术实现对重要数据文件的保护。

加密技术是业内公认的最安全的数据保护手段。文件被加密后，只能在安装了解密软件的设备上通过身份认证、权限判定等过程访问文件内容，因此，加密技术可以有效防止存储介质丢失、木马/黑客窃取、内外勾结等造成的泄密。但加密技术也会带来显著的问题：

（1）易用性。核心问题在于加解密的实现方式。文件加密系统不应改变用户正常的文件操作习惯，否则将容易导致用户使用体验差，影响系统的使用。

（2）性能。文件加解密的实现过程必然会影响系统性能。在考虑安全性的同时，应确保不会显著降低终端的系统性能。

（3）稳定性。加密过程会实际改变文件内容，必须确保解密功能始终稳定、有效，否则会导致比泄密更严重的数据安全事件。

为有效解决以上问题，文件加密 DLP 产品采用文件夹加密、磁盘加密、应用层加密、驱动层加密等多种技术方法。完整的数据加密产品必须基于 PKI 安全体系，实现数字证书、身份认证、加密算法、密钥等管理功能，国家对采用密码技术实现数据安全的产品有严格的资质认证要求。

上述两种 DLP 产品的简要对比如表 5-4 所示。

表 5-4　两种 DLP 产品

对 比 项	文件加密 DLP 产品	内容分析 DLP 产品
安全性	高。能有效防止被动及主动泄密	一般。存在多种逃逸手段
稳定性	中。极端情况下会导致文件损坏	稳定。不改变文件内容
易用性	较差。过度加密易引起用户抵制	易用。用户基本无感知
兼容性	一般。容易与其他系统存在兼容性问题，通常只支持 Windows 平台	高。支持 Windows、Linux、MacOS 和移动平台
资源要求	中。与算法和密钥长度有关	较低。与内容分析策略复杂度有关
技术实现复杂度	高。涉及 Windows 内核开发	高。内容分析引擎实现难度大

3）下一代 DLP 产品思路

通过对敏感信息保护相关案例的研究，参考国内外专业机构的信息安全模型，在分析现有 DLP 产品功能优缺点的基础上，可以勾勒出下一代 DLP 产品的 3 个典型特征。

（1）数据分类是安全保护前提。数据分类（data classification）是指通过预先确定的标准和规则对数据进行持续性的分类过程，以实现对数据更有成效和更高效率的保护。

市场调研机构 IDC 预计，全球数据总量年增长率将维持在 50% 左右，到 2020 年，全球数据总量将有望达到 40ZB。企业的各类信息系统在日常运行过程中产生了大量的数据,企业必须采取新的方法来保护数据。

通过数据分类,使企业能够实现以下两点:

① 避免采取一刀切的数据处理方式。

② 避免随意选择需要保护的数据而消耗了宝贵的安全资源。

数据分类的实现方式包括以下 3 个:

① 基于内容分类。检查文件内容,确认是否包含特定的敏感信息,常见的方式包括关键字、字符串、文件指纹等。

② 基于文件上下文分类。检查访问该文件的进程名称、路径、文件属性等是否符合特定的分类标准。

③ 基于用户分类。由授权用户通过手动方式设置文件类别。

(2) DLP 技术是核心手段。DLP 需要根据预先定义的策略实时扫描存储和传输中的数据,评估数据是否违反预先定义的策略,并自动采取警告、隔离、加密甚至阻断等保护动作。

根据数据保护对象的不同,DLP 系统可以细分为多个模块,如图 5-10 所示。

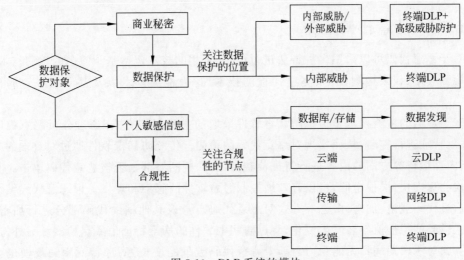

图 5-10　DLP 系统的模块

以下是 DLP 系统的几个重要模块:

① 终端 DLP。通过部署在终端的客户端程序实现保护功能,支持的终端类型包括运行 Windows、Linux 或 Mac OS 的任何笔记本电脑、台式机、服务器等。所有需要实现数据保护功能的终端都应该部署相应的客户端程序。

② 网络 DLP。对网络流量进行可视化管理及控制,可基于物理设备或虚拟设备对邮件、Web 访问、即时通信等各种流量进行检测,支持在线、旁路等多种部署模式。

③ 数据发现。对网络中的服务器、终端、数据库、共享文件夹等主动进行扫描,检查其中是否存在敏感信息。为实现该功能,有时需要在目标系统中部署代理程序,以便实现扫描功能。

④ 云 DLP。类似于数据发现,对云端存储的数据进行扫描。云 DLP 通常依赖 API

连接云端存储服务（例如 Box、One-Drive 等），对上传到云端的数据进行审计和保护。

（3）文件自动加密是必备的增强方式。在传统 DLP 产品中虽然也采用了加密技术，但主要是在传输、存储等场景下为防止被动泄密而采取的保护手段，例如，对邮件附件中的敏感信息加密以防止网络窃密，对存储在 USB 设备中的文件加密以防止存储介质丢失导致泄密，等等。

通过对大量敏感信息泄露事件的汇总分析发现，因为存在多种简单易行的逃逸手段，内部员工主动泄密是商业秘密泄露的主要方式。因此，仅依赖 DLP 技术并不能有效阻止主动泄密事件的发生。基于文件的自动加密技术能够在不改变用户使用习惯的前提下实现对文件的自动强制加解密，但是仅使用该技术会导致过度加密问题。将文件加密技术与 DLP 内容识别技术相结合，仅对包含敏感信息的文件自动加密，可以有效增强 DLP 产品的保护力度。

5.7 恶意软件防范管理

5.7.1 恶意代码检测

对于恶意代码可以采用多种方法进行识别，常用的技术包括基于签名的检测技术、启发式检测技术、权限检测技术、完整性检测技术、行为检测技术以及基于云平台的检测技术。

基于签名的检测技术是传统防病毒软件采取的主要工作方式，通过分析恶意程序特征，并对特征进行签名，从而实现对恶意代码的检测。传统防病毒软件通过对终端的文件系统、内存运行等方面的内容进行特征值签名比对，判断终端是否被恶意代码攻击。其优点是检测速度快，误报率低，可以有效地控制恶意软件的感染和爆发。但恶意代码编写者可以通过代码混淆、加密、多态等方式对恶意代码自身或其他辅助代码部分进行加密，使得恶意代码的特征值签名发生变化，绕过防病毒软件的病毒特征值签名检测。另外，这种检测方式对于未知病毒无能为力。随着恶意代码数量的增长，病毒特征库的规模也会越来越庞大，带来的资源占用和性能下降问题也不容忽视。

启发式检测技术通过将病毒特征的通用签名与现有签名进行模糊匹配来检测病毒。这种方式对于防御病毒家族有较好的效果。随着人工智能算法的加入，启发式检测技术将广泛应用和迅速发展，目前主流的防病毒软件均包含这种检测技术。

权限检测技术是针对恶意代码实现其攻击目的的先决条件（具有足够的权限）产生的检测方法。该方法通过控制恶意代码在被入侵系统中的权限，使得恶意代码仅获得最小权限或没有相应权限，能够有效抵御滥用权限的恶意代码。例如，利用 Rootkit 获取终端管理权限的恶意代码可以改变终端系统的运行方式，甚至可以终止防病毒程序。而 Rootkit 类型的病毒一旦发作，通常难以删除，甚至需要重新安装操作系统才可以解决。利用权限检测技术可以遏制恶意代码的 Rootkit 操作，实现对系统的安全防护。

完整性检测技术是在恶意代码感染、破坏目标的过程中检测目标的完整性，判断恶意代码的方法。此检测方式通过确保系统资源特别是系统中重要资源的完整性不受破坏来阻止恶意代码对系统资源的感染和破坏。文件校验和法是完整性检测技术对信息资源实现完整性保护的一种应用，它首先计算并保存正常文件内容的校验和，然后定期地或在文件使用前检查文件内容校验和与保存的校验和是否一致，以验证文件是否被感染。这种方法能够有效地检测出已知和未知恶意代码对文件的修改。但是，由于恶意代码感染并非系统文件改变的唯一原因，软件版本升级、变更口令等正常操作也会引起系统文件更改，因而这种方法容易产生误报，而且运算量比较大，会影响系统文件的运行速度。

行为检测技术是利用恶意代码的特有行为特征来检测恶意代码的方法。通过对恶意代码的观察、研究，归纳恶意代码的共同行为，将这些罕见而特殊的共同行为定义为恶意代码的特征行为。当程序运行时，监视其后续的行为，如果发生了与恶意代码特征行为相同的动作，则立即告警。这种方法可以比较准确地发现未知的病毒，但不能识别病毒名称，而且在实现上也有一定的技术难度，因此它常作为基于签名的检测技术的重要补充。

本地的恶意代码样本库通常难以满足终端中出现的大量未知样本的检测需求。基于云平台的检测技术采用基于大数据的云平台检测技术，帮助企业内部信息安全人员快速实现大量未知样本文件的鉴定，以保障企业内部终端安全。利用云平台的大数据可以帮助企业迅速定位威胁级别较高的恶意样本在企业内部的终端分布，有效帮助信息安全人员定位存在威胁的终端，并迅速作出响应处理。这种检测方式可以通过私有云或者公有云的方式进行，两种方式的检测模式在本质上没有区别，只是云平台的部署位置有区别。私有云平台通常部署在组织机构内部信息系统中，使用内部网络地址；而公有云平台通常由信息安全服务提供商提供公网地址。终端安全管理平台只需连接其中一种云平台，即可完成未知样本的上传鉴定以及恶意代码样本库的更新。这种方式大大缩短了特征码更新周期，并降低了客户端对本地设备的资源消耗。但这种技术对网络的依赖程度较高，一旦网络中断，客户端的检测能力会受到影响。

5.7.2　恶意软件防范原则

本节介绍恶意软件防范的 5 个原则。

1. 增强安全意识

终端用户应建立相应的安全意识，主要包括：应及时安装安全防护软件；不禁用防病毒软件、恶意软件检测和清除工具、终端防护软件等安全控制机制和软件；不要打开未知来源的可疑电子邮件及其附件；不要点击可疑的网站弹出窗口和页面；不要访问可能包含恶意内容的网站；不要从不可信软件来源下载和执行应用程序。

2. 加强安全策略

安全策略是一个综合的规则集合，其中包含的内容与本书中内容的方方面面都有关联，例如，禁止使用弱口令，限制移动存储介质的使用，对外部的移动存储介质应进行安全扫描，限制管理员权限的使用，只访问经过组织批准的并受到安全机制保护的网络，限制不必要的程序运行，等等。

3. 选择安全的软件下载渠道

软件下载渠道已成为攻击者利用的重要途径。企业 IT 管理人员需要为员工构建安全可靠的软件下载平台。所谓术业有专攻,企业 IT 管理人员应更多地关注业务安全,对于软件基础设施安全,应该交给更为专业的安全厂商,由安全厂商对应用、工具类软件进行安全把关,建立一个软件足够丰富的软件生态圈和下载平台,使之覆盖大多数企事业用户的个性化要求。

4. 把控软件升级通道

在日益严重的软件供应链安全事件中,利用软件更新发起攻击已经成为最突出的问题,这也说明软件提供商对于更新设施的防护措施不够到位。这要求企业 IT 管理人员封堵软件更新的网络通道,并且部署安全设备进行有效的管控。软件更新管理已经成为软件供应链安全的重要环节。

5. 风险消减

为降低恶意代码给终端带来的安全风险,应使用包括防病毒软件、恶意代码检测和清除工具、IDS/IPS、防火墙以及各种针对特定恶意代码的防护技术。防病毒软件是减轻恶意代码威胁最常用的技术控制措施。恶意代码检测和清除工具主要用于应对偶发的、爆发性的特定恶意代码。例如,"永恒之蓝"勒索病毒专用查杀工具就属于此类工具。

对各类应用、服务进行安全加固,同样可以有效地消减应用、服务相关漏洞带来的安全风险。对终端系统中运行的进程、系统资源(例如 CPU、内存、网络流量、关键文件系统、外部设备等)进行持续监控,及时了解系统运行和资源占用情况,以便执行终端系统被感染后的响应措施、应急预案。

5.8 备份与恢复管理

5.8.1 数据备份方法

数据备份共分为 3 种方法。下面以某业务系统中一周的数据变化为例来说明这 3 种备份方式。

(1) 完全备份(full backup)。所谓完全备份就是对整个系统进行完全备份,包括系统、应用和数据。当发生数据丢失的灾难时,利用备份数据就可以恢复丢失的数据。它的不足之处是:由于每天都对系统进行完全备份,因此在备份数据中有大量重复数据,这些冗余的数据占用了大量的存储资源,增加了运行成本。同时,由于需要备份的数据量巨大,因此备份所需时间较长,对于业务繁忙、备份窗口时间有限的组织,这种备份策略的使用空间有限。完全备份工作方式如图 5-11 所示。

(2) 增量备份(incremental backup)。采用增量备份方法时,每次备份的数据是上一次备份后增加的和修改过的数据。这种备份方法由于没有重复的备份数据,因此节省存储资源,能减少备份时间。但它的缺点在于恢复数据的过程比较复杂,恢复数据时需要将

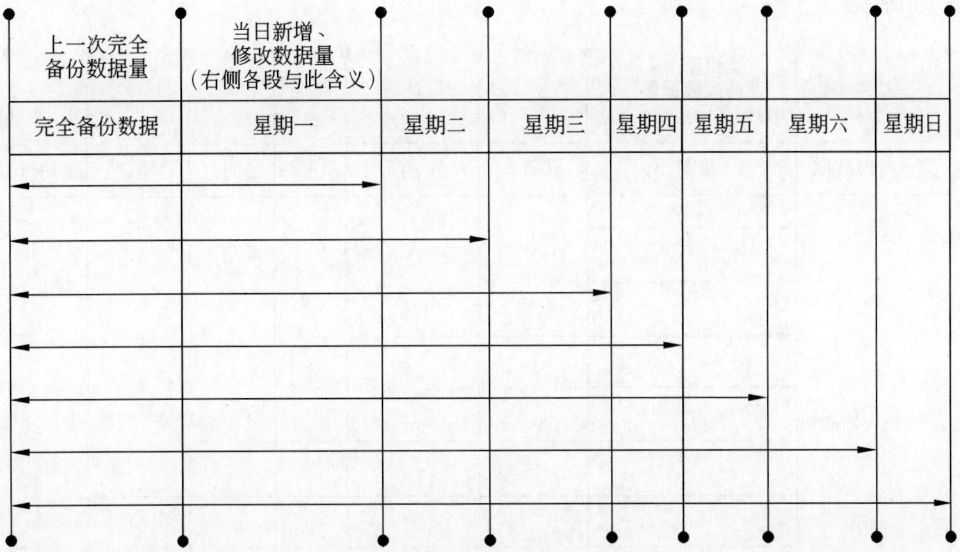

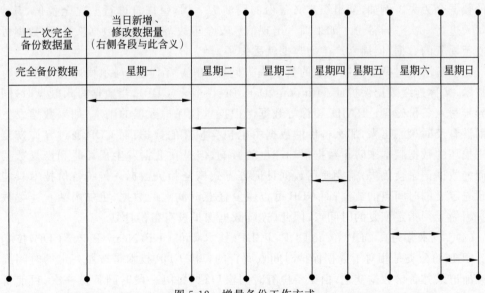

图 5-11　完全备份工作方式

上一次完全备份的数据以及各个增量备份数据按照备份时间顺序逐一恢复，才能将数据恢复完整。一旦增量备份数据链条中的某一个环节出现问题，后续备份数据恢复就会出现问题。增量备份工作方式如图 5-12 所示。

图 5-12　增量备份工作方式

（3）差异备份（differential backup）。采用差异备份方法时，每次备份的数据是相对于上一次完全备份之后新增加的和修改过的数据。这种备份方式结合了完全备份和增量备份的优点，每次备份的内容都是与上一次完全备份的数据差异。恢复数据时，只需恢复上一次完全备份的数据和最后一次差异备份的数据即可。差异备份工作方式如

图 5-13 所示。

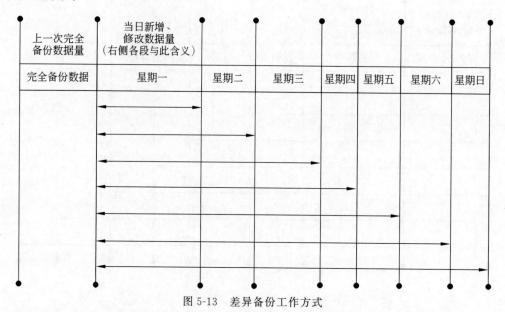

图 5-13　差异备份工作方式

这 3 种备份方法都采用了定时备份方式。按照指定的时间,周期性地对指定的系统、应用、数据进行备份。在这种方式下,如果需要恢复备份数据,则本轮备份周期中尚未备份的数据会丢失。例如,某组织定义备份的周期为一周,每周日进行一次全备份,其余 6 天每天进行一次差异备份。如果周六出现信息安全事故,需要进行数据恢复,则数据可以恢复至周五的数据,但周六产生的数据就丢失了。

为了解决定时备份机制导致的数据丢失问题,1989 年,皮特马尔科姆提出了实时备份技术,又称连续数据保护(Continuous Data Protection,CDP),当数据写入磁盘时,同时会异步写入备份磁盘。RAID、镜像等数据保护技术仅保护数据的副本,如果数据发生损坏而没有及时检测出来,那么备份的数据中也包含损坏的数据;而 CDP 通过允许恢复先前未损坏的数据版本来防止数据损坏产生的影响,但是在数据发生损坏时和恢复数据时之间的数据记录会丢失,需要使用数据日记等方式恢复相关数据。传统备份技术只能恢复预先定义的时间点的数据;而 CDP 可以恢复任意时间点的数据,更加灵活。连续数据保护因为无须指定恢复的时间点,因此,连续数据保护没有备份计划。

CDP 技术分为真 CDP(True CDP,TCDP)技术和准 CDP(Near CDP,NCDP)技术两类。CDP 的分类是相对于数据保护时间点而言的。准 CDP 技术是按照一定的时间周期持续地记录并备份数据变化,由于备份有时间窗口(即每隔一段时间备份一次,目前备份周期已缩小到秒级),不能形成完全意义上的持续保护,因此称其为准 CDP 技术。而真 CDP 技术是持续不间断地监控并备份数据变化,可以恢复到过去任意时间点。

采用 TCDP 技术的产品比采用 NCDP 技术的产品少。这一方面是由于技术原因,TCDP 需要解决数据的持续不间断监控和记录的技术难题;另一方面是由于 TCDP 技术持续备份时产生的数据量,尤其是文件体积比较大的情况下(例如多媒体文件)产生的数据量大于其他备份方式产生的数据量,对数据存储和传输带宽形成巨大压力,提高了运营成本,因此,通常采用带宽限制等技术降低备份工作给日常运营带来的影响。

5.8.2　灾难备份和恢复

在应用灾难备份(简称灾备)与恢复技术时,应建立本地备份与恢复功能,规划完整数据备份的实施周期,数据备份的介质应在运行场所外存放。还可以通过建立异地灾备中心、网络路径备份等方式应对由于人为或自然因素导致的安全威胁对系统的危害,保障信息系统和组织业务、应用正常运行。

灾备从安全保障范围可分为数据级、应用级和业务级 3 个级别。

数据级灾备主要关注数据,在灾难发生之后,可以确保数据不受到损坏。对于级别较低的数据灾备方案来说,可以将需要备份的数据通过人工的方式保存到异地,例如,将备份的磁带、硬盘或光盘定期运送到异地保存。而较高级的数据灾备方案则依靠基于网络的数据复制工具实现生产中心不同备份设备之间或生产中心与灾备中心之间的异步/同步的数据传输,例如,采用基于磁盘阵列的数据复制功能。

应用级灾备是建立在数据级灾备的基础上的,它包含了对应用系统的复制,也就是在异地灾备中心再构建一套应用支撑系统,其中包括数据备份系统、备份数据处理系统、备份网络系统等部分。应用级灾备能提供应用系统接管能力,即在生产中心发生故障时,灾备中心能够接管应用系统,从而尽量减少系统停机时间,保障业务连续性。

业务级灾备是最高级别的灾备系统,它包括非 IT 系统。当发生重大灾难时,用户的主要办公场所可能会被破坏,除了需要恢复原来的数据、应用以外,还需要将工作人员安置在一个备份的工作场所,正常地开展业务。

国内灾难备份与恢复过程的国家标准是《信息安全技术　信息系统灾难恢复规范》(GB/T 20988—2007)和《信息安全技术　灾难恢复中心建设与运维管理规范》(GB/T 30285—2013),这两个标准分别规定了信息系统灾难恢复应遵循的基本要求和灾难恢复中心建设与运维的管理过程。其中关于灾难恢复和灾难备份中心的定义如下:

灾难恢复是为了将信息系统从灾难造成的故障或瘫痪状态恢复到可正常运行状态并将其支持的功能从灾难造成的不正常状态恢复到可接受状态而设计的活动和流程。

灾难备份中心是用于在灾难发生后接替主系统进行数据处理和支持关键业务功能运作的场所。

GB/T 20988—2007 将灾难恢复能力划分为以下 6 级。

第一级为基本支持,其能力如表 5-5 所示。

表 5-5　第一级灾难恢复能力

要　　素	要　　求
数据备份系统	完全数据备份至少每周一次; 备份介质场外存放
备份数据处理系统	
备用网络系统	

续表

要　素	要　求
备用基础设施	有符合介质存放条件的场地
专业技术支持能力	
运行维护管理能力	有介质存取、验证和转储管理制度； 按介质特性对备份数据进行定期的有效性验证
灾难恢复预案	有相应的经过完整测试和演练的灾难恢复预案

第二级为备用场地支持，其能力如表 5-6 所示。

表 5-6　第二级灾难恢复能力

要　素	要　求
数据备份系统	完全数据备份至少每周一次； 备份介质场外存放
备份数据处理系统	在备用场地配备灾难恢复所需的部分数据处理设备，或灾难发生后能在预定时间内调配所需的数据处理设备到备用场地
备用网络系统	在备用场地配备部分通信线路和相应的网络设备，或灾难发生后能在预定时间内调配所需的通信线路和网络设备到备用场地
备用基础设施	有符合介质存放条件的场地； 有满足信息系统和关键业务功能恢复运作要求的场地
专业技术支持能力	
运行维护管理能力	有介质存取、验证和转储管理制度； 按介质特性对备份数据进行定期的有效性验证； 有备用站点管理制度； 与相关厂商有符合灾难恢复时间要求的紧急供货协议； 与相关运营商有符合灾难恢复时间要求的备用通信线路协议
灾难恢复预案	有相应的经过完整测试和演练的灾难恢复预案

第三级为电子传输和部分设备支持，其能力如表 5-7 所示。

表 5-7　第三级灾难恢复能力

要　素	要　求
数据备份系统	完全数据备份至少每周一次； 备份介质场外存放； 每天多次利用通信网络将关键数据定时批量传送至备用场地
备份数据处理系统	配备灾难恢复所需的部分数据处理设备
备用网络系统	配备部分通信线路和相应的网络设备
备用基础设施	有符合介质存放条件的场地； 有满足信息系统和关键业务功能恢复运作要求的场地

续表

要　素	要　求
专业技术支持能力	在灾难备份中心有专职的计算机机房运行管理人员
运行维护管理能力	有介质存取、验证和转储管理制度； 按介质特性对备份数据进行定期的有效性验证； 有备用计算机机房管理制度； 有备用数据处理设备硬件维护管理制度； 有电子传输数据备份系统运行管理制度
灾难恢复预案	有相应的经过完整测试和演练的灾难恢复预案

第四级为电子传输及完整设备支持，其能力如表 5-8 所示。

表 5-8　第四级灾难恢复能力

要　素	要　求
数据备份系统	完全数据备份至少每天一次； 备份介质场外存放； 每天多次利用通信网络将关键数据定时批量传送至备用场地
备份数据处理系统	配备灾难恢复所需的部分数据处理设备并处于就绪状态或运行状态
备用网络系统	配备灾难恢复所需的通信线路； 配备灾难恢复所需的网络设备并处于就绪状态
备用基础设施	有符合介质存放条件的场地； 有符合备用数据处理系统和备用网络设备运行要求的场地； 有满足关键业务功能恢复运作要求的场地； 以上场地应保持 7×24h 运作
专业技术支持能力	有 7×24h 专职计算机机房管理人员； 有专职数据备份技术支持人员； 有专职硬件、网络技术支持人员
运行维护管理能力	有介质存取、验证和转储管理制度； 按介质特性对备份数据进行定期的有效性验证； 有备用计算机机房运行管理制度； 有硬件和网络运行管理制度； 有电子传输数据备份系统运行管理制度
灾难恢复预案	有相应的经过完整测试和演练的灾难恢复预案

第五级为实时数据传输及完整设备支持，其能力如表 5-9 所示。

表 5-9　第五级灾难恢复能力

要　素	要　求
数据备份系统	完全数据备份至少每天一次； 备份介质场外存放； 采用远程数据复制技术，并利用通信网络将关键数据实时复制到备用场地

要　素	要　求
备份数据处理系统	配备灾难恢复所需的部分数据处理设备并处于就绪或运行状态
备用网络系统	配备灾难恢复所需的通信线路； 配备灾难恢复所需的网络设备并处于就绪状态； 具备通信网络自动或集中切换能力
备用基础设施	有符合介质存放条件的场地； 有符合备用数据处理系统和备用网络设备运行要求的场地； 有满足信息系统和关键业务功能恢复运作要求的场地； 以上场地应保持 $7\times24h$ 运作
专业技术支持能力	有以下 $7\times24h$ 的专职人员： • 计算机机房管理人员； • 数据备份技术支持人员； • 硬件、网络技术支持人员
运行维护管理能力	有介质存取、验证和转储管理制度； 按介质特性对备份数据进行定期的有效性验证； 有备用计算机机房运行管理制度； 有硬件和网络运行管理制度； 有实时数据备份系统运行管理制度
灾难恢复预案	有相应的经过完整测试和演练的灾难恢复预案

第六级为数据零丢失和远程集群支持，其能力如表 5-10 所示。

表 5-10　第六级灾难恢复能力

要　素	要　求
数据备份系统	完全数据备份至少每天一次； 备份介质场外存放； 远程实时备份，实现数据零丢失
备份数据处理系统	备用数据处理系统具备与生产数据处理系统一致的处理能力并完全兼容； 应用软件是集群的，可实时无缝切换； 具备远程集群系统的实时监控和自动切换能力
备用网络系统	配备与主系统相同等级的通信线路和网络设备； 备用网络处于运行状态； 最终用户可通过网络同时接入主、备中心
备用基础设施	有符合介质存放条件的场地； 有符合备用数据处理系统和备用网络设备运行要求的场地； 有满足信息系统和关键业务功能恢复运作要求的场地； 以上场地应保持 $7\times24h$ 运作
专业技术支持能力	有以下 $7\times24h$ 的专职人员： • 计算机机房管理人员； • 专职数据备份技术支持人员； • 专职硬件、网络技术支持人员； • 专职操作系统、数据库和应用软件技术支持人员

续表

要　　素	要　　求
运行维护管理能力	有介质存取、验证和转储管理制度； 按介质特性对备份数据进行定期的有效性验证； 有备用计算机机房运行管理制度； 有硬件和网络运行管理制度； 有实时数据备份系统运行管理制度； 有操作系统、数据库和应用软件运行管理制度
灾难恢复预案	有相应的经过完整测试和演练的灾难恢复预案

与灾难相关的灾备认证体系是灾备技术国家工程实验室、教育部网络攻防重点实验室、中国信息安全认证中心联合推出的中国信息安全与灾难恢复（China Information Security and Disaster Recovery，CISDR）认证，它作为信息安全与灾备企业的必备资质，是信息安全与灾备技术人员和管理人员资质评定的重要依据，是各行业信息安全与灾备相关人员专业水平的重要衡量标准。

灾难备份和恢复的主要衡量指标有恢复时间目标（Recovery Time Objective，RTO）和恢复点目标（Recovery Point Objective，RPO）。

RTO 是指灾难发生后，信息系统或业务功能恢复到最低可用水平的时间段。它可以包括尝试在没有恢复的情况下修复问题的时间、恢复过程本身的时间和测试时间等。例如，组织根据自身要求设定 RTO 为 4h，表示发生事故后 4h 内需要恢复相关的系统和服务。

RPO 是指灾难发生后，系统和数据应恢复到最低可用水平的时间点。例如，组织定义 RPO 为 4h，表示从系统和数据的角度而言，能够恢复的支持组织业务运作的相关数据是事故发生前 4h 的备份数据。图 5-14 是参数设置失败案例，其中设置的 RTO 和 RPO 都未满足设定的目标。

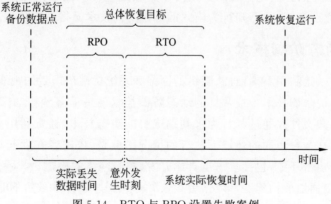

图 5-14　RTO 与 RPO 设置失败案例

从业务系统实际运行的角度来说，RTO 和 RPO 的理想状态都是趋于零，以减少业务和数据的损失，但 RTO 和 RPO 也要综合业务、成本等方面的因素来确定。

5.9 安全事件处置与响应

随着信息化社会的发展,各类信息系统投入了大量的投资以建设庞大的安全防御架构,IDS、防火墙、扫描器、审计系统、WAF、防毒墙等各类安全设备应有尽有。但是,针对网络与终端的安全事件仍然层出不穷,敏感数据泄露的安全事故更是比比皆是。恶意威胁由原来的盲目、直接、粗暴的攻击手段转变为现在的精确化、持久化、隐匿式的恶意攻击,它们会依照安排好的多个阶段有条不紊地展开,预估好每一步骤,通过侦测、武器化、传输、漏洞利用、植入渗透、C2(也称 C&C,Command and Control Server,指木马的控制和命令服务器)、窃取等多个步骤的"杀伤链"达到最终的目的,并可在短时间造成用户的惨重损失。

攻击者通常都会在内网的各个角落留下蛛丝马迹,真相往往隐藏在网络的流量和系统的日志中。传统的安全事件分析思路是:遍历各个安全设备的告警日志,尝试找出其中的关联关系。但依靠这种分析方式,传统安全设备通常都无法对高级攻击的各个阶段进行有效的检测,也就无法产生相应的告警,安全人员花费大量精力进行告警日志分析往往徒劳无功。常见的终端安全检测方法中采用的防御技术大体可分为静态防御和动态防御两种。

5.9.1 静态防御技术

静态防御技术是依靠已知样本来识别恶意文件、URL 等相关信息,主要针对样本静态代码特征进行对比分析以实现对攻击进行防御的技术。同时,该技术也依靠特征库的更新来发现较新的恶意威胁。但是,在互联网飞速发展的今天,每天新增的恶意样本已经突破百万级别。随着攻击的进化,攻击者采用的攻击手法和技术都是未知漏洞(0Day)、未知恶意代码等未知行为,这些技术手段可以轻松逃避传统的检测方法和防御技术。在这种情况下,依靠已知特征、已知行为模式的静态防御技术显得力不从心。

5.9.2 动态防御技术

动态防御技术是利用不确定的、随机的网络和系统扰乱攻击者的视线,诱骗攻击者对其实施攻击的对抗防御技术。最常见的动态防御技术就是动态沙箱,它是一种在虚拟仿真环境下执行未知文件并通过其行为来判别威胁的防御技术,通常利用多种沙箱环境来适配不同的恶意样本在不同的环境下执行的情况。但是,攻击者在发起攻击前通常都会精心策划每一个攻击环节,包括攻击工具的开发、控制网络的构建、木马程序的投递、本地的突防利用、通信通道的构建等。攻击者很快就意识到恶意样本虽然不能回避沙箱,但可以主动检测当前的运行环境是虚拟环境还是真正的目标终端。攻击者利用仿真时间有限、缺乏用户交互、只有特定的操作系统的图像等沙箱局限性的特点进行环境判断,以此来确保他们的恶意代码在沙箱的模拟环境中不被运行,从而脱离沙箱环境后成功渗透到内网中。

5.9.3　检测与响应

传统防御技术要发现和消除威胁、评估损失需要数周甚至数月的时间,究其原因在于依靠已知攻击特征、已知行为模式进行检测的网络安全防护技术手段无法预知新型恶意威胁的攻击特征与攻击行为模式,传统的防御技术在面对当今终端上的各种高级威胁问题时已经捉襟见肘。对高级攻击进行检测需要对内网全部数据进行快速分析,这要求本地具备收集并存储终端海量行为数据的能力和相关的检索能力。然后,找出关键目标和威胁,对事件进行深度关联分析,最后对恶意威胁进行有效的处置和抵御。

以美国为代表的网络安全先进国家已经越来越清晰地意识到:安全不是在一个点上的攻防与决战,而是一个长期的反复较量。为了打赢网络战争,需要全面的情报体系和对情报的分析解读能力,而不是像以往那样仅仅依靠某个报文、某个会话或某个文件的孤立的、非关联的判断。因此,以美国为首的发达国家率先提出了安全情报的概念,实际上就是全方位搜集所有可能与安全相关的数据信息,利用大数据分析技术对数据进行分析、解读,在此基础上挖掘出可能存在的潜在威胁、已经存在的高隐秘性攻击或已经完成的渗透行为。

由此可见,对于内网终端高级威胁,必须将威胁情报与本地化、自动化的智能响应相结合,才能大幅缩短安全调查时间,有效提升威胁处置效率。

上述两种终端安全检测技术在检测和响应能力方面的对比如表 5-11 所示。

表 5-11　检测和响应能力对比

比　较　项	静态防御技术	动态防御技术	检测和响应能力
数据可视性	无	查询、扫描	实时可见性 端点持续记录 行为记录
检测能力	签名方式检测	沙箱	威胁情报 行为分析
响应能力	人工处理	人工分析 事后取证	自动化分析
修复能力	签名检测 已知恶意软件	基于黑白名单 自定义禁止策略	可定制防御形式 自动修正

5.9.4　威胁情报

在终端安全威胁检测和响应中,威胁情报(Threat Intelligence,TI)有着至关重要的作用。攻击者获取网络攻击工具的渠道越来越多,导致网络攻击成本越来越低,而网络攻击强度却越来越大。由于网络安全威胁的泛在性和多样性,攻击手段呈现复杂化和持续性的特点,传统的安全防护方法使得一个个信息系统形成了信息安全孤岛,检测、防御已知和未知网络攻击的难度也越来越大。通过威胁情报信息共享,将海量的威胁情报汇聚起来,能够有效地提高终端和网络的安全防御能力。

许多机构都对威胁情报进行过描述,现阶段主要采用的是国际权威 IT 咨询机构 Gartner 提出的有关定义:威胁情报是基于证据的知识,包括背景、机制、指标、影响和可操作的建议,这些知识与现有的或正在出现的对资产的威胁或危害相关,可用于为有关该主体对该威胁或危害的反应作出决策提供信息。

1. 美国 STIX 和 TAXII

在威胁情报的实施和标准化方面,美国位居前列,提出了威胁情报的众多相关标准,主要是由 MITRE 公司发布的 STIX(Structured Threat Information Expression,结构化威胁信息表达式)、TAXII(Trusted Automated eXchange of Indicator Information,可信的自动智能信息交换)、CybOX(Cyber Observable eXpression,网络可观察表达式)3 种主要标准,其中 CybOX 已整合至 STIX 2.0 中。除此之外,MITRE 系列标准还包括 MAEC(Malware Attribute Enumeration and Characterization,恶意软件属性枚举与表征)、OVAL(Open Vulnerability and Assessment Language,开放式脆弱性与评估语言)、CAPEC(Common Attack Pattern Enumeration and Classification,常见攻击模式枚举与分类)等。下面介绍两种常用的协议——STIX 和 TAXII。

1) STIX

STIX 由美国 MITRE 公司与 DHS(Department of Homeland Security,国土安全部)联合发布,是用于表述网络威胁信息的一种序列化格式语言。STIX 提供了一个统一架构,将各种各样的网络威胁的特征通过对象和描述关系清晰地表示,包括威胁元素、威胁活动、威胁属性等。

STIX 的适用场景包括以下 4 种:

(1) 威胁分析。包括威胁的判断、分析、调查、保留记录等。

(2) 威胁特征指标。通过人工方式或自动化工具将威胁特征进行分类。

(3) 威胁预防及安全事件应急处理。包括安全事件的防范、侦测、处理、总结等,对以后的安全事件处置有很好的借鉴作用。

(4) 威胁信息共享。用标准化的框架进行威胁信息描述与共享。

STIX 目前发布了 1.0 和 2.0 两个版本,STIX 1.0 基于 XML 定义,STIX 2.0 基于 JSON 定义。STIX 1.0 定义了 8 种域对象,STIX 2.0 则定义了 12 种域对象和 2 种关系对象,如表 5-12 所示。

2) TAXII

TAXII 是通过 HTTPS 交换威胁情报信息的应用层协议,专门用于支持 STIX 描述的威胁情报交换,并且必须支持 STIX 2.0 版本。虽然 TAXII 是定制化协议,但也可用于以其他格式共享数据。为便于功能实现,TAXII 尽量使用现有的协议,例如,TAXII 使用 HTTPS 协议作为数据的传输协议,而使用 HTTP 协议进行内容协商和身份验证。需要注意的是,TAXII 和 STIX 是两个相互独立的标准,STIX 的结构和序列化不依赖于任何特定的传输机制,而 TAXII 也可用于传输非 STIX 的数据。

表 5-12 STIX 标准中定义的对象

对 象 类 型	STIX 1.0 对象名称	STIX 2.0 对象名称
域对象 (Domain Objects)	可观测（Observable） 攻击活动（Campaign） 应对措施（Course of Action） 安全事件（Incident） 攻击指标（Indicator） 渗透目标（Exploit Target） 威胁者（Threat Actor） 攻击方法（TTP）	可观测数据（Observed Data） 攻击活动（Campaign） 应对措施（Course of Action） 身份（Identity） 攻击指标（Indicator） 入侵集合（Intrusion Set） 恶意软件（Malware） 威胁者（Threat Actor） 攻击模式（Attack Pattern） 报告（Report） 工具（Tool） 脆弱性（Vulnerability）
关系对象 (Relationship Objects)		关系（Relationship） 关注（Sighting）

TAXII 协议典型的应用场景通常有 4 种：

（1）公共警报或警告。

（2）私有警报和报告。

（3）推送和拉取内容传播。

（4）建立和管理供需之间的数据共享。

对于应用场景中的威胁情报共享方式，TAXII 支持广泛使用的威胁共享模型：辐射型、点对点型、订阅源型。TAXII 通过两个主要服务模式来支持这些共享模型，如图 5-15 所示。

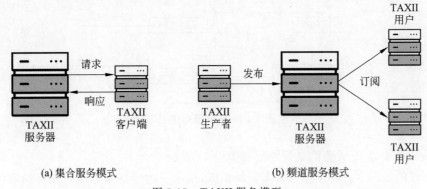

(a) 集合服务模式　　　　(b) 频道服务模式

图 5-15 TAXII 服务模型

（1）集合（collections）服务模式。由 TAXII 服务器作为情报中心来集中、整合威胁情报，TAXII 客户端和服务器以请求-响应方式来交换信息，多个客户端可以向同一服务器请求威胁情报信息。

（2）频道（channels）服务模式。由 TAXII 服务器作为频道平台，威胁情报制作者可以将威胁情报发布在 TAXII 服务器上,TAXII 客户端以订阅方式交换信息。频道服务允许一个情报源数据推送给多个威胁情报用户,同时每个威胁情报用户可接收到多个情报源发送的数据。

2. 我国的《信息安全技术 网络安全威胁信息格式规范》

我国对威胁情报的使用同样制定了相应的国家标准,即 2018 年 10 月 10 日正式发布的《信息安全技术 网络安全威胁信息格式规范》(GB/T 36643—2018)。该标准规定了网络安全威胁信息模型和网络安全威胁信息组件,包括网络安全威胁信息中各组件的属性和属性值格式等信息。该标准适用于网络安全威胁信息供方和需方之间的信息生成、共享和使用,网络安全威胁信息共享平台的建设和运营可参考使用。

该标准定义了一个通用的网络安全威胁信息模型,从对象、方法和事件 3 个维度对网络安全威胁信息进行了划分,采用可观测数据、攻击指标、安全事件、攻击活动、威胁主体、攻击目标、攻击方法、应对措施 8 个威胁信息组件对网络安全威胁信息进行描述,如图 5-16所示。

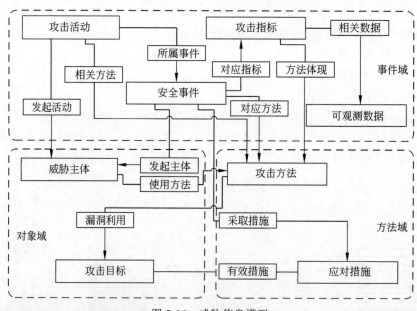

图 5-16　威胁信息模型

在该模型中,8 个威胁信息组件分别构成 3 个域:

(1)对象域。由威胁主体和攻击目标组成,用于描述网络安全威胁参与的角色,通常为攻击者与防御者。

(2)方法域。由攻击方法和应对措施组成,用于描述网络安全威胁中的方法。对于攻击者而言,通常指攻击者实施入侵所采用的方法、技术和过程;对于防御者而言,通常指针对攻击行为的预警、检测、防护、响应等动作。

(3)事件域。由攻击活动、安全事件、攻击指标和可观测数据组成,用于在不同层面描述与网络安全威胁相关的事件,例如,以经济或政治为攻击目标(攻击活动)对信息系统进行渗透的行为(安全事件),对信息系统中的终端或设备实施的攻击方法(攻击指标),以及产生的在网络或主机层面捕获的基础安全事件(可观测数据)。

5.9.5 终端安全检测与响应模型

终端检测与响应(Endpoint Detection and Response,EDR)是以威胁情报驱动的新一代终端安全技术,采取了一种全新的"攻防倒置"的思路,改变了防御者被动的劣势:防御者如果有一次防御失误,攻击者就会成功渗透。EDR 依靠大数据威胁情报的指引,通过最新的安全事件线索快速锁定威胁终端,通过实时数据和历史终端信息对受害终端进行深度评估,揭示内网终端的安全缺陷,通过自动化响应机制进行处置。

在大数据威胁情报的指引下,终端安全响应系统可以将一个复杂的高级威胁安全响应分解成为定位、评估、响应、修复等一系列行动过程,从而解决了高级威胁难以处置的问题。终端安全检测与响应模型有 4 个要点:

(1) 持续监测。持续记录终端上的所有行为,将静态和动态的终端数据实时推送到大数据分析平台进行统一的存储和管理。

(2) 主动检测。实时接收大数据威胁情报、鉴定中心等告警线索信息,在大数据分析平台中主动检索、定位符合条件的威胁终端。

(3) 全面评估。针对威胁终端进行全面的安全评估,结合终端背景数据,对于终端的安全漏洞、威胁的攻击步骤进行分析评估,发现整个攻击链与终端沦陷的根本原因。

(4) 自动响应。针对不同类型的终端威胁提供相应的自动响应手段,结合终端、业务、系统等因素提供补救手段,提升安全基线,防止同类型攻击再次发生。

5.9.6 威胁检测

终端用户环境中可能存在很多不合规的操作行为,导致终端被入侵或存在安全风险。终端威胁评估应能结合合规性管理要求执行终端检测策略,有效对终端进行合规性管理,降低风险。威胁检测应具备以下能力:

(1) 数据采集。在针对高级威胁的解决方案中,核心是阻止高级威胁的针对性攻击。由于攻击者会利用多种手段来掩盖他们的恶意行为,所以,可以通过在终端中安装代理程序,实时记录终端行为数据、静态样本、软硬件资产等信息(例如网络活动、磁盘和内存访问、注册表信息等),进行集中化存储,便于实时检测和安全评估。

(2) 动态行为分析。不需要对一个个具体的威胁指标进行检测,而是对终端的相关行为进行实时动态监测、分析,对恶意威胁的行为进行检测,以确定它是否为恶意行为。

(3) 云端威胁情报。基于大数据的云端威胁情报是威胁检测的一个主要情报来源。将威胁情报实时和终端中发生的行为进行关联分析后,确认信息系统中是否已经存在沦陷的终端,并对于发现的终端威胁情报与其他终端共享,以便其他终端面临此类攻击时能够做到基本免疫。

5.9.7 威胁响应

依托于云端的海量数据,通过机器学习与自动化数据处理技术持续地发现未知威胁,通过统一的规范化格式对攻击中出现的多种攻击特征进行标准化,并生成可机读威胁情报,用以驱动终端在第一时间内对威胁进行及时检测和响应。

通过终端安全数据的不间断采集、监测与分析,可以显著提升发现潜在威胁的能力,增强调查工作的便捷性,为深入透彻地了解终端的威胁状况提供重要的背景和基础。

威胁响应应具备以下能力:

(1)自动化响应。这是终端检测与响应中最重要的组成部分,需要拥有灵活的策略和手段,自动处置高级威胁在杀伤链中不同阶段的响应动作,例如结束进程、隔离文件、补丁更新等,能够提供立即止损的手段。

(2)修复和取证。恶意软件会创建、修改或删除系统文件和注册表中的设置以及更改终端配置。这些变化可能会导致系统发生故障或不稳定,需具备能够恢复终端在受到恶意软件攻击前的状态的能力,进行全面的安全补救。同时,对于发生在整个组织信息系统中的恶意活动应能清晰呈现,便于安全人员快速确定问题的范围、影响,为上级单位提供更多数据,对威胁事件进行取证。

(3)跨平台支持。终端定义已经扩大到不仅包括运行 Windows 操作系统的计算机,因此威胁响应需要支持多个平台,并且可以对异构、混合的终端进行统一的管控,即通过一个总的控制台来对 Windows 和非 Windows 终端(包括 Mac OS、Linux 和移动操作系统)进行统一管理。

(4)数据存储能力。大型企业中涉及成千上万的终端和各地分散部署环境,所以终端安全检查和响应就要求数据存储平台本身可以扩展,以支持终端数量的快速增长,同时需要具备海量数据存储能力和快速计算能力。

(5)情报共享。对于威胁事件生成终端威胁情报,对外分享和获取更多的知识和攻击行为的模式,丰富威胁情报来源。能够支持、使用其他的情报标准格式(例如 CEF、STIX、OpenIOC 等),并能与领先的网络安全产品和解决方案进行对接和集成。

(6)自适应安全体系结构。它包括 4 个阶段:预防、检查、预测和回顾,未来连续的监测和分析应作为该体系结构的核心。一个完整的终端安全解决方案应该与该体系结构的 4 个阶段对应,以提供全面的自适应保护,从而免受高级威胁的攻击。

5.10 终端安全产品

终端安全越来越受到重视,国内外关于终端安全的产品有很多。下面介绍一些典型产品相关的技术和功能。

5.10.1 国外产品

1. Symantec

Symantec(赛门铁克)终端安全产品融合了无签名技术、高级机器学习、行为分析和漏洞利用防护、云查找、入侵防御、声誉分析等保护功能,保护常用应用程序免受漏洞攻击,并将可疑应用程序与恶意活动隔离开来。通过与网络安全基础设施(例如 Web 和电子邮件网关)集成,检测威胁并进行响应。通过 EDR 集成,用于事件调查和响应。使用开放式 API 与 IT 基础架构进行集成,实现自动化和业务流程。

2. Trend Micro

Trend Micro(趋势科技)终端安全产品通过在端点上构建多层保护实现全面的终端保护,为异构环境提供安全保护,可以更有效地防御各种威胁,包括勒索软件、恶意软件、攻击、企业电子邮件泄露、漏洞、无文件恶意软件等。通过共享威胁情报,防范整个组织中出现的新威胁。通过安全异常噪声消除技术逐步过滤威胁,最大程度地检测降低误报。融合无签名技术,包括机器学习、行为分析、变体保护、应用程序控制、漏洞利用防范、文件信誉、Web 信誉、命令和控制(C&C)阻止等技术,实现对可疑文件的检查。通过磁盘、文件和文件夹加密来保护数据,以保持数据专用。基于模板的数据丢失防护(Data Loss Protection,DLP)保护敏感数据以及进行设备控制,防止信息移动到异常的空间(例如 USB 记忆棒)。

3. Sophos

Sophos 终端安全产品通过结合深度学习、端点检测和响应等尖端技术,实现对未知恶意软件、漏洞利用和勒索软件的终端防御。采用全面的纵深防御方法,通过内置的终端检测与响应(EDR)技术集成恶意软件检测和漏洞利用保护,便于组织了解安全事件的范围和影响,检测可能未被注意的攻击,分析文件以确定它们是否是威胁,并报告组织的安全状况。内置的人工智能功能是一种深度学习神经网络,是一种先进机器学习形式,可以在不依赖签名的情况下检测已知和未知的恶意软件。使用行为分析来阻止前所未见的勒索软件、启动记录攻击和勒索软件。通过阻止恶意软件窃取凭据和逃避检测的漏洞和技术,可以抵御隐性黑客和 0Day 攻击。

4. Kaspersky Lab

Kaspersky Lab(卡巴斯基实验室)终端安全产品通过可扩展的保护,基于威胁情报引擎,结合粒度控制、反勒索软件和漏洞利用预防技术,采取主动搜寻攻击方式,在威胁造成损害之前阻止威胁,快速、有效地应对事件和数据泄露事件。利用全天候监控和事件响应服务,寻找网络威胁,保护客户和员工数据,防止安全事件,并降低数据泄露的风险。

5.10.2　国内产品

1. 奇安信

奇安信终端安全产品是集终端防病毒和安全管控于一体的终端安全管理系统,它结合了云端大数据和威胁情报,能有效感知本地安全态势。拥有先进的云查杀引擎、系统修复引擎、QEX 脚本查杀引擎、启发式引擎、人工智能引擎,有效查杀已知和未知病毒。具备隔离防护、入口防护、系统防护及应用防护等主动防御技术,通过海量病毒样本数据自学习,无须频繁更新特征库,病毒检出率仍远超传统查杀引擎。具备及时发现和抵御未知威胁的能力,并可以与其他安全设备进行联动,有效抵御 APT。自动识别全网终端资产信息,实时监控系统状态并告警,保障业务连续性。通过非法外联检测、外设管理、进程控制、主机防火墙、桌面安全加固等多元化方式提升终端安全等级。对全网终端漏洞进行扫描并关联,支持旁路应用准入、IEEE 802.1x 准入及其他多种准入技术。提供全网文件安全审计、外设使用审计、多级管理和多种报警方式,实现高效的全网管控。通过一体化的终端管理平台,能够对等级保护等合规要求中的恶意代码防范、访问控制、非法外联管理、资源控制、资产管理、介质管理、安全审计等控制点进行全面覆盖。

依托于云端的海量数据,通过机器学习与自动化数据处理技术,持续地发现未知威胁,通过统一的规范化格式对攻击中出现的多种攻击特征进行标准化,用于驱动终端在第一时间内对威胁进行及时检测和响应。通过终端安全数据的不间断采集、监测与分析功能,可以显著提升发现潜在威胁的能力,增强调查工作的便捷性,为深入透彻地了解终端的威胁状况提供重要的背景和基础。对于发现的高级威胁事件,可提供对应的安全响应的处置策略和任务,对于威胁事件提供隔终止、隔离、取证等安全手段,快速终止威胁的持续发生。

2. 深信服

深信服终端安全产品通过人工智能持续学习、自我进化能力,利用深度学习训练数千个维度的算法模型,采用多维度的检测技术,并使用大数据运营分析,通过特征训练不断完善算法,辅以信誉库和行为分析、基因特征等技术,实现用于鉴定未知病毒的无特征检测。根据检测命中的威胁内容,提供基于文件、机器、群组等的全面处置手段。隔离响应手段包括终端主机隔离、业务组隔离、文件信任、文件隔离、文件删除、文件恢复等一体化统一管理方式。通过多层次威胁检测、Web 后门检测、僵尸网络检测、入侵攻击检测、基线合规检测、热点事件 IOC 检测等手段,确保终端具备全面的防护能力。全类型资产策略一体化也使得每一台终端上的资产信息更加清晰,便于管理。

3. 启明星辰

启明星辰终端安全产品将桌面管理、终端数据防泄露、终端防病毒结合成为一个单一客户端,实现统一平台管理、数据关联融合。对于从终端接入网络和对网络资源进行访问,提供准入控制技术,能够适应复杂的网络环境,确保准入控制无盲点。分布式多级服务器管理架构可以分为中心服务器和多个本地服务器,可以对终端的管理规模进行扩展,满足多级跨地域分支机构的管理需求。

4. 北信源

北信源终端安全产品以终端管理为核心,集主机监控审计、补丁管理、桌面应用管理、信息安全管理、终端行为管控等终端安全管理功能于一体,提供终端多位一体、统一管理的解决方案。网络准入控制能够定义企业终端接入的安全基线,屏蔽一切不安全的设备,阻止外来人员接入网络,规范用户接入网络的行为。事件集中报警处理中心能发现并汇总所有内外安全管理事件的报警信息,并将报警按种类、级别快速报告给安全管理员,同时支持短信、声音、邮件、图形等报警方式。

安全的本质在于对抗,对抗的本质在于攻防两端能力的较量,是人与人之间的对抗。终端是信息的最终承载体。随着技术的发展和演进,云、大数据、态势感知等先进的技术手段、措施的加入从技术角度看确实可以提升终端安全能力。但是,人是终端的管理者和使用者,无论技术多么先进,抛开人的使用、管理来谈安全性都是不现实的,终端安全管理离不开人的参与,人是保障终端安全最为重要的因素。

在中国十多年的网络安全防护过程中,经历过各式各样的安全事件、攻防较量。大量成功经验和失败教训表明,一个有效的安全体系应具备 4 个基本要素:第一,数据是安全的基础与驱动力;第二,人是安全防护的核心与尺度;第三,安全运营与管理是安全最重要的手段;第四,围绕数据、人、工具、运营管理的积极防御体系是未来安全体系发展的方向。由此也可以清晰的认识到,再先进的防护技术也不能代替运营和响应。

2017 年 6 月正式实施的《中华人民共和国网络安全法》是我国网络安全的基本法,对于网络运行安全、网络信息安全、检测预警与应急处置、法律责任规定了总体要求、相关责任和义务。除了国家法律法规的要求外,企事业单位、组织机构也需要根据自身的实际需求,建立相应的管理规章制度,通过终端安全管理将各项措施落到实处,管理与技术并重,实现终端安全管理的闭环。

终端安全是网络空间安全的基石,大量安全数据在终端使用过程中产生。脱离了终端安全数据,会影响追踪溯源、调查取证等依托数据驱动的安全措施的数据基础。无论个人还是政企组织机构都需要重视终端安全,通过先进技术的支撑、人员的积极参与、管理制度的完善和政策法规的支持,把终端安全工作做好、做强,使之成为保障网络空间安全能力的重要支柱之一。

5.11　习题

1. 在终端安全中通过什么方式实现对外部设备的管理?
2. 简述 IEEE 802.1x 的认证流程。
3. 恶意代码防范涉及的技术方法有哪些?
4. 安全 U 盘使用哪些技术实现数据安全?
5. 恶意 URL 识别技术的主要识别主体有哪些? 识别方法主要有哪几种?
6. 在黑白名单工作机制中,通常分哪几类名单进行管理?
7. 敏感信息主要有哪几类? 涉及国家层面的又有哪几类?
8. 数据备份主要有哪几种方法? 它们的差别是什么?
9. 常见的威胁情报协议是什么? 它们有什么区别?

第6章
终端安全管理典型案例

6.1 概述

企业的信息系统,尤其是信息系统中的终端系统,面临着各种各样的安全威胁(病毒木马的入侵、各种类型设备接入不同网络区域不易管理、容易引发泄密等)所带来的问题以及需要人工维护各类系统、进行补丁升级等工作所带来的巨大工作量。这些都为企业终端安全管理带来了极大的挑战。

随着企业安全建设的推进,由于受各种条件和因素的限制,在针对上述问题制定解决方案的时候,企业往往采取分而治之的方式,即对某一类问题采用一套独立的系统进行应对。在需要进行资源整合、实现一体化管理的现代管理要求下,企业内部可能部署了多套系统,而这些系统可能来自不同的厂商,相互独立。而且,各系统间包含的各种各样的安全功能给企业安全带来了一些新的问题:

(1)终端被各种软件占据,资源耗费巨大。各系统通常拥有独立的数据库、内存加载项、数据扫描行为等一系列资源需求,包括对磁盘存储需求、内存需求、CPU 需求等,这些资源需求往往只出于各系统自身在软件设计上的考虑,容易导致对整体终端系统资源的较大消耗,影响用户实际使用体验,干扰用户正常业务工作。

(2)安全系统之间容易产生冲突。终端安全软件实现方式往往采用进程注入、API挂载、驱动挂载等系统级处理方式,使得安全软件之间的兼容性以及安全软件与其他软件的兼容性出现问题。例如,某软件安装后,其他软件出现功能无法使用、软件无法启动、终端系统蓝屏等问题。而由于终端系统的复杂性,这种兼容性所带来的问题往往比较难以处理。

(3)系统相互独立,无法联动。安全已经从过去孤立的、针对某个方面的防护全面进入大数据阶段,各种数据的整合、分析、处置是应对新型威胁的有效办法。而过去安全建设所产生的多种安全防护体系彼此孤立,无论从系统层面还是数据层面都无法进行有效整合,从而造成实际防护效果大打折扣,在应对未知威胁时捉襟见肘。

(4)管理维护困难。多个安全系统的存在,意味着针对每个安全系统要有不同的运维管理工作,如系统的安全策略的定义、细化、调优、更改,系统的更新,系统日志管理,数据库管理等一系列工作。这无疑给安全管理人员提出了非常高的要求,这不仅增加了工作量,而且要求管理员在不同的系统之间进行管理切换时必须充分了解各个系统之间细微的差别,以确保对系统的设置不会出错。

6.2　应对措施

如图 6-1 所示,通过建设恶意代码防范体系、落实终端安全管理技术措施、启用统一终端运维、部署终端强制合规接入策略并全程开启安全审计功能,建设终端合规一体化体系,并保证方案符合国家等级保护要求。

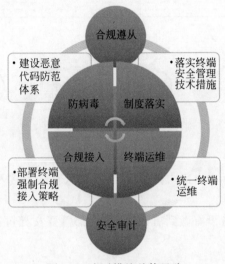

图 6-1　应对措施总体思路

企业信息系统的应对措施有以下几个特点:

(1) 信息收集。收集终端上的各种安全状态信息,包括漏洞修复情况、病毒木马情况、危险项情况以及各种软硬件情况等。这些安全状态信息汇集到服务器端的控制中心,使管理员全面了解网内所有终端的安全情况、硬件状态以及软件安装情况等。

(2) 立体防护。通过漏洞修复、病毒木马查杀、黑白名单、硬件准入、软件准入、上网行为管理等多样化的防护手段,从准入、防黑加固、病毒查杀、软件和上网行为控制等多个层次为企业信息系统构建立体防护网,确保终端安全。

(3) 集中管控。通过统一的控制中心,为管理人员、运维人员提供了统一修复漏洞、统一杀毒、统一升级、统一上网管理、统一软件分发卸载等多种管理功能,管理人员可以通过控制台对网内所有终端进行统一管控。

6.3　典型案例

6.3.1　政府部门典型案例

图 6-2 是某政府部门网络拓扑。

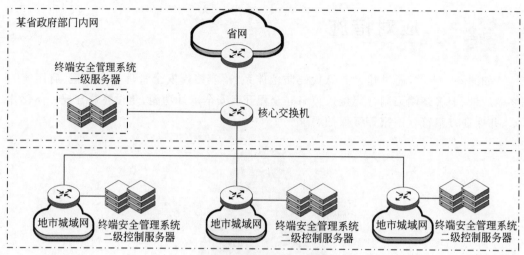

图 6-2　某政府部门网络拓扑

案例背景

- 某省政府部门内网没有准入控制,导致外部人员随意接入内网,对内网终端、服务器等设备造成威胁。
- 对于移动存储设备没有做到有效管理,内部重要文档可被随意复制,极易造成敏感信息泄露。

需求分析

- 提高内网准入的安全性,加强内网准入控制,防止外来人员随意接入网络。
- 限制非法外设,减少文件外泄的风险。

案例解决方案

- 采用多级部署模式,其中省级政府部门部署一级服务器,各地市政府部门部署二级服务器,做到分级管理。
- 对终端进行准入控制,增强政府部门内网的准入安全。
- 对非法设备进行使用限制,将非法外设拦截在合法终端之外,避免重要文档通过连接非法存储设备外泄。

6.3.2　金融行业典型案例

随着银行内部办公环境电子化以及外部交易渠道的不断扩展,越来越多的应用系统需要通过安全的终端环境与后台服务进行交互。为加强商业银行信息科技风险管理,根据《中华人民共和国银行业监督管理法》《中华人民共和国商业银行法》《中华人民共和国外资银行管理条例》以及国家信息安全相关要求和有关法律法规,中国银行业监督管理委员会制定了《商业银行信息科技风险管理指引》。以下介绍终端安全在金融行业中应用的两个典型案例。

图 6-3 为 A 银行网络拓扑。

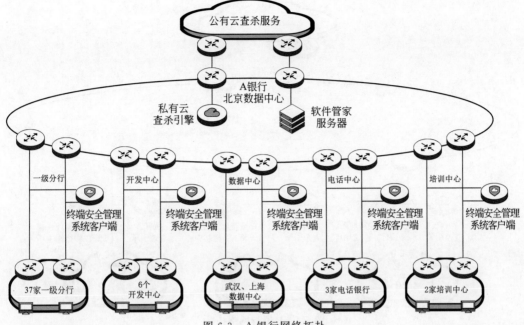

图 6-3　A 银行网络拓扑

案例背景

- A 银行全国办公网络在终端、桌面管理方面普遍存在不能满足灵活、安全接入需求的问题。
- 后端维护非常分散,难以保护网络及信息安全。

需求分析

- 需要提供解决方案以保证终端及系统安全,主要功能包含病毒查杀、漏洞补丁管理、系统软件、硬件管理、软件分发、流量控制、终端健康检查等。
- 集成 A 银行现有安全架构,具备较强的扩展能力。

案例解决方案

- 采用多级部署模式,实现总行总控、分行分控、多级管理、分权管控。
- 设备采用旁路部署,降低安全风险。
- 支持高可用模式,切换后保证管理控制不中断。
- 在总行部署私有云查杀引擎,在内网中提高病毒查杀效率。
- 在总行部属软件管家模块,为内网终端提供安全可靠的终端应用程序,保证终端上使用的应用程序全部经过安全检测,避免在终端上安装被挂马、加壳的不安全应用,为终端自身的应用提供安全保障。

图 6-4 为 B 银行网络拓扑。

案例背景

- 随着业务的不断发展,B 银行的分支机构规模和人员规模在逐步扩大,配套的计算机终端数量和种类都在逐步增加,运行维护工作量增长迅速。

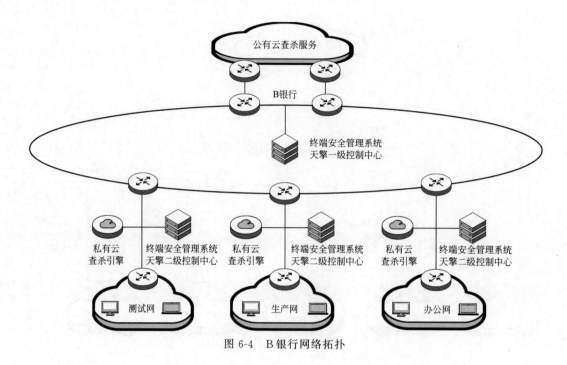

图 6-4 B银行网络拓扑

- 桌面云技术的广泛应用在给业务带来便利性的同时,对终端软件的兼容性提出了新的要求。
- 要求终端安全软件具备终端可视化、企业软件管家等多种功能的扩展能力。

需求分析

- 终端兼容性。银行分支机构规模和人员规模巨大,终端软件需要支持桌面云、Linux服务器、国产操作系统服务器等多种复杂终端环境。
- 功能扩展性。将管控、审计、终端可视化等内容融合成一套系统。

案例解决方案

- B银行共有3套网络,在银行内网采用分级部署方式,在DMZ区部署统一的私有云杀毒管理系统,分别为测试网、办公网、生产网提供集中管理、策略下发、统一更新服务,全面提升杀毒效果。
- 在3套网络中分别部署天擎二级控制中心,所有天擎二级控制中心均连接至DMZ区的天擎一级控制中心,并通过天擎一级控制中心升级数据。
- 天擎一级控制中心通过公网自动升级,通过分级更新管理,保证全网更新速度,并且不改变现有网络管理模型。
- 提供传统的病毒防护能力,针对银行的盗版软件、终端漏洞安全级别不可见等管理难题,利用软件管家、漏洞管理等技术给出整合解决方案。
- 平台一体化。安装了兼容Linux、Windows、国产操作系统的传统终端,同时提供云桌面、服务器等多终端环境的统一管理能力,为后台运维管理工作提供便利。
- 功能一体化。终端安全管理系统是集杀毒、管控、准入、审计等多功能于一体的终端安全解决方案,为后续的功能扩展提供完整技术支持。

6.3.3 企事业单位典型案例

1. 某航空公司案例

图 6-5 为某航空公司网络拓扑。

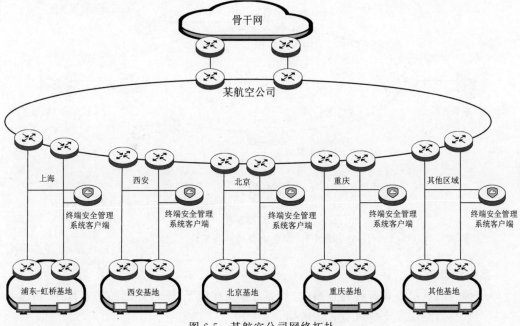

图 6-5 某航空公司网络拓扑

案例背景

* 某航空公司内部员工安装了大量的个人版杀毒软件,内网缺乏统一管理终端杀毒功能的能力。
* 需要加强终端安全管理,提供一体化管理的解决方案。

需求分析

* 将已安装个人版杀毒软件的终端无缝迁移到奇安信天擎企业版。
* 优化终端安全管理,引入在终端安全运维管控方面将各类安全功能有机融合的终端安全解决方案。

案例解决方案

* 为全网终端提供桌面体检、优化加速及垃圾清理的"桌面管家"功能,客户端用户可方便进行一键操作,终端安全状态清晰明了。
* 终端安全管理系统提供杀毒防毒、企业软件管家、非法外联监控、安全策略监控等多种安全功能。在终端的安全运维管控方面将各类安全功能有机融合,最终实现一体化的终端安全解决方案。

2. 某电力公司案例

图 6-6 为某电力公司网络拓扑。

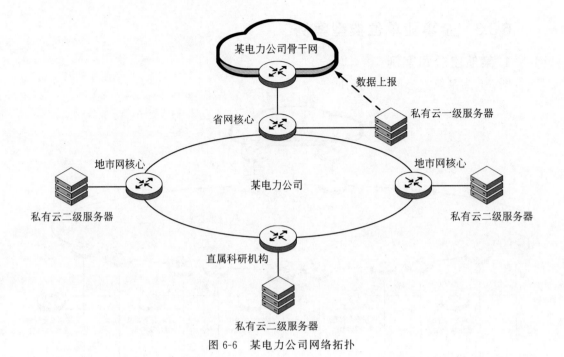

图 6-6　某电力公司网络拓扑

案例背景

- 因为成员单位业务种类众多,与外界数据交换频繁,来自外部的恶意程序、病毒和木马对终端安全造成重大的威胁。
- 各成员单位终端安全管控要求不统一,管理分散。

需求分析

- 提升杀毒能力,统一安全基线。
- 响应国家电网统一要求,提供国家电网统一的 IMS(Integrated Monitor System,综合监管系统)接口,定时上报内网终端防病毒客户端的防御情况。

案例解决方案

- 采用多级管理的模式,将终端防病毒和安全管理统一起来,集中管控。实现各成员单位自主管理辖区终端,公司总部实时管控全网情况,并可以根据业务情况组建基于项目的临时管理单元的多级化灵活终端安全管理体系。
- 通过云查杀机制,解决原有杀毒软件对终端资源消耗过大的问题,成员单位不同配置的终端依托云引擎的查杀能力和黑白名单库实现高效、准确的病毒查杀。
- 集成准入控制、健康检查、外设管理、补丁分发、软件分发、资产管理、移动存储设备管理、行为审计、远程协助等多项管理维护功能,将安全和管理融合在一起,提高终端运维的工作效率。
- 管理员通过丰富的报表直观地了解目前网内终端实时的安全状况及软硬件资产状况等。

3. 某集团公司案例

图 6-7 为某集团公司网络拓扑。

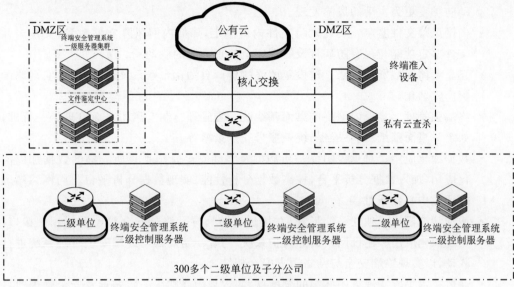

图 6-7　某集团公司网络拓扑

案例背景

- 互联网中各种木马、病毒、0Day 漏洞以及 APT 等新型攻击手段日渐增多,病毒制造技术也在不断发展和更新。传统的依靠病毒特征的病毒防御技术以及相关的安全管理手段已经无法满足现阶段计算机安全的需要。因此需要构建全新的终端安全管理系统,以应对当前严峻的信息安全形势。
- 集团各下属单位网络基本为自行建设和运维,但同时又与总部互联互通。总部对下属单位没有管理权,需要建立集团层面的统一防病毒体系、统一计算机安全管理体系,以提高整个集团网络安全的水平,避免安全短板出现。
- 在整个体系中需要包含终端病毒防护以及终端管理。

需求分析

- 集团网络安全与终端安全需要解决统一防病毒与安全管理问题,例如,网络边界无法有效管理,缺乏安全事件自动报警机制,缺乏网内整体风险评估机制,子分公司资产台账不明等,这些问题对于集团整体信息安全是急需解决的安全问题。
- 在统一防病毒与安全管理项目的已有成果中,收集的大量集团 IT 数据未得到最大化的应用。这些数据是集团 IT 运维的基础数据,对于集团 IT 运维工作具有很高的价值。但目前缺乏有效的技术手段对这些数据进行深化应用,以提高集团 IT 运维业务效率。

案例解决方案

- 网络边界安全防护体系。实现办公网准入系统和现有终端安全管理系统的联动,使终端从入网开始到入网之后的行为可控,达到入网可控、安全可控的效果。

- 安全事件报警。基于现有防病毒及终端安全管理系统,通过安全联动建立安全事件自动报警机制。
- 内网终端整体安全风险评估。建立内网终端风险评估中心,防护体系从现有的被动防护变更为主动的风险发现。
- 内网风险文件鉴定。实现风险文件内网鉴定,降低内网风险文件数量,实现未知文件鉴定功能与现有防病毒及终端安全管理系统的联动。
- 建立集团终端资产台账。建设集团终端资产自动化台账系统,在集团内实现终端资产实名化。
- 终端强管理。实现内网终端桌面基线统一强管理。制定集团桌面管理统一标准,如统一桌面壁纸、统一屏保、统一账号安全策略等。
- 数据深化应用。对于集团统一防病毒及终端安全管理项目所收集的数据加以深化应用,加入数据分析平台,提高数据分析性能,实现数据分析平台与内网终端风险评估中心数据对接。
- 增加功能模块或独立系统形式,对接现有防病毒及终端安全管理系统相关接口,实现深化应用。建设网络边界防护系统,与统一防病毒与终端安全管理系统进行联动,以实现终端安全与网络边界安全相结合。
- 通过技术手段实现集团终端的全覆盖,实现集团终端统一防病毒及安全管理的目标。以终端发现为突破口,通过技术手段获取集团内网的终端分布情况、互联网出口的分布情况,结合系统获取的软硬件资产信息,为集团终端及网络管理提供了详细的资产依据及管理手段。

6.4 习题

1. 选择一个典型案例,设计并实现一个典型的多级部署拓扑结构。
2. 描述典型信息系统排障思路。

附录 A 英文缩略语

AAM　Administrator Approval Mode　管理员批准模式

ACE　Access Control Entry　访问控制项

ACL　Access Control List　访问控制列表

AD　Active Directory　活动目录

ADB　Advanced Digital Broadcast　高级数字广播

ALPC　Advanced Local Procedure Call　高级本地过程调用

API　Application Programming Interface　应用编程接口

APT　Advanced Persistent Threat　高级持续性威胁

ATM　Automatic Teller Machine　自动柜员机

BCD　Boot Configuration Database　引导配置数据库

BIOS　Basic Input/Output System　基本输入输出系统

BNC　Bayonet Neill-Concelman　卡口式连接器（由 Neill-Concelman 发明）

BSD　Berkeley Software Distribution　伯克利软件套件

BSOD　Blue Screen of Death　蓝屏死机

BSP　Board Support Package　板级支持包

BYOD　Bring Your Own Device　自带设备

CA　Certification Authority　证书颁发机构，认证中心

CAPEC　Common Attack Pattern Enumeration and Classification　常见攻击模式
枚举与分类

CASB　Cloud Access Security Broker　云访问安全代理

CBS　Component-Based Service　基于组件的服务

CC　Common Criteria　公共标准（CCITSE 的简称）

CCD　Charge Coupled Device　电荷耦合器件

CCITSE　Common Criteria for Information Technology Security Evaluation　信息
技术安全评估公共标准

CCTA　Central Computer and Telecommunications Agency　中央计算机和电信局

CD　Compact Disc　光盘

CDP　Continuous Data Protection　连续数据保护

CEF　Common Event Format　通用事件格式

CF　Compact Flash　紧凑型存储卡

CIM　Common Information Model　公共信息模型

CIMOM　Common Information Model Object Manager　公共信息模型对象管理器

CIS　Contact Image Sensor　接触式图像传感器

CISDR　China Information Security and Disaster Recovery　中国信息安全与灾难恢复认证

COM　Component Object Model　组件对象模型

CPU　Central Processing Unit　中央处理单元

CRC　Cyclic Redundancy Checksum　循环冗余校验和

CSI　Continuous Service Improvement　连续服务改进

CSIP　China National Software and Integrated Circuit Promotion Center　中国国家软件与集成电路促进中心

CybOX　Cyber Observable eXpression　网络可观察表达式

DAC　Discretionary Access Control　自主访问控制

DACL　Discretionary Access Control List　自主访问控制列表

DBSCAN　Density-Based Spatial Clustering of Applications with Noise　基于密度的噪声应用空间聚类

DDoS　Distributed Denial-of-Service　分布式拒绝服务

DevID　Device Identity　设备标识

DHS　Department of Homeland Security　（美国）国土安全部

DIN　Deutsches Institut fur Normung　德国标准化协会

DISA　Defense Information Systems Agency　国防信息系统局

DLL　Dynamic Link Library　动态链接库

DLP　Data Leakage Prevention　数据泄露保护

DLT　Digital Linear Tape　数字线性磁带

DMARC　Domain-based Message Authentication，Reporting and Conformance　基于域的邮件验证、报告与一致性

DMTF　Distributed Management Task Force　分布式管理任务组

DNS　Domain Name System　域名系统

DOI　Department of the Interior　（美国）内政部

DP　Display Port　显示端口

DPI　Dots Per Inch　每英寸点数

DPS　Diagnostic Policy Service　诊断策略服务

DRAM　Dynamic Random Access Memory　动态随机存取存储器

DTE　Data Terminal Equipment　数据终端设备

DV　Digital Video　数字视频

DVI　Digital Visual Interface　数字视频接口

EAL　Evaluation Assurance Level　评估保证级别

EAP　Extensible Authentication Protocol　可扩展认证协议

EAPOL EAP over LAN 通过局域网的可扩展认证协议

EDR Endpoint Detection and Response 终端检测与响应

EDSP Embedded Digital Signal Processor 嵌入式数字信号处理器

EEPROM Electrically Erasable Programmable Read-Only Memory 电可擦除可编程只读存储器

EHCI Enhanced Host Controller Interface 增强型主机控制器接口

EIA Electronic Industries Alliance 电子工业协会

EMI Electromagnetic Interference 电磁干扰

EPROM Erasable Programmable Read-only Memory 可擦除可编程只读存储器

EXT Extended File System 延伸文件系统

FDCC Federal Desktop Core Configuration 联邦桌面核心配置

FDDI Fiber Distributed Data Interface 光纤分布式数据接口

FHS Filesystem Hierarchy Standard 文件系统层次化标准

FSF Free Software Foundation 自由软件基金会

GDPR General Data Protection Regulation 通用数据保护条例

GID Group Identification 用户组号码

GPL General Public License 通用公共许可证

GPO Group Policy Object 组策略对象

GPT GUID Partition Table GUID 分区表

GPU Graphics Processing Unit 图形处理单元

GUI Graphical User Interface 图形用户界面

GUID Globally Unique Identifier 全局唯一标识符

HAL Hardware Abstract Layer 硬件抽象层

HDD Hard Disk Drive 硬盘驱动器

HDMI High-Definition Multimedia Interface 高清多媒体接口

HIDS Host-based Intrusion Detection System 基于主机的入侵检测系统

HTTPS HyperText Transfer Protocol Secure 安全超文本传输协议

IA Information Appliance 信息家电

I2C Inter Integrated Circuit 内部集成电路总线

IDC International Data Corporation 国际数据公司

IDE Integrated Drive Electronics 集成驱动电子设备

IDS Intrusion Detection System 入侵检测系统

IE Internet Explorer 互联网浏览器

IEC International Electrotechnical Commission 国际电工委员会

IEEE Institute of Electrical and Electronics Engineers 电气电子工程师学会

IIS Internet Information Service 互联网信息服务

IoT Internet of Things 物联网

IPS Intrusion Prevention System 入侵防御系统

IR   Infrared Radiation   红外辐射

IrDA   Infrared Data Association   红外数据协会

ISO   International Organization for Standardization   国际标准化组织

IT   Information Technology   信息技术

ITIL   Information Technology Infrastructure Library   信息技术基础架构库

ITSEC   Information Technology Security Evaluation Criteria   信息技术安全评估标准

ITSM   IT Service Management   信息技术服务管理

ITU-T   International Telecommunication Union Telecommunication Standardization Sector   国际电信联盟电信标准分局

KMCS   Kernel Mode Code Signing   内核模式代码签名

k-NN k-Nearest Neighbors Algorithm k-最近邻算法

LAN   Local Area Network   局域网

LDAP   Lightweight Directory Access Protocol   轻量级目录访问协议

LDM   Logical Disk Manager   逻辑磁盘管理器

LED   Light Emitting Diode   发光二极管

LSA   Local Security Authority   本地安全权威中心

LSASS   Local Security Authority Subsystem   本地安全权威子系统

LTO   Linear Tape-Open   线性开放式磁带技术

LVM   Logical Volume Manager   逻辑卷管理器

MAB   MAC Authentication Bypass   MAC 认证旁路

MAC   Media Access Control   介质访问控制

MACSec   Medium Access Control Security   介质访问控制安全

MAEC   Malware Attribute Enumeration and Characterization   恶意软件属性枚举与表征

MAPP   Microsoft Active Protections Program   微软主动保护计划

MBR   Master Boot Record   主引导记录

MCU   Microcontroller Unit   微控制器

MIC   Mandatory Integrity Control   强制完整性控制

MIPS   Millions of Instructions Per Second   每秒百万条指令

MPU   Micro Processor Unit   嵌入式微处理器

MSRC   Microsoft Security Response Center   微软安全响应中心

NCSC   National Computer Security Center   (美)国家计算机安全中心

NDIS   Network Driver Interface Specification   网络驱动程序接口规范

NIC   Network Interface Card   网络接口卡

NIDS   Network Intrusion Detection System   网络入侵检测系统

NIST   National Institute of Standards and Technology   (美)国家标准技术研究所

NSA National Security Agency （美国）国家安全局

NUDT National University of Defense Technology 国防科技大学

NUMA Non Uniform Memory Access 非统一内存访问

ODBC Open Database Connectivity 开放数据库连接

OMB Office of Management and Budget 管理和预算办公室

OPC Optical Printer Component 光学打印机组件

OS Operating System 操作系统

OTP One Time Programmable 一次性可编程

OVAL Open Vulnerability and Assessment Language 开放式脆弱性与评估语言

PAC Privileged Access Control 特权访问控制

PAN Personal Area Network 个人局域网

PATA Parallel Advanced Technology Attachment 并行高级技术附件

PCA Program Compatibility Assistant 程序兼容性助手

PCB Printed Circuit Board 印制电路板

PCMCIA Personal Computer Memory Card International Association 个人计算机存储卡国际协会

PDA Personal Digital Assistant 个人数字助理

PGP Pretty Good Privacy PGP 加密程序

PKI Public Key Infrastructure 公共密钥基础设施

PMT Photo Multiplier Tube 光电倍增管

PNAC Port-based Network Access Control 基于端口的网络访问控制

PnP Plug and Play 即插即用

PNRP Peer Name Resolution Protocol 对等体名称解析协议

PP Protection Profile 保护轮廓

RADIUS Remote Authentication Dial-In User Service 远程身份验证拨入用户服务

RAID Redundant Arrays of Independent Drives 独立磁盘冗余阵列

RAM Random Access Memory 随机存取存储器

RID Relative Identifier 相对标识符

ROM Read Only Memory 只读存储器

RPM Revolutions Per Minute 转每分

RPO Recovery Point Objective 恢复点目标

RTF Rich Text Format 富文本格式

RTO Recovery Time Objective 恢复时间目标

RTOS Real Time Operation System 实时操作系统

SACL System Access Control List 系统访问控制列表

SAM Security Account Manager 安全账户管理器

SAS Serial Attached SCSI 串行连接的 SCSI

SATA   Serial Advanced Technology Attachment   串行高级技术附件

SCADA   Supervisory Control And Data Acquisition   监视控制与数据采集系统

SCM   Service Control Manager   服务控制管理器

SCP   Service Control Program   服务控制程序

SCSI   Small Computer System Interface   小型计算机系统接口

SD   Secure Digital   安全数字存储卡

SDDL   Security Descriptor Definition Language   安全描述符定义语言

SEM   Scenario Event Mapper   场景事件映射器

SID   Security Identifier   安全标识符

SIEM   Security Information and Event Management   安全信息和事件管理

SMART   Self-Monitoring Analysis and Reporting Technology   自我监视分析和
报告技术

SOC   System On Chip   片上系统

SOPC   System On Programmable Chip   可编程片上系统

SPF   Sender Policy Framework   发件人策略框架

SPI   Serial Peripheral Interface   串行外设接口

SRAM   Static Random Access Memory   静态随机存取存储器

SRM   Security Reference Monitor   安全引用监视器

SSD   Solid-State Drive   固态驱动器

SSL   Secure Sockets Layer   安全套接字层

ST   Security Target   安全目标

STIX   Structured Threat Information Expression   结构化威胁信息表达式

SVM   Support Vector Machines   支持向量机

TAXII   Trusted Automated eXchange of Indicator Information   可信的自动智能
信息交换

TCSEC   Trusted Computer System Evaluation Criteria   可信计算机系统评估标准

TDI   Transport Driver Interface   传输驱动程序接口

TDIX   TDI eXtension   TDI 扩展

TFT-LCD   Thin Film Transistor Liquid Crystal Display   薄膜晶体管液晶显示器

TLNPI   Transport Layer Network Provider Interface   传输层网络提供者接口

TLS   Transport Layer Security   传输层安全

UAC   User Account Control   用户账户控制

UEBA   User and Entity Behavior Analytics   用户和实体行为分析

UID   User Identification   用户标识符

UPS   Uninterruptible Power Supply   不间断电源

URL   Uniform Resource Locator   统一资源定位符

USAF   United States Air Force   美国空军

USB   Universal Serial Bus   通用串行总线

USGCB United States Government Configuration Baseline 美国政府配置基线

VDS Virtual Disk Service 虚拟磁盘服务

VGA Video Graphics Array 视频图形阵列

VM Virtual Machine 虚拟机

WBEM Web-Based Enterprise Management 基于 Web 的企业管理

WDI Windows Diagnostic Infrastructure Windows 诊断基础设施

WER Windows Error Reporting Windows 错误报告

WFP Windows Filtering Platform Windows 过滤平台

WINS Windows Internet Name Service Windows Internet 名称服务

WLAN Wireless LAN 无线局域网

WMI Windows Management Instrumentation Windows 管理设施

WSK WinSock Kernel WinSock 内核

XML eXtensible Markup Language 可扩展标记语言

参 考 文 献

[1] 中华人民共和国公安部.信息安全技术 终端计算机系统安全等级技术要求：GA/T 671—2006[S].
     北京：中国标准出版社,2007.

[2] 中华人民共和国公安部.信息安全技术 终端接入控制产品安全技术要求：GA/T 1105—2013[S].
     北京：中国标准出版社,2013.

[3] 中华人民共和国工业和信息化部.电信网和互联网安全防护基线配置要求及检测要求 操作系
     统：YD/T 2701—2014[S].北京：人民邮电出版社,2014.

[4] 国家质量技术监督局.计算机信息系统 安全保护等级划分准则：GB 17859—1999[S/OL].(1999-09-
     13).http://www.gb688.cn/bzgk/gb/newGbInfo?hcno=814B9ED6130F17C4B53EF6AA98BCD5A7.

[5] 中国人民银行科技司.中国人民银行计算机安全管理暂行规定[S/OL].(2004-01-10).http://www.
     pbc.gov.cn/kejisi/146812/146814/2899523/index.html.

[6] 中华人民共和国国家质量监督检验检疫总局,中国国家标准化管理委员会.信息安全技术 信息系
     统通用安全技术要求：GB/T 20271—2006[S/OL].(2006-05-31).http://www.gb688.cn/bzgk/gb/
     newGbInfo?hcno=3BE7E9CB498C46233E959968C9B694CB.

[7] 中华人民共和国国家质量监督检验检疫总局,中国国家标准化管理委员会.信息安全技术 操作系
     统安全技术要求：GB/T 20272—2006[S/OL].(2006-05-31).http://www.gb688.cn/bzgk/gb/
     newGbInfo?hcno=CE5C65CC3A6CF315FC5EF2C664BC4440.

[8] 中华人民共和国国家质量监督检验检疫总局,中国国家标准化管理委员会.信息安全技术 信息系
     统灾难恢复规范：GB/T 20988—2007[S/OL].(2007-06-14).http://www.gb688.cn/bzgk/gb/
     newGbInfo?hcno=B7DDC387ECA63A1C1CEAE15BE01E2A61.

[9] 中华人民共和国国家质量监督检验检疫总局,中国国家标准化管理委员会.信息安全技术 信息系
     统物理安全技术要求：GB/T 21052—2007[S/OL].(2007-08-23).http://www.gb688.cn/bzgk/gb/
     newGbInfo?hcno=A6CDBD276CF5FBDDCCC3B35F0A3DECE5.

[10] 中华人民共和国信息产业部.电信网和互联网安全风险评估实施指南：YD/T 1730—2008[S/
     OL].(2008-01-24).http://www.miit.gov.cn/n1146295/n1146592/n3917132/n4062282/
     n4062316/n4062317/n4062319/c4147804/content.html.

[11] 中华人民共和国国家质量监督检验检疫总局,中国国家标准化管理委员会.信息安全技术 信息系
     统安全等级保护基本要求：GB/T 22239—2008[S/OL].(2008-06-19).http://www.gb688.cn/
     bzgk/gb/newGbInfo?hcno=D13C8CD02AFC374BC31048590EB75445.

[12] 中华人民共和国国家质量监督检验检疫总局,中国国家标准化管理委员会.信息安全技术 信息系
     统安全等级保护实施指南：GB/T 25058—2010[S/OL].(2010-09-02).http://www.gb688.cn/
     bzgk/gb/newGbInfo?hcno=15E1219A2A9338339442E53F0E9F43B9.

[13] 中华人民共和国国家质量监督检验检疫总局,中国国家标准化管理委员会.自然灾害管理基本术
     语：GB/T 26376—2010[S/OL].(2011-01-14).http://www.gb688.cn/bzgk/gb/newGbInfo?hcno
     =22C5BFA90F1A93675930A6DCF3955768.

[14] 中华人民共和国国家质量监督检验检疫总局,中国国家标准化管理委员会.信息安全技术 终端计
     算机通用安全技术要求与测试评价方法：GB/T 29240—2012[S/OL].(2012-12-31).http://
     www.gb688.cn/bzgk/gb/newGbInfo?hcno=578BF22FAF2105257B098D295AFDE27E.

[15] 中华人民共和国国家质量监督检验检疫总局,中国国家标准化管理委员会.信息安全技术 安全漏洞等级划分指南:GB/T 30279—2013[S/OL].(2013-12-31).http://www.gb688.cn/bzgk/gb/newGbInfo?hcno＝F33A96EA62DF0FB949185630D7141BCC.

[16] 中华人民共和国国家质量监督检验检疫总局,中国国家标准化管理委员会.信息安全技术 政务计算机终端核心配置规范:GB/T 30278—2013[S/OL].(2013-12-31).http://www.gb688.cn/bzgk/gb/newGbInfo?hcno＝0CD59B6A2B9B510AA799AA04C7745BC4.

[17] 中华人民共和国国家质量监督检验检疫总局,中国国家标准化管理委员会.信息安全技术 灾难恢复中心建设与运维管理规范:GB/T 30285—2013[S/OL].(2013-12-31).http://www.gb688.cn/bzgk/gb/newGbInfo?hcno＝1D2347F464765079B5CD9A7CFC5CF2E9.

[18] 中华人民共和国国家质量监督检验检疫总局,中国国家标准化管理委员会.信息安全技术 网络和终端隔离产品安全技术要求:GB/T 20279—2015[S/OL].(2015-05-15).http://www.gb688.cn/bzgk/gb/newGbInfo?hcno＝44242E3B0E38C4EC36239040F3E82BDF.

[19] 中华人民共和国国家质量监督检验检疫总局,中国国家标准化管理委员会.信息安全技术 政府联网计算机终端安全管理基本要求:GB/T 32925—2016[S/OL].(2016-08-29).http://www.gb688.cn/bzgk/gb/newGbInfo?hcno＝29D887BFD9D84D874DFCE61DCF29C961.

[20] 中国人大网.中华人民共和国网络安全法[S/OL].(2016-11-07).http://www.npc.gov.cn/wxzl/gongbao/2017-02/20/content_2007531.htm.

[21] 中华人民共和国国家质量监督检验检疫总局,中国国家标准化管理委员会.信息安全技术 移动智能终端个人信息保护技术要求:GB/T 34978—2017[S/OL].(2017-11-01).http://www.gb688.cn/bzgk/gb/newGbInfo?hcno＝45D688024CCE2CDAF2FE570237757781.

[22] 中华人民共和国国家质量监督检验检疫总局,中国国家标准化管理委员会.信息安全技术 计算机终端核心配置基线结构规范:GB/T 35283—2017[S/OL].(2017-12-29).http://www.gb688.cn/bzgk/gb/newGbInfo?hcno＝8DE7133AB27FAF8C13F1DC861B1B6C2A.

[23] 中华人民共和国国家质量监督检验检疫总局,中国国家标准化管理委员会.信息安全技术 大数据服务安全能力要求:GB/T 35274—2017[S/OL].(2017-12-29).http://www.gb688.cn/bzgk/gb/newGbInfo?hcno＝55D9D55F55E286E0C534E46B778419C1.

[24] 中华人民共和国国家质量监督检验检疫总局,中国国家标准化管理委员会.信息安全技术 个人信息安全规范:GB/T 35273—2017[S/OL].(2017-12-29).http://www.gb688.cn/bzgk/gb/newGbInfo?hcno＝4FFAA51D63BA21B9EE40C51DD3CC40BE.

[25] 国家市场监督管理总局,中国国家标准化管理委员会.信息安全技术 网络安全威胁信息格式规范:GB/T 36643—2018[S/OL].(2018-10-10).http://www.gb688.cn/bzgk/gb/newGbInfo?hcno＝971636AF85AD7158EA50BB428F67C803.

[26] 国家市场监督管理总局,中国国家标准化管理委员会.信息安全技术 灾难恢复服务要求[S/OL].(2018-12-28).http://www.gb688.cn/bzgk/gb/newGbInfo?hcno＝14D80A26C8EC2A7B590ECED6D89E6A23.

[27] 卿斯汉,刘文清,温红予.操作系统安全[M].北京:清华大学出版社,2004.

[28] Silberschatz A,Galvin P B,Gagne G.操作系统概念[M].北京:高等教育出版社,2004.

[29] Kadrich M S.Endpoint Security[M].[S.L.]:Pearson Education,2007.

[30] Mauerer W.Professional Linux Kernel Architecture[M].[S.L.]:Wiley Publishing,2008.

[31] 潘爱民.Windows 内核原理与实现[M].北京:电子工业出版社,2010.

[32] Mauerer W.深入 Linux 内核架构[M].郭旭,译.北京:人民邮电出版社,2010.

[33] Robert Love.Linux 内核设计与实现[M].陈莉君,康华,译.北京:机械工业出版社,2011.

［34］ Russinovich M,Solomon D A,Ionescu A.Windows Internals[M].6th ed.[S.L.]：Publishing House of Electronics Industry,2012.

［35］ 李小平.终端安全风险管理[M].北京：机械工业出版社,2012.

［36］ Tanenbaum A S,Bos H.Modern Operating Systems[M].New Jersey：Prentice Hall,2014.

［37］ 刘遄.Linux就该这么学[M].北京：人民邮电出版社,2017.

［38］ 齐向东.漏洞[M].上海：同济大学出版社,2018.

［39］ 蒋建春,马恒太,任党恩,等.网络安全入侵检测：研究综述[J].软件学报,2000,11(11)：1460-1466.

［40］ 王树鹏,云晓春,余翔湛,等.容灾的理论与关键技术分析[J].计算机工程与应用,2004,40(28)：54-58.

［41］ 余京洋.终端安全解析[J].计算机安全,2006(4)：74-75.

［42］ 吕立波.涉密计算机信息系统电磁泄露问题与对策[J].网络安全技术与应用,2007(5)：38-40.

［43］ 张永铮,方滨兴,迟悦,等.网络风险评估中网络节点关联性的研究[J].计算机学报,2007,30(2)：234-240.

［44］ 沈昌祥,张焕国,冯登国,等.信息安全综述[J].中国科学：E辑,2007,37(2)：129-150.

［45］ 夏辉,张尧弼.移动存储介质安全防护系统设计[J].通信技术,2008,41(9)：147-149.

［46］ 肖治庭,徐永和,任毅.计算机网络终端安全防护模型与方法[J].通信市场,2009(3)：214-217.

［47］ 杨义先,姚文斌,陈钊.信息系统灾备技术综论[J].北京邮电大学学报,2010,33(2)：1-6.

［48］ 于微伟,卢泽新,康东明,等.关于网络准入控制系统的分析与优化[J].计算机工程与科学,2011,33(8)：39-44.

［49］ 池水明,周苏杭.DDoS攻击防御技术研究[J].信息网络安全,2012(5)：27-31.

［50］ 陈剑锋,王强,伍淼.网络APT攻击及防范策略[J].信息安全与通信保密,2012(7)：24-27.

［51］ 朱亮.计算机网络信息管理及其安全防护策略[J].电脑知识与技术,2012,08(18)：4389-4390.

［52］ 常艳,王冠.网络安全渗透测试研究[J].信息网络安全,2012(11)：3-4.

［53］ 江健,诸葛建伟,段海新,等.僵尸网络机理与防御技术[J].软件学报,2012,23(1)：82-96.

［54］ 项国富,金海,邹德清,等.基于虚拟化的安全监控[J].软件学报,2012,23(8)：2173-2187.

［55］ 杨杉,曹波.电网终端信息安全评估模型[J].计算机工程,2012,38(13)：125-127.

［56］ 李凤华,苏铓,史国振,等.访问控制模型研究进展及发展趋势[J].电子学报,2012,40(4)：805-813.

［57］ 王欣,张昕伟.企业办公网移动终端安全接入技术研究[J].电子技术应用,2013,39(10)：120-123.

［58］ 杨国利,代祥,毛捍东.内网终端安全检查与接入控制的设计与实现[J].计算机工程与应用,2013,49(6)：109-113.

［59］ 李建,周化钢,彭越,等.以用户为中心的可信终端身份管理模型[J].信息网络安全,2014(4)：1-6.

［60］ 张学军,李予温.应对多种威胁的安全计算机终端[J].信息网络安全,2014(9)：171-175.

［61］ 卢云龙,罗守山,郭玉鹏.基于改进策略树的防火墙策略审计方案设计与实现[J].信息网络安全,2014(10)：64-69.

［62］ 陈小春,孙亮,赵丽娜.基于固件的终端安全管理系统研究与应用[J].信息网络安全,2015(9)：287-291.

［63］ 高玉新,张怡,唐勇,等.恶意代码反分析与分析综述[J].小型微型计算机系统,2015,36(10)：2322-2326.

［64］ 沙泓州,刘庆云,柳厅文,等.恶意网页识别研究综述[J].计算机学报,2015,38(12)：529-524.

［65］ 李清宝,张平,曾光裕.一种基于完整性保护的终端计算机安全防护方法[J].计算机科学,2015,42

(6)：162-166,174.

[66] 文伟平,郭荣华,孟正,等.信息安全风险评估关键技术研究与实现[J].信息网络安全,2015(2)：7-14.

[67] 吴红星,王浩.企业内网安全研究与应用[J].计算机技术与发展,2015(9)：154-158.

[68] 邱宇波.内网安全系统中网络访问与连接控制技术的研究与应用[J].网络安全技术与应用,2016(5)：26.

[69] 郭磊,刘博,崔中杰.保密研究：打印机信息安全风险与防范措施[J/OL].(2018-04-20)[2018-12-28].https://www.secrss.com/articles/2144.

[70] 张腾月,文红,詹明,等.无线网络终端的物理层安全技术研究[J].网络安全技术与应用,2018(3)：72,95.

[71] 许光泞,崔隽,何锡点,等.终端安全接入数据中心方法研究[J].网络安全技术与应用,2018(11)：17-19.

[72] 云晓春.新形势下关键信息基础设施的安全保护[J].信息安全与通信保密,2018(11)：27-32.

[73] 董晶晶,霍珊珊,袁泉,等.移动办公终端信息安全技术研究[J].计算机技术与发展,2018,28(1)：155-158.

[74] 张巨世.企业终端设备面临的安全隐患及应对措施[J].数字技术与应用,2018,36(2)：197-198.

[75] 郑兴艳.安全虚拟桌面系统的设计与实现[D].北京：北京交通大学,2012.

[76] 吕杨.对企业网终端接入控制的研究和方案设计[D].北京：北京邮电大学,2013.

[77] 王超.基于 Windows 系统调用流程图的恶意代码分析技术[D].北京：北京邮电大学,2014.

[78] 赵亚楠.专用网络安全隔离关键技术的研究与实现[D].北京：北京邮电大学,2015.

[79] 奇安信威胁情报中心.软件供应链攻击现状分析报告[R/OL].(2017-09-10).https://ti.360.net/blog/articles/supply-chain-attacks-of-software/.

[80] 360 互联网安全中心.2017 勒索软件威胁形势分析报告[R/OL].(2017-12-20).http://zt.360.cn/1101061855.php?dtid=1101062360&did=490927082.

[81] 360 终端安全实验室.2018 年勒索病毒疫情分析报告[R/OL].(2019-02-20).http://zt.360.cn/1101061855.php?dtid=1101062360&did=610102590.

[82] 360 安全卫士.2018 年 Windows 服务器挖矿木马总结报告[R/OL].(2019-01-12).http://zt.360.cn/1101061855.php?dtid=1101062360&did=610067442.

[83] Wikipedia. Advanced persistent threat[EB/OL]. https://en. wikipedia. org/w/index. php? title = Advanced_persistent_threat&oldid=887769718.

[84] Wikipedia. Apple Inc.[EB/OL]. https://en. wikipedia. org/w/index. php?title = Apple_Inc. &oldid=892988829.

[85] Wikipedia. Bell Labs[EB/OL]. https://en. wikipedia. org/w/index. php? title = Bell_Labs&oldid=892975891.

[86] Wikipedia. Bill Gates[EB/OL]. https://en. wikipedia. org/w/index. php? title = Bill_Gates&oldid=891901323.

[87] Wikipedia.Bluetooth[EB/OL]. https://en. wikipedia. org/w/index. php? title = Bluetooth&oldid=889565151.

[88] Wikipedia.Botnet[EB/OL].https://en.wikipedia.org/w/index.php?title=Botnet&oldid=884043554.

[89] Wikipedia.Computer[EB/OL]. https://en. wikipedia. org/w/index. php? title = Computer&oldid=885076920.

[90] Wikipedia.Computer Mouse[EB/OL]. https://en. wikipedia. org/w/index. php? title = Computer_

mouse&oldid=889540293.

[91] Wikipedia.Computer Terminal[EB/OL].https://en.wikipedia.org/w/index.php?title=Computer_terminal&oldid=885263036.

[92] Wikipedia.Continuous data protection[EB/OL].https://en.wikipedia.org/w/index.php?title=Continuous_data_protection&oldid=857344936.

[93] Wikipedia.Consumer IR[EB/OL].https://en.wikipedia.org/w/index.php?title=Consumer_IR&oldid=886991002.

[94] Wikipedia.Digital Linear Tape[EB/OL].https://en.wikipedia.org/w/index.php?title=Digital_Linear_Tape&oldid=877110911.

[95] Wikipedia.Disaster recovery[EB/OL].https://en.wikipedia.org/w/index.php?title=Disaster_recovery&oldid=890074869.

[96] Wikipedia.Electromagnetic spectrum[EB/OL].https://en.wikipedia.org/w/index.php?title=Electromagnetic_spectrum&oldid=888444676.

[97] Wikipedia.Electromagnetic interference[EB/OL].https://en.wikipedia.org/w/index.php?title=Electromagnetic_interference&oldid=877449003.

[98] Wikipedia.ENIAC[EB/OL].https://en.wikipedia.org/w/index.php?title=ENIAC&oldid=887070018.

[99] Wikipedia.FDCC[EB/OL].https://en.wikipedia.org/w/index.php?title=Federal_Desktop_Core_Configuration&oldid=735206736.

[100] Wikipedia.Firmware[EB/OL].https://en.wikipedia.org/w/index.php?title=Firmware&oldid=888544835.

[101] Wikipedia.Floppy disk[EB/OL].https://en.wikipedia.org/w/index.php?title=Floppy_disk&oldid=889552737.

[102] Wikipedia.GNU General Public License[EB/OL].https://en.wikipedia.org/w/index.php?title=GNU_General_Public_License&oldid=892747803.

[103] Wikipedia.GNU[EB/OL].https://en.wikipedia.org/w/index.php?title=GNU&oldid=892021547.

[104] Wikipedia.Hard Disk[EB/OL].https://en.wikipedia.org/w/index.php?title=Hard_disk_drive&oldid=888314785.

[105] Wikipedia.Helical scan[EB/OL].https://en.wikipedia.org/w/index.php?title=Helical_scan&oldid=859868147.

[106] Wikipedia.IEEE 802.1X[EB/OL].https://en.wikipedia.org/w/index.php?title=IEEE_802.1X&oldid=886546475.

[107] Wikipedia.IEEE 1284[EB/OL].https://en.wikipedia.org/w/index.php?title=IEEE_1284&oldid=856926352.

[108] Wikipedia.IEEE 1394[EB/OL].https://en.wikipedia.org/w/index.php?title=IEEE_1394&oldid=886764026.

[109] Wikipedia.Image Scanner[EB/OL].https://en.wikipedia.org/w/index.php?title=Image_scanner&oldid=889488798.

[110] Wikipedia.ITIL[EB/OL].https://en.wikipedia.org/w/index.php?title=ITIL&oldid=887390597.

[111] Wikipedia.Linear Tape-Open[EB/OL].https://en.wikipedia.org/w/index.php?title=Linear_

Tape-Open&oldid=884588308.

[112] Wikipedia.Linux[EB/OL]. https：//en. wikipedia. org/w/index. php? title ＝ Linux&oldid ＝ 892972634.

[113] Wikipedia.Magnetic tape data storage[EB/OL]. https：//en. wikipedia. org/w/index. php? title ＝ Magnetic_tape_data_storage&oldid＝886855605.

[114] Wikipedia.Malware[EB/OL]. https：//en. wikipedia. org/w/index. php? title ＝ Malware&oldid ＝885300691.

[115] Wikipedia.Microsoft Windows[EB/OL].https：//en.wikipedia.org/w/index.php?title＝Microsoft _Windows&oldid＝886448821.

[116] Wikipedia.Microsoft Windows[EB/OL].https：//en.wikipedia.org/w/index.php?title＝Microsoft _Windows&oldid＝891027797.

[117] Wikipedia.Microsoft Windows version history[EB/OL].https：//en.wikipedia.org/w/index.php? title＝Microsoft_Windows_version_history&oldid＝891182332.

[118] Wikipedia.Parallel ATA[EB/OL]. https：//en. wikipedia. org/w/index. php? title ＝ Parallel _ ATA&oldid＝887109897.

[119] Wikipedia.PC Card [EB/OL]. https：//en. wikipedia. org/w/index. php? title ＝ PC _ Card&oldid ＝878584715.

[120] Wikipedia.PS/2[EB/OL].https：//en.wikipedia.org/w/index.php?title＝IBM_Personal_System/ 2&oldid＝887979465.

[121] Wikipedia.RS-232[EB/OL]. https：//en. wikipedia. org/w/index. php? title ＝ RS-232&oldid ＝ 888102569.

[122] Wikipedia.RS-422[EB/OL]. https：//en. wikipedia. org/w/index. php? title ＝ RS-422&oldid ＝ 875837366.

[123] Wikipedia.RS-485[EB/OL]. https：//en. wikipedia. org/w/index. php? title ＝ RS-485&oldid ＝ 886809240.

[124] Wikipedia.Sandbox(computer security)[EB/OL].https：//en.wikipedia.org/w/index.php?title＝ Sandbox_(computer_security)&oldid＝888959660.

[125] Wikipedia.SAS[EB/OL]. https：//en. wikipedia. org/w/index. php? title ＝ Serial _ Attached _ SCSI&oldid＝887404890.

[126] Wikipedia.SCSI[EB/OL]. https：//en. wikipedia. org/w/index. php? title ＝ SCSI&oldid ＝ 887980443.

[127] Wikipedia. Side-channel attack [EB/OL]. https：//en. wikipedia. org/w/index. php? title ＝ Side-channel_attack&oldid＝887644662.

[128] Wikipedia.SSD[EB/OL].https：//en.wikipedia.org/w/index.php?title＝Solid-state_drive&oldid ＝889656457.

[129] Wikipedia.UNIX[EB/OL]. https：//en. wikipedia. org/w/index. php? title ＝ Unix&oldid ＝ 885286252.

[130] Wikipedia.Unstructured data[EB/OL]. https：//en. wikipedia. org/w/index. php? title ＝ Unstructured_data&oldid＝887739333.

[131] Wikipedia.USB[EB/OL].https：//en.wikipedia.org/w/index.php?title＝USB&oldid＝889113865.

[132] Wikipedia. Windows 1.0[EB/OL]. https：//en. wikipedia. org/w/index. php? title ＝ Windows_1. 0&oldid＝891378709.

[133] 中华人民共和国国务院.中华人民共和国国务院令（147 号）[EB/OL].(1994-02-18).http://www.mps.gov.cn/n2254314/n2254409/n2254419/n2254429/c3721836/content.html.

[134] 公安部,中国人民银行.关于印发《金融机构计算机信息系统安全保护工作暂行规定》的通知[EB/OL].(1998-8-31).http://www.chinalawedu.com/falvfagui/fg22598/22403.shtml.

[135] 国家信息化领导小组.国家信息化领导小组关于加强信息安全保障工作的意见[EB/OL].(2003-08-26).https://wenku.baidu.com/view/bdfba07271fe910ef02df886.html.

[136] Nakamoto S.比特币白皮书：一种点对点的电子现金系统[EB/OL].(2008-10-31).https://bitcoin.org/bitcoin.pdf.

[137] 电子工程世界.使用频谱分析仪和近场探头测量微波炉的电磁辐射泄漏[EB/OL].(2016-07-21).http://www.sohu.com/a/106898506_119709.

[138] redwingz.Web Portal 认证流程[EB/OL].(2018-04-24).https://blog.csdn.net/sinat_20184565/article/details/80061182.

[139] Deshpande S,Caminos M,Gartner.Update：Gartner to Add New Segments to Security Software Forecast[EB/OL].(2018-05-03).https://www.gartner.com/doc/3873969?ref=mrktg-srch.

[140] 360 威胁情报中心.2017 中国企业邮箱安全性研究报告[EB/OL].(2018-05-08)[2018-12-28].https://ti.360.net/blog/articles/2017-report-of-mail-security/.

[141] Microsoft.Windows API Index[EB/OL].(2018-05-31).https://docs.microsoft.com/zh-cn/windows/desktop/apiindex/windows-api-list.

[142] 张泰宁.浅谈能力对抗下的终端未知威胁检测[EB/OL].(2018-06-19)[2018-12-28].https://www.secrss.com/articles/3409.

[143] 叶蓬.Ponemon：2018 年度数据泄露成本分析报告[EB/OL].(2018-10-10).https://blog.51cto.com/yepeng/2298043.

[144] 汪列军,360 威胁情报中心.威胁情报的上下文、标示及能够执行的建议[EB/OL].(2018-10-31).https://www.secrss.com/articles/6062.

[145] 中国保密协会科学技术分会.威胁情报相关标准简介（上篇）[EB/OL].(2018-11-22)[2018-12-22].https://www.secrss.com/articles/6599.

[146] 中国保密协会科学技术分会.威胁情报相关标准简介（下篇）[EB/OL].(2018-11-29)[2018-12-22].https://www.secrss.com/articles/6765.

[147] 360 威胁情报中心.威胁情报在应急响应中的应用[EB/OL].(2018-12-30)[2018-12-31].https://ti.360.net/blog/articles/application-of-threat-intelligence-in-emergency-response/.

[148] zhenglei.终端的十年[EB/OL].(2018-03-29)[2018-12-28].https://www.sec-un.org/%E7%BB%88%E7%AB%AF%E5%AE%89%E5%85%A8%E7%9A%84%E5%8D%81%E5%B9%B4/.

[149] 中国信息安全测评中心.CNNVD 漏洞分类指南[EB/OL].(2019-03-29).http://www.cnnvd.org.cn/web/wz/bzxqById.tag?id=3&mkid=3.

[150] 修强.国内外敏感信息泄露案例汇总分析[EB/OL].(2017-07-28).https://www.aqniu.com/industry/26957.html.

图 书 资 源 支 持

感谢您一直以来对清华版图书的支持和爱护。为了配合本书的使用,本书提供配套的资源,有需求的读者请扫描下方的"书圈"微信公众号二维码,在图书专区下载,也可以拨打电话或发送电子邮件咨询。

如果您在使用本书的过程中遇到了什么问题,或者有相关图书出版计划,也请您发邮件告诉我们,以便我们更好地为您服务。

我们的联系方式:

地　　址:北京市海淀区双清路学研大厦 A 座 701

邮　　编:100084

电　　话:010-83470236　010-83470237

资源下载:http://www.tup.com.cn

客服邮箱:2301891038@qq.com

QQ:2301891038(请写明您的单位和姓名)

资源下载、样书申请

书 圈

扫一扫,获取最新目录

课 程 直 播

用微信扫一扫右边的二维码,即可关注清华大学出版社公众号"书圈"。